"十三五"职业教育国家规划教材

高分子材料分析与测试

GAOFENZI CAILIAO FENXI YU CESHI

第三版

高炜斌　主编　　　徐亮成　副主编
陈海明　主审

U0216720

化学工业出版社

·北京·

内 容 简 介

本书由分析化学篇和性能测试篇组成。分析化学篇介绍了分析化学基础知识、滴定分析法、仪器分析法和高分子材料的分析鉴别等内容；性能测试篇介绍了高分子材料物理性能、力学性能、热性能、老化性能，以及光学性能、电性能等其他性能的测试技术。本书除介绍各种分析测试技术的测试原理、仪器组成、测试方法以及影响因素外，还通过案例，介绍了典型聚合物分析测试技术在实际研究和生产中的应用。

全书内容丰富，实用性强，并附有思考题，可供高职高专高分子材料相关专业学生的教学使用，也可供从事有关高分子材料分析测试工作的技术人员参考。

图书在版编目（CIP）数据

高分子材料分析与测试/高炜斌主编. —3版. —北京：化学工业出版社，2018.12（2022.1重印）

教育部高职高专规划教材

ISBN 978-7-122-33205-9

Ⅰ．高…　Ⅱ．①高…　Ⅲ．①高分子材料-化学分析-高等职业教育-教材②高分子材料-性能试验-高等职业教育-教材

Ⅳ．①TB324

中国版本图书馆 CIP 数据核字（2018）第 242293 号

责任编辑：于　卉　提　岩　　　　　　　　文字编辑：林　媛
责任校对：宋　玮　　　　　　　　　　　　装帧设计：王晓宇

出版发行：化学工业出版社（北京市东城区青年湖南街 13 号　邮政编码 100011）
印　　装：大厂聚鑫印刷有限责任公司
787mm×1092mm　1/16　印张 16　字数 420 千字　　2022 年 1 月北京第 3 版第 3 次印刷

购书咨询：010-64518888　　售后服务：010-64518899
网　　址：http://www.cip.com.cn
凡购买本书，如有缺损质量问题，本社销售中心负责调换。

定　　价：39.00 元

前　言

本书自 2005 年出版、2009 年修订以来，得到全国各地高职高专高分子材料专业广大师生的厚爱与选用。

本书第三版在内容处理上继续考虑了高职高专高分子材料相关专业的教学特点，突出"实际、实用、实践"的原则，融入了近年来高分子材料分析测试理论的新发展、仪器设备新应用。除对第二版各章节内容进行了修改、补充，更新了测试标准外，还增加了案例，使教材更加符合高职高专高分子材料相关专业人才培养的要求。

本书由第一、二版相关作者参与相应章节的修订，由高炜斌统稿。本书修订过程中，得到了化学工业出版社以及有关兄弟院校的大力支持，在此谨致以衷心的感谢。

尽管第三版对原有内容进行了较大的修改，但受编者水平和时间的限制，本书在内容取舍、编写方面难免存在不妥之处，敬请读者不吝赐教。

编者
2018 年 7 月

第一版前言

本书是教育部高职高专规划教材，是按教育部对高职高专人才培养工作的指导思想，在广泛吸取了近几年高职高专教学经验的基础上编写的。

本书可以作为高职高专化学工艺专业和高分子材料加工专业的专业基础教材。

本书在内容处理上考虑了高职高专教学的特点，突出"实际、实用、实践"三实原则，在保证基本内容的基础上，注意补充相关新理论、新知识、新技术。

本教材是将分析化学与高分子材料的性能测试整合为一本教材，其中分析部分的内容有：分析化学概论、滴定分析法、高分子材料的鉴别和分析、仪器分析。其主要任务是应用合适的分析方法鉴别出高分子材料的成分（包括定量和定性）。测试部分主要是针对橡塑材料的力学、电学、热学、光学、老化及其他性能进行测试，更多是参照国家标准进行的。为了便于同学学习，在每一章的开头增设了学习目的与要求，在章尾增设了知识窗来拓宽同学的视野。

本教材的第一章、第二章由常州轻工职业学院的张金兴老师编写；第三章、第四章由常州轻工职业学院的麻丽华老师编写；第五章、第六章由常州工程职业技术学院的潘文群老师编写；第七章及每章后面的阅读材料由常州轻工职业学院的郑式光老师编写；第八章由南京化工职业技术学院的张裕玲老师编写；第九章由徐州工业职业技术学院的刘琼琼老师编写；全书由潘文群老师统稿。分析部分内容黄一石老师提出许多宝贵意见，测试部分内容陶国良老师提出许多宝贵意见，黄彩霞老师做了许多文字上的工作，在此一并表示感谢。由于编者水平有限，不妥之处在所难免，希望各位同仁批评指正。

编者
2004 年 5 月

第二版前言

本书第一版自 2005 年出版以来，得到全国各地高职高专高分子材料专业广大师生的厚爱与选用，为使本书更加适应高分子材料行业发展的需要，更加适合职业教育的要求，我们特在第一版的基础进行了修改完善，编写了第二版。本书的内容深入浅出，实用易懂，适合作为高职高专高分子合成、高分子材料加工专业的专业教材。

本书第二版在内容处理上继续考虑了高职高专教学的特点，突出"实际、实用、实践"的原则，除对第一版各章节内容进行了适当的修改、调整，完善了部分阅读材料外，另增加了相当数量的实验仪器实物图示。增加内容后，教材更直观、易懂，更适合作为高职高专学生的教材。

本书第二版中，第一章、第二章、第三章、第四章以及每章后面的阅读材料的完善由常州工程职业技术学院的徐亮成完成；第五章、第六章、第七章、第八章、第九章由常州工程职业技术学院的高炜斌完成；全书由高炜斌统稿。

尽管第二版对原有内容进行了修改，并增加了新的内容，但受编者水平和时间的限制，本书内容与行文方面难免存在欠妥之处，敬请读者不吝赐教。

编者
2009 年 2 月

目 录

性能测试篇

绪　　论

一、高分子材料发展概况

2010 年 10 月，国务院发布了《关于加快培育和发展战略性新兴产业的决定》，首次将包括新材料产业在内的七个产业领域列为战略性新兴产业，提出要以我国在纳米、超导、稀土等材料科学技术研究方面的优势为基础，以满足国家重大工程建设和产业结构升级为目标，巩固学科研究优势，大力发展新材料制备技术和装备，大力推进新型材料产业化，大力推进大宗高端材料规模化生产应用；2016 年 12 月工业和信息化部等四部委发布了《新材料产业发展指南》，《指南》从突破重点应用领域急需的新材料、布局一批前沿新材料、强化新材料产业协同创新体系建设、加快重点新材料初期市场培育、突破关键工艺与专用装备制约、完善新材料产业标准体系、实施"互联网＋"新材料行动、培育优势企业与人才团队、促进新材料产业特色集聚发展等九个方面提出了重点任务；2015 年 5 月 8 日，国务院正式印发《中国制造 2025》，新材料作为"中国制造 2025"规划锁定的十大领域之一，迎来更强劲的发展机遇；国务院办公厅发布的《关于加快众创空间发展服务实体经济转型升级的指导意见》提出，在制造业、现代服务业等重点产业领域强化企业、科研机构和高校的协同创新，加快建设一批众创空间，新材料作为该《意见》涵盖的十大产业之一赫然在列。

作为四大基础材料之一的高分子材料也将迎来更多人的瞩目。与传统材料相比，新材料产业具有技术高度密集、研究与开发投入高、产品附加值高、生产与市场国际性强等特点。另外，新材料产业的外溢性极强，辐射范围极广，往往带动其他行业和领域随之发生变化。高分子材料作为新材料之一应用范围非常广泛，高分子材料在汽车家电、电子电气、医药、高铁、航天、军工产品等基础产业有着广泛的应用，包括碳纤维复合材料、3D 打印材料、特种工程塑料等新材料也都成为资本"新贵"。

目前国内高分子材料行业正在蓬勃发展。我国已经成为高分子材料产业大国，产量和消费量均居世界第一位，中国高分子材料行业从无到有、由小到大，已经广泛应用于各行各业当中，成为经济发展不可或缺的基石。根据中国塑料加工工业协会对高分子新材料下游行业相关数据统计显示，国内高分子新材料的需求量和产值逐年保持 10％以上的增长率，具有持续增长性。处于下游的汽车行业和家电行业，带动了整个高分子新材料行业的持续增长。就汽车行业来说，近几年基本保持了 10％以上增速。高分子新材料在家电产品中的应用及所占比例将越来越大，近几年的平均增长速度超过 25％，已成为仅次于钢材的第二大类材料。节能环保、新一代信息技术、高端装备制造、新能源和新能源汽车等战略性新兴产业的快速发展，以及国民经济和国防建设工程的实施，需要高分子材料产业提供支撑和保障，这为高分子材料产业发展提供了更广阔的市场空间。

二、高分子材料分析与性能测试

（一）高分子材料分析与性能测试的目的

高分子材料分析与性能测试是沟通高分子的合成、产品设计和最终产品性能以及需求这一个循环的桥梁。从高分子性能测试和分析所获得的信息，可以作为高分子材料合成、产品配方设计、产品质量控制、加工工艺设计以及产品应用的依据。

对高分子材料进行分析与测试已成为非常实用的一门技术。例如在日常生活中要鉴别食品袋是否有毒，或识别织物是什么纤维等方面，都离不开对高分子材料的分析与测试。在生产中，分析人员须进行控制分析，监视生产过程；对原料和产品进行分析，寻找出现质量问题的原因；对使用中的产品进行跟踪分析；对竞争企业的产品进行评价；对回收的高分子材料分类利用；使高分子材料制品得以规格化和标准化。

就塑料来说，首先，塑料的品种繁多，不同塑料的组成和结构差别很大，性能差别也很大。不同塑料在硬度、刚度、力学性能、耐热性、工艺性方面差别很大。热塑性塑料和热固性塑料的工艺性就无法用同一方法与尺度衡量，只能用两种不同方法测定。即使同是热塑性塑料，含增强剂的工程塑料与含增塑剂的通用塑料其硬度、刚度、强度也是无法比较的。其次，塑料成型加工方法比其他材料多，像注塑、挤出、压延、吹塑、滚塑等，塑料制品的千差万别，使得对同一性能的评价产生很多困难。再次，塑料的影响因素格外复杂。这就造成了塑料的试验方法和标准很多，要求人们正确分析材料的品种、类型、产品形式、应用要求，正确选用适宜的试验方法，才能取得正确的结果。

橡胶材料与其他工程材料差别很大，性能变化范围也很大。胶粒的工艺性能、硫化胶的物理性能都必须通过试验室的数据测定做出鉴定和判断。有时由于聚合物的结构和它们对配方或加工细微变化的敏感性，都会导致胶料的性能出现变化，给研究人员或加工者带来困难。就橡胶而言，其分子链的组成和不饱和性及链的规整性和立体结构，再加上品种的繁多，其性能的差异也就可想而知了。同样，橡胶的性能与其结构、硫化过程、各种配合剂的加入等诸多因素有关，只有对其性能的测试，才能为橡胶材料的合理选择和加工提供理论依据。

（二）本教材的内容

本书由分析化学篇、性能测试篇和附录组成。

（1）分析化学篇　本教材的分析化学篇部分，包括分析化学概论、滴定分析法、仪器分析法和高分子材料的鉴别与分析。分析化学概论介绍了分析天平、误差以及数据处理方法等内容；滴定分析法部分，介绍酸碱滴定法、配位滴定法、氧化还原滴定法、沉淀滴定法，这些分析方法简便易行，无需复杂昂贵的特殊设备，适用于普通实验室应用；仪器分析法部分，介绍了分光光度法、紫外光谱、红外光谱、气相色谱、凝胶渗透色谱；高分子材料的鉴别与分析介绍了高分子材料的定性鉴别和定量分析方法。

（2）性能测试篇　本教材的性能测试部分，介绍了塑料和橡胶这两大类高分子材料的性能测试，包括橡塑材料的物理性能、力学性能、热性能、老化性能、电性能和其他性能的测试，为高分子材料的成型加工提供理论依据。

（3）附录部分　提供高分子材料物理性能数据、部分测试标准以及常用数据资料，方便读者查阅。

（三）高分子材料性能测试

1. 试样的制备

（1）塑料试样的制备　塑料测试中首先要涉及到试样。正确的做法，应采用标准工艺条件来制备试样，以获得标准的测试结果。标准工艺条件应是可与产品制造使用的工艺条件相比较的。试样制备有两个途径：

① 从板、片、棒及制品上直接裁取，再经机械加工成标准尺寸的试样。裁取部位一般要选择远离边缘、转角等部位，以避免边缘影响；机械加工时，刀具的刃口，切削的线速度等都有严格的规定，以避免加工缺陷和过热现象。

② 由液状、粉状或粒状的试料经模塑成型为标准尺寸的试样，这时的测试结果与模具的结构、成型温度、成型压力、冷却速度及模具内试料的分布等有很大关系。

(2) 橡胶试样的制备　橡胶测试前要制出标准的试样，实验室制备试样时，需要一个标准的操作程序以减少试验误差。生胶试样的制备如下：

① 从样本成包橡胶中取出能代表该包橡胶的样品，称为份样，试验前应将份样放在体积不大于份样体积 1 倍的密闭器内，或者包在两层铝箔中。

② 准确称量，在固定辊距和辊温的开炼机上过辊 10 次，使样品均匀，按试验要求准确称量。硫化橡胶试样是通过配料、混炼、模压硫化等工艺过程而制成的。配料是将各种原材料，包括生胶和各种配合剂进行称量，以供混炼；混炼是用混炼机在一定的辊温、辊距、挡胶板距离和一定的加料顺序下，得到物理性能均一和良好的胶料；硫化是在硫化机上，控制一定的温度、时间和压力，使橡胶分子间进行交联的过程；最后进行试样的裁片，裁刀要十分锋利，试样上不留下缺陷。

2. 试样的状态调节

(1) 塑料试样的状态调节　主要是环境温度和湿度以及试样放置时间等，对测试结果会产生不同程度的影响。一般说，热塑性材料比热固性材料要敏感。状态调节操作时，应将试样分散放置在标准环境中，标准环境应该是均匀而稳定的，温度和湿度的上下波动不得超过所规定的范围。有时写明常温常湿，常温的概念是 23℃±2℃，常湿的概念是相对湿度为 45%～75%。

(2) 橡胶试样的状态调节　试验前的试样，需要一个充分的停放时间，以消除制备过程中的应力，而硫化的试样尚有一个剩余硫化过程，由于橡胶的热导率大，需要一定时间，使内外温度达到平衡，常把橡胶试样的这一停放过程称为储存期，最短的为 16h，最长是 4 周，一般储存期不超过 3 个月。其次是试样的调节期，试样在试验之前要在标准环境下调节，当温度和湿度两者需要控制时，试样应在标准的温度和湿度下停放不少于 16h；只要求在标准温度下试验的试样，不少于 30min。在大多数橡胶试验中，一般只控制温度，其标准温度为 23℃，相对湿度为 50%。亚热带地区可以在 27℃的温度下试验，相对湿度为 65%。当试验温度在 100℃ 以下时，温度允差为 ±1℃；试验温度允差为 ±1℃；试验温度在 101～200℃时，温度允差为 ±2℃；试验温度超过 201℃时，温度允差为 ±3℃。相对湿度，其标准公差应为 ±5%，如果要求更高的精度，则应为 ±2%的相对湿度。

3. 测试结果与报告

为了给出比较符合实际的测试结果，除了按标准方法进行测试外，通常采用增加平行试验的次数，舍去过大、过小的"漂移值"，然后以多个有效试验数据的算术平均值表示测试的结果。

测试报告是重要的技术文件，一般包括下列内容：测试目的、测试原理及采用的标准、测试材料及制品（名称、牌号、产地）、测试设备及条件、测试中的异常情况、建议、测试结果、结论、测试人员及日期。

三、标准

GB/T 20000.1—2014《标准化工作指南第 1 部分：标准化和相关活动的通用词汇》条目 5.3 中对标准描述为："通过标准化活动，按照规定的程序经协商一致制定，为各种活动或其结果提供规则、指南或特性，供共同使用和重复使用的一种文件。"GB/T 20000.1—2014 附录 A 表 A.1 序号 2 中对标准的定义是："为了在一定范围内获得最佳秩序，经协商一致制定并由公认机构批准，为各种活动或其结果提供规则、指南或特性，供共同使用和重复使用的一种文件。"

国际标准化组织（ISO）的国家标准化管理委员会（STACO）一直致力于标准化概念的研究，先后以"指南"的形式给"标准"的定义作出统一规定："标准是由一个公认的机构制定和批准的文件。它对活动或活动的结果规定了规则、导则或特殊值，供共同和反复使用，以实现在预定领域内最佳秩序的效果。"

标准的分类多种多样，《中华人民共和国标准化法》按照性质将标准分为强制性标准和推荐性标准两类，强制性标准必须执行，推荐性标准鼓励企业自愿采用；按照适用范围将标准分为国际标准、国家标准、行业标准、地方标准和企业标准。

（一）国际标准

国际标准是指国际标准化组织（International Organization for Standardization，简称ISO）、国际电工委员会（International Electrical Commission，简称IEC）和国际电信联盟（International Telecommunication Union，简称ITU）制定的标准，以及国际标准化组织确认并公布的其他国际组织制定的标准。例如：塑料拉伸性能测试国际标准为ISO 527-1：2012和ISO 527-2：2012。

国际电工委员会（IEC）和国际电信联盟（ITU）是最早确立国际标准的组织，1946年建立的国际标准化组织（ISO），现有137个国家标准机构成员，是一个非政府组织。ISO标准由各种技术委员会制定，这些委员会由工业、技术和商务部门的专家组成，它们所制定的国际标准几乎涵盖了除电气和电工技术以外的所有技术方面，从传统行业，如农业和建筑，到机械和最新的信息技术开发。为了适应技术、经济高速发展的需要，ISO标准文件形成了一个家族，包括以下内容：

1. ISO 标准

按照协商一致的原则规定，国际标准草案（DIS）或最终国际标准草案（FDIS），经75％ISO成员团体和技术委员会成员，依照ISO/IEC导则第一部分（技术工作程序予以通过）批准为国际标准，由ISO中央秘书处出版。

2. ISO 公用规范（PAS）

ISO/PAS为ISO公用规范，是在工作组内达成一致的标准文件，具有和ISO国际标准同样的权威性。ISO技术委员会（TC）和分委会（TC）决定，将一个特定的工作项目制定为ISO/PAS，并且往往是同时批准其新的工作项目（NP）。ISO/PAS必须得到TC和SC中大多数成员赞成，并与现行国际标准不得有抵触。

3. ISO 技术规范（TS）

ISO/TS即ISO技术规范，是在ISO技术委员会内达成一致的标准文件。TC和SC决定将一个特定工作项目制定为技术规范，并且往往同时批准其为新工作项目。但TC和SC须得到2/3的成员支持，当委员会决定制定一项国际标准的支持票不够多时，可启动上述程序批准其作为技术规范出版。ISO/TS每3年复审一次，以便确认在接下来的3年内继续有效，或修订成国际标准，或予作废，一般6年后，技术规范必须转成国际标准，或予以作废。

4. ISO 技术报告（TR）

ISO/TR为ISO技术报告，它只是提供信息的文件，包含了通常与标准文件不同类型的信息。技术报告主要有3类：

第1类：原定作为标准但未获通过的文件；

第2类：用来表述特定领域的标准化方向，或者在某些情况下作为试行标准；

第3类：仅用于提供信息。

5. 行业技术协议（ITA）

ITA即行业技术协议，是ISO机构以外的一个组织在指定成员的行政支持下制定出来的标准文件。

（二）国家标准

中国国家标准（以下简称 GB）分为强制性标准和推荐性标准，涉及农业、林业、医药、卫生、劳动保护、矿业、石油等众多领域。国家标准分为强制性国家标准（代号 GB）、推荐性国家标准（代号 GB/T）。我国国家标准序号由国家标准代号、国家标准发布的顺序号及发布的年号构成。例如：GB/T 29646—2013《吹塑薄膜用改性聚酯类生物降解塑料》。

美国标准由联邦政府机构和私营领域的标准制定组织制定。联邦政府机构负责制定一些强制性标准，主要涉及制造业、交通、环保、食品和药品等。美国私营领域的标准制定组织制定自愿性标准，包括美国国家标准学会（以下简称 ANSI）和各类专业学会、协会。如 ASTM G21-15《合成高分子材料抗真菌的标准试验方法》。

英国国家标准由英国标准协会（以下简称 BSI）制定，多数采用欧洲标准和 ISO、IEC 标准，其中欧洲标准 EN 约占 BSI 标准总数的 50%。BSI 标准涉及多个技术领域，但在农产品、食品标准方面，欧盟技术法规和英国技术法规中也有许多规定。

日本国家标准指日本规格协会制定的日本工业标准（以下简称 JIS），主要涉及工业技术领域，包括土木、建筑、机械、电气、汽车、铁路、船舶、钢铁、有色金属、化学等。

（三）行业标准

我国很多行业亦参照国外标准制定了本行业的产品标准和方法标准。

行业标准及代号主要有：HG 化工行业标准；JB 机械行业标准；JC 建材行业标准；QB 轻工行业标准；SJ 电子行业标准；SN 商品检验行业标准；YY 医药行业标准等。塑料和橡胶行业标准由国家塑料和橡胶行业管理协会编制计划、组织草拟，审批、编号，并报国务院标准化行政主管部门备案。如 HG/T 3938—2007《彩色喷墨打印用聚氯乙烯（PVC）证卡材料》，QB/T 2479—2005《埋地式高压电力电缆用氯化聚氯乙烯（PVC-C）套管》。

适合于不同行业，同类产品可能有多个相似的标准，例如，土工合成材料产品的标准，有城建行业的 CJ/T 234—2006《垃圾填埋场用高密度聚乙烯土工膜》，建工行业的 JG/T 193—2006《钠基膨润土防水毯》，JGJ 103—2008《塑料门窗工程技术规程》；公路行业的 JT/T 513《公路工程土工合成材料　土工网》、JTG E50—2006《公路工程土工合成材料试验规程》；水利行业的 SL/T 235—2012《土工合成材料测试规程》。

（四）地方标准

对没有国家和行业标准而又需要在省、市、自治区范围内统一的塑料和橡胶产品的安全、卫生、质量要求，可以制定地方标准。目的是为了新产品的鉴定与管理。地方标准由省、市、自治区人民政府标准化行政主管部门编制计划，组织草拟，统一审批、编号、发布，并报国务院标准化行政主管部门和国家塑料行业管理协会备案。它在相应的国家标准和行业标准实施后，自行废止。

地方标准以"DB"为代号，加上省划分代号，如天津地方标准 DB 12/046.06—2008《还原铁工序能耗计算方法及限额》。

（五）企业标准

企业标准是为了解决产品设计、生产以及服务过程中出现的某一具体问题而确立的解决方案。企业标准有两项基本功能：第一是企业进行技术积累和存档的一种方式，第二是当一项企业标准需要在某一产品中实施的时候，它即成为企业中的一项强制执行的技术指令。

企业标准由企业组织制定，并报省、市、自治区人民政府的标准行政管理部门备案。企业标准的代号为"Q"。

分析化学篇

分析化学概论

第一节　概　　述

一、高分子材料分析的任务

高分子材料分析就是以分析化学的基本原理和方法为基础，解决高分子材料生产和加工过程中实际分析任务的学科。

分析化学是化学学科的一个重要分支，是研究物质组成、含量、结构及其他多种信息的一门科学。其中定性分析的任务是鉴定物质的组成，对于有机物还需要确定其官能团和分子结构。定量分析的任务是确定组成物质的各个组分的含量。现代分析化学的任务还包括捕捉、识别、研究原子、分子的各种有价值的信息。在实际测定中应先定性后定量，以便根据共存组分选择合适的分析方法来测定有关组分的含量。在高分子材料生产和加工中，大多数情况下物料的基本组成是已知的，只需要对原料、半成品、成品及其他辅助材料进行及时准确的定量分析。

二、分析方法分类

根据分析任务、分析对象、测定原理、试样用量、待测组分含量以及分析结果作用的不同角度，分析方法可以分为不同种类。

按分析任务分：分析方法分为定性分析、定量分析和结构分析。

按分析对象分：分析方法分为无机分析和有机分析。无机分析的对象是无机化合物，有机分析的对象是有机化合物。

按测定原理分：分析方法分为化学分析法和仪器分析法。化学分析法是以物质的化学反应为基础的分析方法，主要有滴定分析法和称量分析法等；仪器分析法是以物质的物理和物理化学性质为基础的分析方法，又称物理和物理化学分析法，主要有光谱分析法、色谱分析法、电化学分析法、质谱分析法、波谱分析法等。

按试样用量分：分析方法分为常量分析、半微量分析、微量分析和超微量分析，各种方法的试样用量见表 1-1。

表 1-1 按试样用量分类的分析方法

方法	常量分析	半微量分析	微量分析	超微量分析
试样质量	>0.1g	0.01~0.1g	0.1~10mg	<0.1mg
试样体积	>10mL	1~10mL	0.01~1mL	<0.01mL

按待测组分含量分：分析方法粗略分为常量（>1%）、微量（0.01%~1%）和痕量（<0.01%）成分的分析。

按分析结果的作用分：分析方法分为例行分析和仲裁分析。例行分析是指一般化验室在日常生产中进行的原材料、中控、成品分析或监测分析。仲裁分析是指确认质量事故及其责任者，或不同单位对同一试样分析得出不同的测定结果而发生争议时，请权威单位用标准方法进行裁判的分析工作，所测结果将负有法律责任。

三、定量分析的一般步骤

定量分析的任务是测定样品中存在的某一或某些成分的含量，完成定量分析测定一般包括以下过程。

1. 试样的采取和制备

在实际分析中遇到的试样是多种多样的，有固体、液体和气体，物料中组分分布的均匀性差异很大。采集的试样应具有代表性，它应能反映全部物料的平均组成。因此，必须按国家标准或规定的方法对固体、气体、液体进行采样和制备，否则分析结果再准确也是毫无意义的。

2. 试样的溶解和分解

定量分析一般采用湿法分析，即将试样分解后转入溶液，然后进行测定。根据试样性质的不同，采用不同的分解方法。最常用的是溶解法，即将样品溶于水、酸、碱或有机溶剂中；若样品不溶解，可用熔融或烧结法将样品分解，使欲测组分转变为可溶性物质后，再用适当方法溶解。按规定方法制备的试样溶液应具有均匀性和稳定性。

3. 消除和分离干扰组分

复杂物质中常含有多种组分，在测定其中某一组分时共存的其他组分常产生干扰，应当设法消除。采用掩蔽剂来消除干扰是一种比较简单、有效的方法。但在许多情况下，没有合适的掩蔽方法，这就需要将被测组分与干扰组分进行分离。常用的分离方法有沉淀分离、萃取分离、离子交换和色谱分离等。随着科学的发展，近年来还出现了膜分离、激光分离等新的分离技术。

4. 对指定成分进行定量测定

根据物料的基本组成，依据待测成分的含量和性质，同时结合准确度、灵敏度、分析速度、成本、毒性、实验室工作条件等因素来考虑选择一种或多种合适的分析方法，对指定成分进行定量测定。

5. 计算和报告分析结果

定量测定数据经计算和统计处理后，报出分析结果，并对分析结果做出评定。

分析结果一般报告三项值，即测定次数（n）、被测组分含量的平均值（$\bar{x}$）或中位数（M）、平均偏差（$\bar{d}$）或标准偏差（s）。

四、分析结果表示

分析结果通常以试样中某组分的相对量来表示，这就需要考虑组分的表示形式和含量的表示方法。

某种组分在试样中如有一定的存在形式，例如试样中的硫，以 SO_4^{2-} 形式存在，按理应以本来的存在形式表示硫的测定结果，但也可以用硫的其他形式表示硫的测定结果。有时组分的存在形式是未知的，或同时以几种形式存在，而测定时难以区别其各种存在形式，这时，结果的表示形式就无法与存在形式一致。事实上，结果的表示形式主要应从实际工作的要求和测定方法原理来考虑，某些行业也有特殊的或习惯上常用的表示方法。常用的表示方法如下。

① 以元素形式表示：常用于合金和矿物的分析。

② 以离子形式表示：常用于电解质溶液的分析。

③ 以氧化物形式表示：常用于含氧的复杂试样。

④ 以特殊形式表示：有些测定方法是按专业上的需要拟定的，只能用特殊的形式表示结果。例如，监测水被污染的状况用"化学耗氧量"（简称 COD）表示水中有机物由于微生物作用而进行氧化分解所消耗的溶解氧，作为水中有机污染物含量的指标；又如"灼烧损失"表示在一定温度下灼烧试样所损失的质量，包括了全部挥发性成分和分解了的有机物。

分析结果以被测组分相对量表示的方法有质量分数（W_B）、体积分数（Φ_B）、质量浓度（ρ_B）。

过去对微量或痕量组分的含量常表示为 ppm 和 ppb，其含义是百万分之一（10^{-6}）和十亿分之一（10^{-9}），这种表示在国际单位制和我国的法定计量单位中已废除，应分别表示为 mg/kg 或 mg/L 以及 μg/kg 或 μg/L。

第二节 分析天平

分析天平是定量分析最重要又常用的仪器之一，称量的准确度直接影响分析结果，因此必须了解分析天平的构造，学会正确使用分析天平，掌握正确的称量方法。

常用的分析天平有半机械加码电光分析天平、全机械加码电光分析天平、单盘电光天平、电子天平等。电子天平是运用电磁学原理制造的，没有刀口、刀承，无机械磨损，具有数字显示、自动调零、自动校准、输出打印等功能，称量速度快，操作简便，属新一代天平。

一、分析天平的构造和使用方法

（一）半机械加码电光分析天平（以 TG-328B 为例）

1. 半机械加码电光分析天平的构造

等臂双盘天平是根据杠杆原理设计的，其中以半机械加码电光分析天平应用较多，其构造如图 1-1 所示。它的主要部件是起平衡和承载物体的作用的横梁和刀（见图 1-2）。梁上有三个三棱柱形玛瑙刀，等距、平行安装在梁上，且在一个水平面上。中间为支点刀（中刀），刀口向下，由固定在立柱上的玛瑙平板（中刀垫）所支承。两边为承重刀（边刀），刀口向上，在刀口上方各悬有一个嵌有玛瑙平板刀承的吊耳，天平秤盘就分别挂在两个吊耳上。

三个刀口的锋利程度对天平的灵敏度有很大影响。因此，在使用天平时要特别注意保护玛瑙刀口，应尽量减少刀口磨损。

平衡调节螺丝安装在横梁的左右两端，用于调节空载时横梁的平衡位置（零点）。

指针垂直安装在横梁的中间，指针下端装有微分标牌，经光学系统放大后成像于投影屏上，指示平衡位置。光屏中央有一条垂直刻度线，标尺投影与该线重合，即为天平的平衡

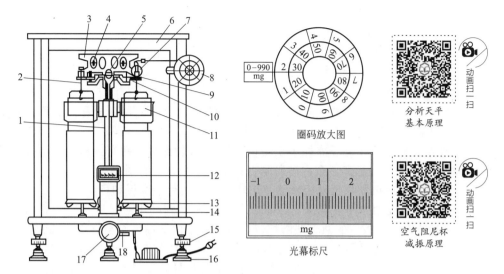

图 1-1 半机械加码电光分析天平的结构

1—指针；2—吊耳；3—天平梁升；4—调零螺丝；5—感量螺丝；6—前面门；7—圈码；
8—刻度盘；9—支柱；10—托梁架；11—阻力盒；12—光幕；13—天平盘；
14—盘托；15—垫脚螺栓；16—脚垫；17—降钮；18—光屏移动拉杆

点。TG-328B 型天平，通过移动投影屏调节杆可以进行小范围的零点调节。微分标牌上标尺刻度线，1 大格相当于 1mg，每 1 大格又分为 10 小格，因此光屏上可读出 0.1mg 值。电光天平一般可准确称量至 0.1mg。

为了使横梁很快停摆而达到平衡，在秤盘上方装有空气阻尼器。

图 1-2 等臂天平横梁

天平制动系统的作用是保护天平的刀刃。天平升降旋钮连接托梁架、盘托和光源。开启天平时，顺时针旋转升降旋钮，升降拉杆带动托梁架下降，吊钩及秤盘自由摆动，梁上的三个刀口与玛瑙平板接触，同时接通光源，屏幕显示标尺投影，天平处于工作状态。关闭天平时，逆时针旋转升降旋钮，天平横梁、吊耳及秤盘被托住，刀口与玛瑙平板分开，保持一定的刀缝，同时切断光源，天平处于关闭状态。天平两边负荷未达到平衡时，不可全开天平，否则刀口易受损，吊耳易脱落。

天平的水准器一般采用水平泡，安装在立柱后面，用来检查天平的水平。天平底板下面有三只脚，后一只固定不动，前两只可用来调节天平的水平。

天平有三扇门，前门可以向上开启，供安装、调整、修理天平用，称量时不准打开。天平两侧的玻璃推门供取放砝码和被称物用，但在读取读数时，两侧推门必须关好。

半机械加码电光分析天平 1g 以上的砝码装在砝码盒内，用镊子夹取加减，1g 以下的砝码用机械加码装置加减。

机械加码装置指圈形砝码和圈形砝码指数盘。圈形砝码是用一定质量的金属丝做成的，它按照一定的顺序挂在横梁右侧的加码钩的固定位置上。指数盘读数为内层 10～90mg，外层 100～900mg。称量时，转动圈形砝码指数盘可使圈形砝码挂在横梁上，使天平加上相应圈形砝码的质量，其质量范围为 $10 \sim 990 mg$。

砝码全部由机械加码装置加减的，称为全机械加码电光天平。

2. 双盘天平的使用方法

（1）称量前的准备工作

① 取下天平罩，叠好后放在规定的地方。

② 操作者面对天平端坐，砝码盒放在天平的右侧台面上，存放和接受称量物的器皿放在左侧，记录本放在天平前面。

③ 检查天平各部件是否都处于正常位置（主要查看的部件有：横梁、吊耳、秤盘和圈码），砝码与天平是否配套，盒内砝码是否齐全，指数盘是否对准零位。

④ 检查天平底板和秤盘是否清洁，用软毛刷轻扫天平底板和秤盘。

⑤ 检查天平是否水平，若天平水准器的气泡不在圆圈中心，应从正上方向下目视水准器，用手旋转天平底板下的两个垫脚螺丝，调节天平两侧高度直至气泡在圆圈中心为止。

⑥ 测定和调节天平零点：接通电源，开启升降旋钮，微分标尺上的"0"刻度应与投影屏上的标线重合。若不重合可拨动升降旋钮下面的拨杆，以挪动投影屏位置使其重合。如仍不能调至零点，可小心调节天平梁上的平衡螺丝。直至微分标尺上"0"刻度对准投影屏上的标线为止。

（2）试称与称量

① 被称的器皿应清洁干燥，温度与天平室温度相同。

② 手戴细纱手套或用纸条套住拿取被称物，先把被称物放在台秤上粗称其质量，然后将其放入分析天平物盘中央，关好侧门。

③ 用镊子夹取稍大于粗称质量的砝码，置于砝码盘的中央。大砝码居中，小砝码置于大砝码周围，开始试称。

④ 轻启升降旋钮，使天平处于半开状态，观察指针偏移方向或光屏上标尺移动的方向，迅速判断左右盘孰重孰轻，关闭天平旋钮，适当增减砝码，直至砝码与被称物质量相差在 $1g$ 以下，关闭天平砝码盘一边的侧门。再轻轻转动指数盘找出适当量的圈码（选取原则是由大到小、中间截取），直到砝码、圈码与被称物质量相差在 $10 mg$ 以下时，将旋钮全部开启，待天平平衡后即可读数。

（3）读数与记录　在记录本上记下砝码盒空位、指数盘及投影屏上刻线位置的数值（读数应记录至小数点后第四位）。关闭天平，打开砝码盘侧门，按大小顺序依次核对盘上砝码，同时将其放回砝码盒空位。

（4）结束工作　先取出被称物，关好侧门，将指数盘转回零位，核对天平零点。然后切断电源，罩好天平罩，将砝码盒放回天平框的顶部。将台面抹净，放回凳子，填写好天平使用登记簿。

（二）单盘电光天平（以 DT-100 型为例）

单盘电光天平是指不等臂单盘天平，也叫双刀单盘天平，其构造如图 1-3 所示。它具有全部机械减码装置及光学读数系统。

单盘天平的砝码和被称物在同一个悬挂系统中，称量时加上被称物，减去悬挂系统上的砝码，使横梁始终保持全载平衡状态，即用放置在秤盘上的被称物替代悬挂系统中的砝码，使横梁保持原有的平衡位置。所减去砝码的质量再加上微分标尺上的读数就是被称物的质量。

单盘天平与双盘天平相比，在构造和性能上有许多优点，具有无不等臂性误差、灵敏度恒定及称量速度快等特点，已经获得越来越广泛的应用。

二、天平使用规则

① 天平要放在牢固的台面上,不能随便移动。避免振动、潮湿、阳光直射以及与腐蚀性气体接触。

② 同一个试验应使用同一台天平和配套的砝码。

③ 称量前后应检查天平是否完好,并保持天平清洁。天平发生故障应立即报告维修人员加以排除。

④ 天平载重不得超过最大载荷。被称物应与天平温度相同。

⑤ 样品不能直接放在秤盘上称量,必须放在清洁干燥的器皿上称量。挥发性、腐蚀性物质必须放在适当的密闭容器中称量。

⑥ 开关天平要轻、缓、匀,以保护刀口。试称时,应半开天平试验。取放砝码或被称物时,应先关闭天平,严禁开启天平的状态下取放砝码或被称物。

⑦ 称量过程中使用左、右门,不得开启前门。

⑧ 砝码必须用镊子夹取,砝码不得放在天平秤盘及天平砝码盒以外的地方。被称物不允许用手直接拿取,要带细纱手套或用洁净纸条套住拿取。

⑨ 天平用完后要恢复原状,填写好天平使用登记簿。

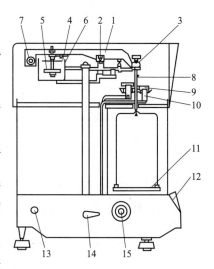

图 1-3 DT-100 型单盘电光天平结构

1—横梁;2—支点刀;3—承重刀;
4—阻尼片;5—配重砣;6—阻尼筒;
7—微分标尺;8—吊耳;9—砝码;
10—砝码托;11—秤盘;12—投影屏;
13—电源开关;14—停动手钮;
15—减码手钮

三、称量方法

1. 减量法

减量法是最常用而简便的称量方法,适用于称量在空气中易吸湿、易氧化或易吸收空气

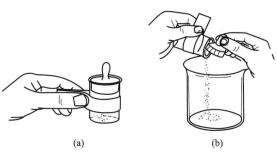

(a)   (b)

图 1-4 减量法称量倾样操作

中 CO_2 的固体样品。具体操作如下。

① 在称量瓶中装入稍多于需称量的被称试样,放入干燥器中。

② 手戴细纱手套或用纸条从干燥器中取出已装好试样的称量瓶在分析天平上称其质量,待天平平衡后记下读数。

③ 按规范取出称量瓶,小心倾出规定量的样品,如图 1-4 所示。将称量瓶放回天平,称其质量,待天平平衡后记下读数。两次称量之差即为倾出样品的质量。

④ 按上述方法连续递减,可称取多份试样。

⑤ 称量完毕后,将称量瓶放回原干燥器,同时做好称量结束工作。

2. 指定质量称量法

有时为了配制准确浓度的标准溶液或为了计算方便,对于在空气中稳定、无吸湿性的试样,可以在表面皿等敞口容器中称量,通过调整药品的量,称得指定的准确质量,然后将其全部转移到准备好的容器中。具体操作如下。

① 在天平上准确称出洗净干燥的表面皿(生产上称量矿样等常用薄金属片或簸状容器、硫酸纸或电光纸等光滑称量纸)的质量,待天平平衡后记下读数。

② 加好所需药品质量的砝码,用小药勺或窄纸条慢慢将试样加到表面皿上,在接近所需量时,用食指轻弹小药勺,使试样一点点地落入表面皿中,直至达到所指定质量为止,记下读数。

③ 取出表面皿,将试样全部转入小烧杯中。

④ 称量完毕后,将试样放回原处,同时做好称量结束工作。

第三节　定量分析中的误差

在分析测定中,不仅要求测定试样中被测组分的含量,还要求分析结果有足够的可靠性。然而客观事实是测量结果与误差同时存在,多次的测量结果不可能完全一致,这就是误差公理——实验结果都存在误差,误差自始至终存在于一切科学实验中。

定量分析的目的是准确测定被测物质的含量,但由于误差的客观存在,实验仅能测得真值的近似值。因此,对分析者来说,不仅是报出分析结果,还需对结果的可靠性进行正确的评价,对测定过程中引入的各类误差,按其性质不同采取相应措施,最大限度地减免误差,把误差降到最低,以获得准确的分析结果,并在分析结果中对引入的误差进行估计和正确表示。本节对定量分析误差定义、表征、分类、误差的减免措施做简要介绍。

一、误差的定义

某量值误差定义为该量值的给出值与真实值之差。

给出值系指测量值、实验值、计算近似值、标称值、示值、预置值。真实值系指某一时刻或某一状态下,某量的效应体现出的客观值或实际值(用最可靠的方法和高精度仪器测量所得值)。

定量分析的误差为测量值与真实值之差,用绝对误差和相对误差两种方法表示。

绝对误差:
$$E = \bar{x} - T \tag{1-1}$$

式中,$\bar{x}$ 为测定结果的算术平均值,$\bar{x} = \dfrac{x_1 + x_2 + \cdots + x_n}{n} = \dfrac{\sum x_i}{n}$;$T$ 为真实值。

相对误差:
$$RE = \frac{E}{T} \times 100\% \tag{1-2}$$

相对误差表示误差在测定结果中所占的百分率,更具有实际意义。相对误差常用千分率(‰)表示。

二、误差的分类

误差按其性质不同可分为系统误差和随机误差两大类。

1. 系统误差

系统误差由某种固定的原因造成。其特点是在多次测量中重复出现,数值大小比较固定,对真值来说具有单一方向性,即正误差或负误差。它不能以取平均值方法加以消除,而只能找其原因,测其大小加以扣除校正,因此又称可测误差。在重复测量时不能发现系统误差,只有改变实验条件才能发现。因此,在大多数情况下,系统误差需通过实验来确定。

产生系统误差的原因有方法、仪器、环境、操作者等误差因素。

(1)方法误差　由分析方法本身不完善造成。例如,滴定分析中,滴定反应不完全,发生副反应,或者滴定终点与化学计量点不一致所引起的误差;称量分析法中,沉淀不完全,沉淀溶解，共沉淀沾污，灼烧时沉淀挥发或分解所引起的误差。

（2）仪器误差　由使用的仪器精度不够造成。例如，天平砝码示值不准，容量仪器或仪器仪表刻度不准，分光光度计波长不准所引起的误差。

（3）环境误差　由实验室的环境温度、湿度、空气清洁度及实验室供应的水、试剂的纯度和要求的条件不一致等所引起的误差。

（4）操作者误差　由操作者主观因素造成。例如，操作者本人操作不够正确、熟练，对分析测定条件控制稍有出入等所引起的误差。

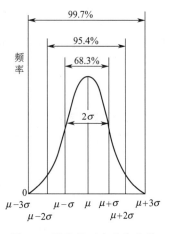

图 1-5　误差的正态分布曲线

对照试验是检查分析测定过程有无系统误差行之有效的方法。采用标准样品、标准方法、加标回收率三种对照试验方法之一，将所得结果进行统计检验可以确定有无系统误差。在找出原因确定存在系统误差后，可测出校正值加以扣除。例如，进行空白试验，在不加试样的情况下，按所用的分析方法，以同样条件进行分析，所得测量值为空白值，从试样分析结果中扣除空白值，就可得到比较可靠的分析结果，可用于校正去离子水、试剂、器皿引入的系统误差；通过校准仪器如砝码、容量仪器等，可以校正仪器误差。一般情况下，简单而有效的方法是在一系列操作过程中使用同一仪器，这样可以抵消仪器误差。

在实验安排上，精心安排实验，可将系统误差随机化，从而可以减免系统误差。

2. 随机误差（偶然误差）

随机误差由测定过程中各环节太微小或太复杂的难以控制的随机因素造成。例如，取样、制样的不均匀性、不稳定性；实验环境的温度、湿度、气压的微小波动；仪器性能的微小变化；分析人员情绪波动，操作的微小变化，分析条件控制稍有出入等都可能带来误差。这类误差产生的原因不确定，是由多个微小的随机因素共同影响的结果。其特点是数值时大、时小、时正、时负，又称不定误差。当消除系统误差后，多次测量结果的数据服从统计规律，即同样大小的正误差和负误差出现的机会相等；小误差出现的机会多，大误差出现的机会少。这一规律可用正态分布曲线图 1-5 表示，图中横坐标代表误差的大小，以总体标准偏差（σ）为单位，纵坐标代表误差发生的频率。

由此可见，在消除系统误差的前提下，平行测定的次数越多，测量结果的平均值越接近于真实值。因此，通过增加平行测定的次数可以减小或消除随机误差。

此外，由于分析者工作疏忽，不遵守实验操作规程而出现的器皿不洁净、试液丢失、加错试剂、读错、记错及计算错误等，这些都属于不应有的过失误差，不属于客观存在的误差，必须注意完全避免。因此，分析者必须严格遵守实验操作规程，一丝不苟，养成良好的实验习惯，耐心细致地进行实验。如发现异常值，应查找原因，如是过失造成的，应予剔除。

三、分析结果的表征——准确度、精密度

在实际分析测定中，分析者总是要平行测定几次，得到分析结果的平均值，并用各次平行测定结果相互接近的程度表征分析结果的精密度（分析结果的可靠程度），用分析结果的平均值与真实值接近的程度表征分析结果的准确度。

准确度用误差量度。误差小，表示分析结果与真实值接近，分析结果准确度高；反之，误差大，分析结果准确度低。误差有正、负之分。误差为正值，表示分析结果大于真实值，

称分析结果偏高；反之，误差为负值，称分析结果偏低。

精密度用偏差量度。偏差小，表示分析结果精密度高，分析结果可靠；偏差大，表示分析结果精密度低，分析结果不可靠。

单次测量值的绝对偏差：

$$d_i = x_i - \bar{x} \tag{1-3}$$

分析结果的精密度用单次测量值的平均偏差或相对平均偏差量度，没有正、负之分。

单次测量值的平均偏差：

$$\bar{d} = \frac{\sum_{i=1}^{n} |d_i|}{n} \tag{1-4}$$

单次测量值的相对平均偏差：

$$\overline{d_{\bar{x}}} = \frac{\bar{d}}{\bar{x}} \times 100\% \tag{1-5}$$

分析结果的精密度的另一个表示方法是用单次测量值的标准偏差或相对标准偏差，它们能更好地反映分析结果的精密度。

标准偏差：

$$s = \sqrt{\frac{\sum (x_i - \bar{x})^2}{n-1}} \tag{1-6}$$

相对标准偏差：

$$CV = \frac{s}{\bar{x}} \times 100\% \tag{1-7}$$

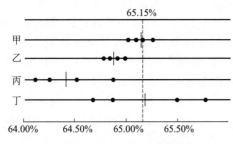

图 1-6　不同人员分析同一试样的结果
（●表示个别测定值；|表示平均值）

在分析测定过程中，由于存在两类不同性质的误差，且具有传递性，这会直接影响分析结果的精密度和准确度，其中随机误差影响精密度也影响准确度，系统误差只影响准确度。

如何从精密度和准确度两个方面来评价分析结果呢？评价分析结果应先看精密度，后看准确度。精密度高，表示分析测定条件稳定，随机误差得到控制，数据有可比性，是保证准确度高的先决条件；精密度低，数据没有可比性，就失去了衡量准确度的前提。精密度高、准确度高的结果是可靠的结果。图 1-6 是甲、乙、丙、丁四人分析同一碳酸钙试样碳酸钙含量的测定结果示意图，图中 65.15% 处的虚线为真实值。四人的分析结果可评价为：甲的分析结果精密度高、准确度高，表明测定随机误差与系统误差得到控制，分析结果可靠；乙的分析结果精密度虽高，但准确度低，表明测定存在系统误差，分析结果仍然不可取；丙的分析结果精密度和准确度均低，表明测定存在系统误差，且随机误差未得到控制，分析结果不可靠；丁的平均值虽也接近真实值，但几个数据彼此相差甚远，而仅是由于正负误差相互抵消才凑巧使结果接近真实值，因而其结果也是不可取的。

四、公差

由前面讨论可知，误差和偏差含义不同。严格地说，人们只能通过多次重复测定，得到一个接近真实值的平均值，用这个平均值代替真实值来计算误差。显然，这样计算出来的误差实际上还是偏差。因此，在生产部门并不强调误差与偏差的区别，而用"公差"范围来表示允许误差的大小。

公差是生产部门对分析结果允许误差的一种限量，又称为允许误差。如果分析结果超出允许的公差范围称为"超差"，这时该项分析应该重做。

公差范围的确定一般是根据生产需要及试样组成的复杂情况和所用分析方法的准确度等实际情况而制定的。对于每一项具体的分析工作，各主管部门都规定了具体的公差范围。

第四节 有效数字及数据处理

一、有效数字

在测定中，有效数字是指实际上能测得的数字，其最后一位数字是估计值，不够准确，又称可疑数字，通常可能有 ± 1 或 ± 0.5 单位的误差。因此，必须根据测量准确度要求正确选择测量仪器，以及根据测量仪器和分析方法的准确度正确记录和表示分析结果的有效数字，要求记录的数字不但能够表示数量的大小，还要正确反映出测量的准确度。

学习有效数字，最重要的就是了解数字"0"在数字中不同位置的不同作用。"0"在数字之间和数字后面，均为有效数字；"0"在数字前面，仅起定位作用，不算有效数字；以"0"结尾的整数，最好用"10"的乘方次数表示，这时前面的系数代表有效数字。

在分析测定中，有效数字应遵循下列规则。

① 记录的数据和计算结果的有效数字位数应与准确度的要求相一致，只应保留一位可疑数字。

② 应按四舍六入五成双规则舍弃不必要的数字。

在拟舍弃的数字中，若左边第一个数字等于或小于 4 时，该数字应舍弃。等于或大于 6 时，则进一。等于 5 时，若 5 后面的数字并非全部为 0，则进一；若 5 后面的数字皆为 0，尾数为偶数则舍弃，尾数为奇数则进一。

③ 数字修约时，拟舍弃的数字若为两位以上，只允许对原测量值一次修约到所需的有效数字，不得分次连续修约。

④ 当几个数字相加或相减时，它们的和或差应以小数点后位数最少的数字为依据，来确定有效数字的保留位数。例如 53.2、7.45 和 0.66382 三个数相加，应为 61.3，不应为 61.31382。

⑤ 当几个数字相乘或相除时，它们的积或商应以有效数字位数最少或相对误差最大的数字为依据，来确定有效数字的保留位数。

在计算和取舍有效数字位数时，还要注意以下几点。

① 对数值的有效数字位数，是由小数部分位数决定，而整数部分仅表示真数的 10 的乘方次数，如 pH、pM、$\lg c$、$\lg K$ 等。$pH = 11.46$ 为两位有效数字。因此，在进行对数运算时，对数值保留的有效数字位数应与真数有效数字位数相同。

② 在分析化学计算中常会遇到倍数、分数，这样的数字可视为足够准确，不考虑其有效数字位数，计算结果的有效数字位数应由其他测量数据来决定。

③ 若某一数据中第一位有效数字大于或等于 8，则有效数字位数可多算一位。

④ 在计算过程中，为了提高计算结果的可靠性，可以暂时多保留一位有效数字，得到最后结果时，再弃去多余的数字。

⑤ 在分析测定和计算中，有些有效数字位数保留是惯例，应当熟悉。

【例 1】 分析天平称准 0.5g 记为：0.5000g；台秤称取 0.5g 记为：0.5g；量筒量取

20mL 溶液记为：20mL；滴定管放出 20mL 溶液记为：20.00mL。

【例 2】 指出下列数据的有效数字位数

0.4252g   1.4832g   0.1005g   0.0104g   15.40ml   0.001L

4 位   5 位   4 位   3 位   4 位   1 位

改变单位并不改变有效数字的位数。当需要在数的末尾加"0"作定位时，最好采用指数形式表示，否则有效数字的位数含混不清。

【例 3】 质量为 25.0mg（3 位有效数字），若以微克为单位，应表示为 2.50×10^4（3 位有效数字）。若表示为 25000，就易误解为 5 位有效数字。

二、分析结果数据处理

在分析工作中，最后处理分析数据时，都要消除因系统误差和剔除由于明显原因而与其他测定结果相差甚远的那些错误的测定结果后进行。

在例行分析中，一般对单个试样平行测定两次，两次测定结果差值如不超过双面公差（即公差的 2 倍），可以取其平均值报出分析结果，否则需重做。

在常量分析实验中，一般对单个试样平行测定 2~4 次，此时测定结果可作简单处理：计算出相对平均偏差，若其相对平均偏差≤0.1%，可认为符合要求，取其平均值报出分析结果，否则需重做。

对要求非常准确的分析，如标准试样成分测定，考核新拟定的分析方法，同一试样由于实验室不同或操作者不同或其他原因，做出的一系列测定数据会有差异，因此需要用统计的方法进行结果处理。首先把数据加以整理，剔除由于明显原因而与其他测定结果相差甚远的错误数据，对于一些精密度似乎不甚高的可疑数据按照有关规则决定取舍，然后计算 n 次测定数据的平均值与标准偏差，即可表示出测定数据的集中趋势和离散情况，就可进一步对总体平均值可能存在的区间作出估计。

1. 数据集中趋势的表示方法

无限次测定数据中用总体平均值（μ）描述数据集中趋势，那么在有限次测定数据中则用算术平均值（$\bar{x}$）或中位数（M）描述数据集中趋势，来估计真值。

中位数是将一组测定数据按由小到大顺序排列，若 n 为奇数，中位数就是位于中间的数；若 n 为偶数，中位数则是中间两数平均值。

中位数不受离群值大小的影响，但用以表示数据集中趋势不如平均值好，通常只有当平行测定次数较少而又有离群较远的可疑值时，才用中位数来表示分析结果。

2. 数据离散程度的表示方法

无限次测定数据中用总体标准偏差（σ）描述数据的离散程度，那么在有限次测定数据中则用平均偏差（$\bar{d}$）、相对平均偏差（$\bar{d}_{\bar{x}}$）、标准偏差（s）或相对标准偏差（CV）描述数据的离散程度。

3. 置信概率和平均值的置信区间

对于无限次测定，图 1-5 中曲线与横坐标从 $-\infty$ 到 $+\infty$ 之间所包围的面积代表具有各种大小误差的测定值出现的概率总和，设为 100%。由数学计算可知，在 $\mu-\sigma$ 到 $\mu+\sigma$ 区间内，曲线所包围的面积为 68.3%，真值落在此区间内的概率为 68.3%，此概率称为置信概率。亦可计算出在 $\mu \pm 2\sigma$ 和 $\mu \pm 3\sigma$ 区间内的置信概率分别为 95.4% 和 99.7%。

在实际分析工作中，不可能也不必要做无限多次测定，μ 和 σ 是不知道的。进行有限次测定，只能知道 $\bar{x}$ 和 s。由统计学可以推导出有限次测定的平均值 $\bar{x}$ 和总体平均值（真值）μ 的关系：

$$\mu = \bar{x} \pm \frac{ts}{\sqrt{n}} \tag{1-8}$$

式中，t 为在选定的某一置信概率下的概率系数，可根据测定次数从表 1-2 中查得。

表 1-2 对于不同测定次数及不同置信概率的 t 值

测定次数	置 信 概 率				
n	50%	90%	95%	99%	99.5%
2	1.000	6.314	12.706	63.657	127.32
3	0.816	2.920	4.303	9.925	14.089
4	0.765	2.353	3.182	5.841	7.453
5	0.741	2.132	2.776	4.604	5.598
6	0.727	2.015	2.571	4.032	4.773
7	0.718	1.943	2.447	3.707	4.317
8	0.711	1.895	2.365	3.500	4.029
9	0.706	1.860	2.306	3.355	3.832
10	0.703	1.833	2.262	3.250	3.690
11	0.700	1.812	2.228	3.169	3.581
21	0.687	1.725	2.086	2.845	3.153
∞	0.674	1.645	1.960	2.576	2.807

根据上式可以估算出在选定的置信概率下，真值在以平均值为中心的多大范围内出现，这个范围就是平均值的置信区间。

【**例**】 对某试样中 Cl^- 的含量进行分析测定，测定结果为 47.52%、47.64%、47.60%、47.58%，试计算平均值的置信区间（置信概率为 95%）。

解 $\bar{x} = \dfrac{47.52\% + 47.64\% + 47.60\% + 47.58\%}{4} = 47.58\%$

$$s = \sqrt{\frac{(47.52\% - 47.58\%)^2 + (47.64\% - 47.58\%)^2 + (47.60\% - 47.58\%)^2 + (47.58\% - 47.58\%)^2}{4 - 1}}$$
$= 0.05\%$

查表 1-2，置信概率为 95%，$n = 4$ 时，$t = 3.182$，所以，

$$\mu = \bar{x} \pm \frac{ts}{n} = 47.58\% \pm \frac{3.182 \times 0.05\%}{\sqrt{4}} = 47.58\% \pm 0.08\%$$

上述计算说明，若平均值的置信区间为 47.58% ± 0.08%，则真值在其中出现的概率为 95%，100% 的置信概率就意味着区间是无限大，肯定会包括真值，但这样的区间是毫无意义的，应当根据实际工作的需要定出置信概率。在分析中通常将置信概率定为 95% 或 90%。

4. 可疑数据的取舍

在重复多次测定时，如出现特大或特小的离群值，亦即可疑值时，又不是由明显的过失造成的，就要根据随机误差分布规律决定取舍。取舍的方法很多，这里介绍两种常用的检验法。

(1) Q 检验法 将数据由小到大排列 x_1、x_2、x_3、…、x_{n-1}、x_n，其中，x_1、x_n 可能为可疑值。表 1-3 列出 Q 值表。

若 x_1 为可疑值，统计因子 $Q = \dfrac{x_2 - x_1}{x_n - x_1}$

若 x_n 为可疑值，统计因子 $Q = \dfrac{x_n - x_{n-1}}{x_n - x_1}$

若 $Q \geqslant Q_表$，则应舍弃可疑值；若 $Q \leqslant Q_表$，则应保留可疑值。

表 1-3   **Q 值表**（置信概率 90% 和 95%）

测定次数 n	2	3	4	5	6	7	8	9	10
$Q_{0.90}$	—	0.94	0.76	0.64	0.56	0.51	0.47	0.44	0.41
$Q_{0.95}$	—	0.98	0.85	0.73	0.64	0.59	0.54	0.51	0.48

（2）$4\bar{d}$ 检验法 首先求出可疑值以外的其余数据的平均值 $\bar{x}$ 和平均偏差 $\bar{d}$，然后将可疑值与平均值进行比较，如绝对差值大于 $4\bar{d}$，则应舍弃可疑值，否则保留。

阅读材料

我国高分子物理学创始人——钱人元院士

钱人元先生（1917.9.19—2003.12.6），是我国高分子物理的"一代宗师"、中国科学院院士、中国科学院化学研究所前所长。

钱先生出生于江苏常熟西乡汤家桥，1939 年毕业于浙江大学化学系，1940～1943 年在昆明西南联大理化系任助教。1943 年赴美国留学，在加州理工学院学习了一个学期后，在威斯康星大学化学系做了 3 年的研究生并兼任研究助理，1947～1948 年转入依阿华州立大学化学系学习。1948 年回国后，他曾在厦门大学、浙江大学、中国科学院长春应用化学研究所、上海有机化学研究所和化学研究所工作，从 1956 年起，就一直在化学研究所工作。

钱人元先生是一位卓越的科学家、教育家，是我国高分子物理、有机固体的奠基人之一。他在高聚物分子量的测定、高聚物的剖析、高分子的链结构和高分子凝聚态物理的各个方面都有过开拓性的贡献。1953 年，钱先生在上海有机化学研究所时，就开始创建高分子物理研究领域。当时，高分子物理学在国内还是一片空白，没有实验仪器，他就自己制作仪器，用了 4 年的时间建立起当时国际上使用的各种仪器和测量方法，1957 年收到国际组织发给世界各国国家级研究机构共同测试的 3 个聚苯乙烯试样，他指导下的测定结果在最可信区。1956 年，上海有机化学研究所高分子部分迁至北京，于是他到了中国科学院化学研究所负责高分子物理方面的学术领导工作。

钱人元先生不断开拓研究新领域，20 世纪 70 年代，他开创了有机固体研究，80 年代开展了高分子凝聚态基本物理问题的研究。从 1985 年开始，他领导了我国一批优秀的高分子物理学家，在高分子凝聚态物理领域进行了独创的、卓有成效的研究。在研究工作中，他摒弃了按学科分解课题、各自独立研究的传统模式，在高分子凝聚和链凝聚态等基础问题方面获得了令人瞩目的成就。

钱人元先生也是我国高分子教育学的开创者和奠基人。1958 年中国科学技术大学成立时，他与王葆仁教授共同创建了我国第一个，也是世界第一个高分子化学和物理系，并担任高分子物理教研室主任。他亲自制定高分子物理化学专业的教学大纲、专业课程设置和内容及实验规划，并讲授"高分子物理化学"和"高分子物理"两门课，根据讲义整理成的《高聚物的结构与性能》，在全国高分子物理教学中有重要影响。他认为高分子物理是一门新的实验科学，强调自己动手做仪器，他说过："在高水平的科研工作中，一定要自己动手建造仪器，靠商品仪器是很难做出领先水平的工作的。"他自始至终要求将教学与科研结合在一起，以提高教学和科研水平。钱先生是一位很纯粹的学者，一生执着做学问，孜孜不倦。

"说得少、做得多"是钱人元先生的风格。80 岁诞辰时，化学研究所高分子物理实验室曾为钱先生编辑出版了他的论文集，这本论文集里除了学术论文之外，再没有其他的文章。钱先生留给我们的，不仅仅是他的学问，更多的是他"真正热爱科学、追求真理"的精神。

材料引自：王丹红．一代宗师光耀中华 四海学人含悲挽歌——追忆我国高分子物理学创始人钱人元院士 [J]．中国科学基金，2004，3：177-178.

复　习　题

1. 定量分析的过程一般包括哪些步骤？取样的原则是什么？比较完整的分析结果一般应报告哪些内容？

2. 什么是分析结果的准确度和精密度？二者关系如何？

3. 什么叫空白试验？什么情况下需要作空白试验？

4. 解释下列各名词的意义：

绝对误差、相对误差、个别绝对偏差、平均偏差、相对平均偏差、标准偏差、相对标准偏差、公差、超差、置信概率、置信区间、有效数字。

5. 判断下列情况各属于何种类型误差：

A. 系统误差　　　　B. 随机误差　　　　C. 过失误差

① 天平零点稍有变动。

② 滴定时不慎，从锥形瓶中溅出一滴溶液。

③ $H_2C_2O_4 \cdot 2H_2O$ 基准物结晶水部分风化。

④ 基准物质放置在空气中吸收了水分和 CO_2。

⑤ 试剂中含有微量被测组分。

⑥ 蒸馏水中含有微量干扰组分。

⑦ 天平的两臂不等长。

⑧ 滴定管未校准。

⑨ 容量瓶和移液管不配套。

⑩ 滴定管读数，最后一位数字估计不准。

6. 若要求称量的相对误差不大于 0.2%，问至少应称多少克样品？若称取 1g 样品，相对误差是多少？这说明什么问题？

7. 若要求体积测量的相对误差不大于 0.1%，问滴定时所消耗标准溶液的体积至少为多少毫升？

8. 下列数据各有几位有效数字：

0.00300，0.01010，8.340×10^{12}，1.30×10^{-10}，56.08%，pH=2.0。

9. 甲、乙两人同时分析同一试样，每次取样 1.5g，甲的分析结果报告为 0.042%；乙的分析结果报告为 0.04201%。问哪一份报告合理？为什么？

10. 正确表示下列结果有效数字：

① $0.4771 \times 12.703 \times 5.16 \div 126.6 = ?$　② $5.8 \times 0.653 - 6.185 \div 4.621 = ?$

11. 某试样中含锌量为 39.19%，甲的分析结果为 39.12%、39.15%、39.18%；乙的分析结果为 39.18%、39.23%、39.25%。试比较甲、乙两人分析结果的精密度和准确度。

12. EDTA 法测定样品中铁含量，分析结果为 6.123、6.765、6.326、6.250、6.189、6.353，试用 Q 检验法和 $4\bar{d}$ 检验法检验是否有应舍弃的可疑数据（置信概率为 90%）。

13. 有一试样，其中氯含量的分析结果为 16.23、16.76、16.32、16.25、16.18、16.35、16.05、16.45，试用 Q 检验法决定可疑数据的取舍，然后计算平均值、标准偏差和置信概率分别为 90% 和 95% 时平均值的置信区间。

第二章

滴定分析法

学习目标

　　掌握氧化还原滴定法、酸碱滴定法、配位滴定法及沉淀滴定法。掌握标准溶液的配制、滴定终点的确定及分析方法的计算等内容。

第一节　概　　述

　　滴定分析法是化学分析中最重要的一类分析方法，主要用于常量组分分析，即被测组分含量在1%以上，通常测定的相对误差不高于0.1%。此方法快速、简便，准确度较高，应用非常广泛。

　　进行滴定分析时，将被测物置于锥形瓶（或烧杯）中，将一种已知准确浓度的试剂溶液即标准溶液，通过滴定管滴加到被测物的溶液中，直到所加的标准溶液与被测物质按化学反应式的计量关系恰好完全定量反应为止，根据所消耗标准溶液的体积和浓度算出被测物质的含量。由于这种测定方法是以测量溶液体积为基础的，所以该方法又称为容量分析法。

　　滴定分析法主要包括酸碱滴定法、配位滴定法、氧化还原滴定法、沉淀滴定法等。

一、滴定分析法的名词术语

　　(1) 标准溶液　已知准确浓度的溶液，又称滴定剂。

　　(2) 滴定　将标准溶液通过滴定管滴加到被测物质溶液中的操作过程称为滴定。

　　(3) 化学计量点　当标准溶液的物质的量与被测物的物质的量，正好符合化学反应式的计量关系时，称为化学计量点，又称理论终点。

　　(4) 滴定终点　利用指示剂颜色的突变或仪器测试来判断化学计量点的到达而停止滴定时，称为滴定终点。

　　(5) 指示剂　在滴定过程能给出明显外部效果指示人们停止滴定的试剂。

　　(6) 滴定误差　由于滴定终点和化学计量点不重合而引起的误差称为滴定误差。

二、滴定分析法对滴定反应的要求

适用于滴定分析的反应，必须具备下列条件。

① 反应必须定量完成，即反应必须按一定的反应式进行完全，具有确定的化学计量关系，无副反应发生。

② 反应速率要快。对于速率较慢的反应，应通过加热、加入催化剂等适当措施来提高

反应速率。

③ 能用比较简便的方法确定滴定终点。在滴定分析中，通常利用指示剂的颜色变化或仪器测试来判断化学计量点的到达，这就要求指示剂能在化学计量点附近发生人眼能辨别的颜色改变，或者当溶液的某一参数在化学计量点附近发生变化时，能在仪器上明确显示出来。

三、滴定方式

滴定方式可分为以下几种。

（1）直接滴定法 用标准溶液直接滴定被测物质是滴定分析法中最常用和最基本的滴定方式，称为直接滴定法。对于能满足滴定分析要求的反应都可用直接滴定法，例如 HAc 含量的测定、水硬度的测定等。

（2）返滴定法 如果反应较慢（如 Al^{3+} 与 EDTA 的配位反应），或待测物不溶于水（如用酸碱滴定法测定固体 $CaCO_3$）时，可用返滴定法，即先在被测物质中加入一定过量的标准溶液，待反应完全后，再用另一种标准溶液返滴定剩余的第一种标准溶液，完成定量测定。这种滴定方式又称回滴定法或剩余量滴定法。

（3）置换滴定法 如果滴定剂与待测物不按一定反应式进行，或伴有副反应时，可用置换滴定法，即用适当试剂与被测物质反应，定量置换出可以直接滴定的物质，再用滴定剂滴定反应产物，完成定量测定。例如，$Na_2S_2O_3$ 与 $K_2Cr_2O_7$ 等强氧化剂反应时，$S_2O_3^{2-}$ 将部分被氧化成 SO_4^{2-} 和 $S_4O_6^{2-}$，因此不能用 $Na_2S_2O_3$ 直接滴定 $K_2Cr_2O_7$，但可在酸性 $K_2Cr_2O_7$ 溶液中加入过量 KI，定量置换出一定量的 I_2，再用 $Na_2S_2O_3$ 标准溶液滴定 I_2，完成定量测定。

（4）间接滴定法 不能与滴定剂直接反应的物质，可以通过另外的化学反应，使其转变为可以直接滴定的物质，再用滴定剂滴定，完成定量测定。例如 Ca^{2+} 不能直接用 $KMnO_4$ 标准溶液滴定，可加入 $(NH_4)_2C_2O_4$，将其定量沉淀为 CaC_2O_4 后，用 H_2SO_4 溶解，再用 $KMnO_4$ 标准溶液滴定 $C_2O_4^{2-}$，间接测定 Ca^{2+} 含量。

总之，在分析实验中，滴定分析法可利用不同类型的化学反应，以不同的滴定方式进行定量测定。滴定方式的变换扩大了滴定分析法的适用范围。

四、容量仪器

容量仪器通常指滴定管、容量瓶、移液管，它们是化学分析必备的量器。

容量仪器体积测量误差来自三方面。容量仪器材质随温度升高而膨胀，水及溶液体积也随温度升高而增大，即体积与温度有关；容量仪器体积刻度，对不同等级允差不同；相同等级容量仪器在相同条件下测量体积时，由于分析者操作水平不同，体积测量误差也不同。

为了减小容量仪器体积测量误差，要求分析者进行温度校正或在标准温度下使用仪器；进行仪器的绝对校正和相对校正；按规定的基本操作规范使用容量仪器。此处不再详述。

五、标准溶液

1. 标准溶液浓度的表示方法

标准溶液的浓度常以下列两种方式表示。

（1）物质的量浓度 标准溶液的浓度通常用物质 B 的物质的量浓度表示。物质的量浓度，简称为浓度，符号为 c_B，定义为单位体积溶液中所含溶质 B 的物质的量，常用单位为 mol/L。数学表达式为：

$$c_B = \frac{n_B}{V} \tag{2-1}$$

式中，V 为溶液的体积，常用单位为 L；n_B 为溶质 B 的物质的量，单位为 mol；如 1L

溶液中含有 1mol 的溶质，其浓度就是 1mol/L。

计算物质的量浓度时，往往还要知道物质 B 的摩尔质量 M_B。物质 B 的物质的量 n_B、质量 m_B 和摩尔质量 M_B 之间的关系为：

$$n_B = \frac{m_B}{M_B} \tag{2-2}$$

(2) 滴定度 滴定度是生产部门为简化计算而经常采用的一种浓度表示法。滴定度 (T) 就是单位体积标准溶液中所含溶质的质量，或相当于被测物质的质量，常用单位为 g/mL。如 $T_{AgNO_3} = 0.007169$g/mL，表示 1mL 溶液中含有 $AgNO_3$ 为 0.007169g；$T_{Na_2CO_3/HCl} = 0.04398$g/mL，表示 1mL HCl 标准溶液相当于 0.04398g Na_2CO_3。知道了这个滴定度，再乘以滴定用去标准溶液的体积，就可直接算出被测组分的质量，即：

$$m_A = T_{A/B} \times V \tag{2-3}$$

这种表示浓度的方法，对于经常分析同一物质时极为方便。

2. 标准溶液的制备

标准溶液的制备方法有直接法和间接法两种。

(1) 直接法 准确称取一定量的基准物质，溶解后定量转入一定体积的容量瓶中，加蒸馏水稀释至刻度，充分摇匀。根据称取基准物质的质量和容量瓶的体积，计算该标准溶液的准确浓度。一般滴定分析用标准溶液浓度为 $0.02 \sim 0.5$mol/L，以四位有效数字表示标准溶液的浓度。

(2) 间接法（也称标定法） 很多物质不符合基准物质条件，不能直接用来配制标准溶液。如 NaOH、HCl、$KMnO_4$、$Na_2S_2O_3$、EDTA、$AgNO_3$ 等，这些试剂的标准溶液只能用间接法配制，即将其先配制成接近于所需浓度的溶液，然后用基准物质确定其准确浓度。这种操作过程称为标定。这种制备标准溶液的方法称为标定法。有时也可用另一种标准溶液标定。

第二节 酸碱滴定法

一、概述

酸碱滴定法是利用酸标准溶液或碱标准溶液以酸碱反应（中和反应）为基础的滴定分析方法，又称中和滴定法。反应实质是质子的转移。

酸碱反应的特点是：反应速度快，瞬时即可完成；反应过程简单，副反应少；有很多指示剂可供选用以确定滴定终点。这些特点都符合滴定分析对反应的要求。一般的酸碱以及能与酸碱直接或间接发生反应的物质，几乎都能用酸碱滴定法进行测定。因此，许多化工产品的检验，包括生产中间控制分析都广泛使用酸碱滴定法。

二、酸碱溶液的 H^+ 浓度和 pH 的计算

酸度是指溶液中 H^+ 的活度以 pH 表示。当溶液浓度不太大时，浓度可近似代替活度，即 pH $= -\lg [H^+]$。

几种典型酸碱溶液 $[H^+]$ 的最简计算公式为：

一元强酸溶液 $[H^+] = c_{酸}$（使用条件：$c \geq 4.7 \times 10^{-7}$mol/L）

一元弱酸溶液 $[H^+] = \sqrt{K_a c_{酸}}$（使用条件：$c/K_a \geq 10^5$，$cK_a \geq 10K_w$）

一元强碱溶液 $[OH^-] = c_{碱}$（使用条件：$c \geq 4.7 \times 10^{-7}$mol/L）

一元弱碱溶液 $[OH^-] = \sqrt{K_b c_{碱}}$（使用条件：$c/K_b \geq 10^5$，$cK_b \geq 10K_w$）

弱酸及共轭碱缓冲溶液　　$[H^+] = K_a \times \dfrac{c_{HA}}{c_{A^-}}$

三、酸碱缓冲溶液

缓冲溶液是一种对溶液酸度起控制作用的溶液。也就是使溶液的 pH 不因外加少量酸、碱或稀释而发生显著变化。

缓冲溶液从用途上分为一般缓冲溶液和标准缓冲溶液。一般缓冲溶液用于对溶液酸度起控制作用，如 HAc-NaAc 缓冲溶液、NH_3-NH_4Cl 缓冲溶液。标准缓冲溶液用于校正酸度计 pH 值，如 0.01mol/L 硼砂。缓冲溶液从组成上分为两类，一般常用缓冲溶液为浓度较大的弱酸及共轭碱；另一类是高浓度的强酸或强碱溶液。

因为分析化学中的化学反应与分析测定多数要在一定的酸度下进行，所以酸碱缓冲溶液在分析化学中具有重要的实用价值。在选择缓冲溶液时应考虑以下因素。

① 应根据所需控制的 pH，选择与其相近的 pK_a 缓冲溶液或至少 pH 在 $pK_a \pm 1$ 有效范围内的。

② 应选择有较大缓冲能力的缓冲溶液。这就要求弱酸与共轭碱浓度比 1：1，浓度通常在 0.01～1mol/L。

③ 缓冲溶液组分在反应过程中无副反应干扰。缓冲溶液组分最好是掩蔽剂。

常用缓冲溶液及制备，可查阅有关手册或参考书上的配方进行制备。

四、酸碱指示剂

1. 指示剂的特性及变色原理

酸碱滴定法常借助酸碱指示剂的颜色变化来指示滴定的终点。酸碱指示剂是一些弱的有机酸或有机碱，它们的酸式型体和碱式型体具有不同的颜色。在滴定过程中，当溶液 pH 发生改变时，指示剂作为质子迁移体获得质子或失去质子，也就是酸式型体与碱式型体平衡浓度比值发生变化，伴随的外部效果是溶液颜色发生变化。

为了进一步说明指示剂颜色变化与酸度的关系，现以 HIn 表示指示剂酸式型体，In^- 表示指示剂碱式型体，在溶液中的解离平衡可简单以下式表示：

$$HIn \Longleftrightarrow H^+ + In^-$$

在酸性溶液中，指示剂主要以酸式型体存在；在碱性溶液中，指示剂主要以碱式型体存在。

用解离平衡常数定量标度颜色变化与 $[H^+]$（或 pH）关系可有：

$$\frac{[H^+][In^-]}{[HIn]} = K_a \qquad \frac{[In^-]}{[HIn]} = \frac{K_a}{[H^+]}$$

从上面的关系式可以看出，$[H^+]$ 浓度或 pH 决定了 $[In^-]/[HIn]$ 比值，也就决定了指示剂呈现的颜色。一般来说，当 $\dfrac{[In^-]}{[HIn]} \geqslant 10$，看到的是 $[In^-]$ 的颜色；当 $\dfrac{[In^-]}{[HIn]} \leqslant 0.1$，看到的是 $[HIn]$ 的颜色；当 $10 > \dfrac{[In^-]}{[HIn]} > 0.1$，看到的是它们的混合色（过渡色），这就是人眼能看到指示剂颜色发生变化的范围，相应 pH 范围称为指示剂的变色范围。

一般表中列出的指示剂变色范围和变色点值均为实验测得值。例如甲基橙的变色范围为 3.1～4.4，酚酞的变色范围为 8.0～9.8。指示剂的理论变色范围 $pH = pK_a \pm 1$ 与实测值有出入；指示剂的理论变色点 $pH = pK_a$ 与实测值也有出入。

在某些酸碱滴定中，pH 突跃范围很窄或在滴定终点时的颜色变化不鲜明，不易判断滴定终点，这时可选用混合指示剂。混合指示剂有两类：一类是一种指示剂与一种惰性染料的混合物。例如，0.1%甲基橙水溶液与 0.25%靛蓝水溶液等体积混合后，在 pH<4.1 的溶液中呈紫色，pH=4.1 的溶液中呈灰色，pH>4.1 的溶液中呈黄绿色，三种颜色的色差很大，所以变色非常敏锐。另一类是两种或多种指示剂的混合物。例如，0.1%溴甲酚绿乙醇溶液与 0.2%甲基红乙醇溶液按 3:1 混合后，在 pH<5.1 的溶液中呈酒红色，pH=5.1 的溶液中呈灰色，pH>5.1 的溶液中呈绿色，变色也非常敏锐。

应当指出，加入指示剂的量要适中，这是由于指示剂本身是一种弱的有机酸或碱，在反应中会消耗一些碱或酸的标准溶液。如果指示剂用量过多，浓度过高，就会多消耗标准溶液，产生滴定误差，指示剂颜色变化也不明显。通常被滴定试液为 20~30mL 时，指示剂用量约为 1~4 滴。

2. 指示剂的选择

正确选择指示剂的目的在于降低滴定的终点误差，它的选择必然依据不同物质化学计量点溶液的酸碱性或 pH 来选择。

（1）定性选择酸性范围或碱性范围变色的指示剂　这种方法简单易行。例如，HCl 滴定 NH_3，化学计量点时溶液呈酸性，应选择酸性范围变色的指示剂，如甲基橙；NaOH 滴定 HAc，化学计量点时溶液呈碱性，应选择碱性范围变色的指示剂，如酚酞。

（2）化学计量点 pH 与指示剂的选择　计算化学计量点溶液 pH，选择变色点与化学计量点 pH 相近的指示剂。例如，0.1000mol/L NaOH 滴定等浓度的 HAc，化学计量点溶液 pH 为 8.73，可选择变色点为 9.0 的酚酞指示剂。

（3）滴定突跃与指示剂的选择　计算滴定突跃范围，选择在滴定突跃范围内变色的指示剂，即选择变色范围全部或部分落在滴定突跃范围内的指示剂。例如，0.1000mol/L NaOH 滴定等浓度的 HAc，滴定突跃范围为 pH=7.76~9.70，可选择百里酚蓝、酚酞等指示剂。

五、酸碱滴定法的基本原理

为了选择合适的指示剂，减小滴定误差，必须了解滴定过程中溶液 pH 的变化，特别是化学计量点附近溶液 pH 的变化。描述滴定过程中溶液 pH 变化情况的曲线称为滴定曲线。滴定曲线一般以加入滴定剂体积或中和百分数为横坐标，溶液 pH 为纵坐标。

1. 强酸滴定强碱或强碱滴定强酸

以 0.1000mol/L NaOH 滴定 20.00mL 0.1000mol/L HCl 为例。滴定曲线如图 2-1 所示。

化学计量点前后 0.1%处对应的 pH 范围称为滴定突跃范围。该滴定突跃范围 pH 为 4.30~9.70，化学计量点 pH=7.0 选用甲基橙、甲基红、酚酞等指示剂均可。如果用 0.1mol/L HCl 滴定 0.1mol/L NaOH，甲基红、酚酞均可选为指示剂；如果用甲基橙作指示剂，将有 +0.2%的误差。

强酸强碱滴定突跃还与酸碱溶液浓度有关，如表 2-1、图 2-2 所示。

可以看出，酸碱溶液浓度越高，滴定突跃越大，可选择的指示剂就越多。实验室用滴定剂浓度一般为 0.05~0.5mol/L，工厂例行分析一般为 0.02~1.0mol/L。

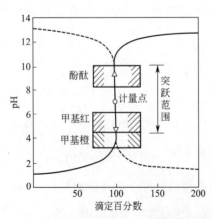

图 2-1　NaOH 滴定 HCl 滴定曲线

表 2-1　不同浓度 NaOH 滴定 HCl 的滴定突跃

浓度/(mol/L)	1.0	0.1	0.01	0.001
突跃范围	3.3~10.7	4.3~9.7	5.3~8.7	6.3~7.7

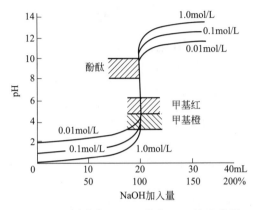

图 2-2　不同浓度 NaOH 滴定 HCl 滴定曲线

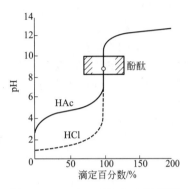

图 2-3　0.1000mol/L NaOH 滴定
0.1000mol/L HAc 的滴定曲线

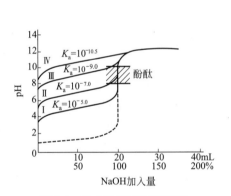

图 2-4　NaOH 溶液滴定不同
K_a 弱酸溶液的滴定曲线

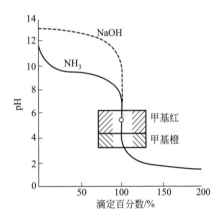

图 2-5　0.1mol/L HCl 滴定
0.1mol/L NH₃ 的滴定曲线

2. 一元弱酸（碱）的滴定

强碱滴定 HAc 及不同强度弱酸的滴定曲线如图 2-3、图 2-4 所示。HCl 滴定 NH₃ 的滴定曲线如图 2-5 所示。

比较 HCl 及 HAc 两条滴定曲线可以看到均有一个滴定突跃，可以选择合适的指示剂。不同的是相同浓度的 HAc 的滴定突跃比 HCl 窄，且化学计量点 pH<7.0，这种差别使 HAc 的滴定只能选择碱性范围变色的指示剂如酚酞、百里酚蓝，而酸性范围变色的指示剂如甲基橙、甲基红等都不能选用，可供选择的指示剂范围变小了。

由表 2-2 比较不同 K_a 值弱酸的滴定，可以知道酸越弱，K_a 值越小，滴定突跃越小。因此酸的强弱是影响滴定突跃大小的重要因素。酸的强弱和浓度是影响滴定突跃大小的两个因素。

表 2-2　0.1000mol/L NaOH 滴定弱酸的滴定突跃

K_a	10^{-3}	10^{-4}	10^{-5}	10^{-6}	10^{-7}	10^{-8}	10^{-9}
突跃范围	5.6～10	6.6～10	7.6～10	8.6～10	9.56～10.13	10.3～10.42	10.8～10.82
ΔpH	4.4	3.4	2.4	1.4	0.57	0.12	0.02

从滴定分析误差考虑，若允许指示剂误差在 0.1%～0.2%，考虑人眼分辨的不确定性为 0.3pH 变化（滴定突跃相当于 0.6pH），指示剂法确定终点，要求 $cK_a > 10^{-8}$，这就是弱酸在水溶液中准确滴定可行性判断标准。

强酸滴定弱碱情况与强碱滴定弱酸相似，最大的区别是化学计量点在酸性范围内，只能选择酸性范围变色的指示剂如甲基红、溴甲酚绿等。和弱酸的滴定一样，要求 $cK_b > 10^{-8}$，这就是弱碱在水溶液中准确滴定可行性判断标准。

3. 多元酸（碱）分步滴定可行性

常见的多元酸多数是弱酸，在水溶液中分步解离，因此能否选择合适的指示剂进行分步滴定是值得考虑的问题。

以二元酸 H_2A 为例，基于滴定突跃的影响因素为酸的强弱和浓度，人眼分辨的不确定性为 0.3pH，若分步滴定的允许误差为 0.5%，则：

若 $cK_{a_i} > 10^{-8}$，且 $K_{a_1}/K_{a_2} \geqslant 10^5$，可分步准确滴定至每一个型体 HA^-、A^{2-}；

若 $cK_{a_i} > 10^{-8}$，但 $K_{a_1}/K_{a_2} < 10^5$，不能分步滴定，只能一步滴定至型体 A^{2-}。

例如草酸，$K_{a_1} = 5.6 \times 10^{-2}$、$K_{a_2} = 5.1 \times 10^{-5}$，若浓度为 0.1mol/L，则它们的 cK_{a_i} 均大于 10^{-8}，但 $K_{a_1}/K_{a_2} < 10^5$，因而不能分步滴定，只能一步滴定至型体 A^{2-}，测得总酸量。再如磷酸 $K_{a_1} = 6.9 \times 10^{-3}$、$K_{a_2} = 6.2 \times 10^{-8}$、$K_{a_3} = 4.8 \times 10^{-13}$，$H_3PO_4$ 的 $cK_{a_1} > 10^{-8}$、$cK_{a_2} > 10^{-8}$、$cK_{a_3} < 10^{-8}$，有 2 个 H^+ 被直接滴定。$K_{a_1}/K_{a_2} = 10^5$，$K_{a_2}/K_{a_3} = 10^5$，则 H_3PO_4 可分步准确滴定至 $H_2PO_4^-$、HPO_4^{2-}，滴定曲线有两个突跃，见图 2-6。第一化学计量点，pH=4.71，通常实验选用甲基橙指示剂；第二化学计量点，pH=9.66，选用百里酚酞指示剂。

多元碱的滴定与多元酸类似，以 HCl 滴定 Na_2CO_3 为例，若用 0.1mol/L HCl 滴定，见图 2-7。由于 $K_{b_1}/K_{b_2} = 10^4 < 10^5$、$cK_{b_1} > 10^{-8}$、$cK_{b_2} > 10^{-8}$，滴定反应分两步。滴定至 HCO_3^- 时，化学计量点 pH=8.32，由于 $K_{b_1}/K_{b_2} = 10^4$，准确度不高，选用甲酚红与百里酚蓝混合指示剂，结果误差 0.5%。第二化学计量点，pH=3.9，可选甲基橙或甲基橙-靛蓝磺酸钠混合指示剂，若使终点敏锐准确度高，近终点应加热除去 CO_2。

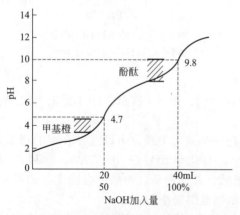

图 2-6　NaOH 滴定 H_3PO_4
滴定曲线

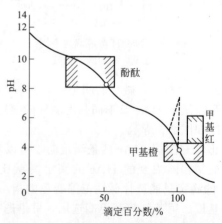

图 2-7　0.1mol/L HCl 滴定
0.05mol/L Na_2CO_3 的滴定曲线

第三节　配位滴定法

一、概述

配位滴定法是以配位反应为基础的滴定分析方法。

在化学反应中，配位反应非常普遍。但因大多数无机配合物稳定性差，无机配位反应有逐级配位现象，各级稳定常数相差不大，无明确的化学计量关系，也不易找到合适的指示剂，所以无机配位反应能用于滴定分析的并不多，无机配位剂主要用作掩蔽剂、辅助配位剂等。随着有机配位剂的发展，尤其是氨羧配位剂，它们可与金属离子形成很稳定的、组成一定的配合物，一般不存在逐级配位现象，克服了无机配位剂的缺点，因而获得了广泛应用。

目前常用的氨羧配位剂有乙二胺四乙酸（简称 EDTA）、乙二胺四丙酸（简称 EDTP）、环己烷二胺四乙酸（简称 CDTA 或 DCTA）等，其中以乙二胺四乙酸二钠盐（也简称为 EDTA，用 H_2Y^{2-} 表示）应用最广泛。本节只讨论用乙二胺四乙酸二钠盐作滴定剂的配位滴定法。

二、EDTA 及其配合物

1. EDTA

乙二胺四乙酸是一种含有羧基和氨基的配位剂，其结构式为：

$$\text{HOOCCH}_2 \quad\qquad\qquad\qquad \text{CH}_2\text{COOH}$$
$$\text{N}-\text{CH}_2-\text{CH}_2-\text{N}$$
$$\text{HOOCCH}_2 \quad\qquad\qquad\qquad \text{CH}_2\text{COOH}$$

习惯上用 H_4Y 表示。由于它在水中的溶解度很小（在 22℃时，每 100mL 水中只能溶解 0.02g），故常用它的二钠盐（$Na_2H_2Y \cdot 2H_2O$）。后者是一种白色结晶粉末，它的溶解度大（在 22℃时，每 100mL 水能溶解 11.1g），其饱和溶液的浓度约为 0.3mol/L。

乙二胺四乙酸具有双偶极离子结构，在酸度很高时，可形成 H_6Y^{2+}，这样 EDTA 相当于六元酸，有六级解离平衡，以 H_6Y^{2+}、H_5Y^+、H_4Y、H_3Y^-、H_2Y^{2-}、HY^{3-}、Y^{4-} 七种型体存在，各种型体的分布受 pH 的影响，如图 2-8 所示。在这七种型体中，只有 Y^{4-} 能与金属离子直接配位。所以溶液的酸度越低，Y^{4-} 的分布分数越大，EDTA 的配位能力越强。

2. EDTA 与金属离子配合物的特点

EDTA 具有两个氨基氮原子和四个羧基氧原子，即有 6 个配位原子，能与大多数金属离子形成配合物，且具有如下特点。

① EDTA 与大多数金属离子均能形成多个五元环的螯合物，配合物很稳定。

② EDTA 与大多数金属离子可形成 1∶1 型的配合物，且配合物的形成速度快。

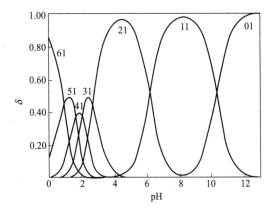

图 2-8　乙二胺四乙酸分布图

曲线：61—H_6Y^{2+} 的分数；51—H_5Y^+ 的分数；41—H_4Y 的分数；31—H_3Y^- 的分数；21—H_2Y^{2-} 的分数；11—HY^{3-} 的分数；01—Y^{4-} 的分数

③ 生成的配合物易溶于水，使滴定反应能在水溶液中进行。

④ 生成的配合物多数无色。一般 EDTA 与无色金属离子生成无色配合物，与有色金属离子配位则生成颜色更深的配合物。

⑤ EDTA 与金属离子的配位能力和溶液的酸度关系密切。

这些特点使 EDTA 滴定法在金属材料测定中显示出独特的作用。

三、配位解离平衡及影响因素

1. EDTA 与金属离子的主反应及配合物稳定常数

EDTA 与金属离子形成配合物的反应，可用通式表示如下：

$$M^{n+} + Y^{4-} \Longrightarrow MY^{4-n}$$

此反应为配位滴定的主反应。书写时省略离子的电荷数，简写为：

$$M + Y \Longrightarrow MY \quad K_{MY} = \frac{[MY]}{[M][Y]}$$

K_{MY} 称为金属离子-EDTA 配合物的稳定常数，又称为形成常数，此值越大，配合物越稳定。常见金属离子与 EDTA 配合物的稳定常数列于表 2-3 中。

从表 2-3 可以看出，金属离子与 EDTA 配合物的稳定性随金属离子的不同而差别较大。此外，溶液的酸度、温度和其他配位体的存在等外界条件也影响配合物的稳定性。

表 2-3　EDTA 与金属离子配合物的稳定常数（溶液离子强度 $I=0.1$，温度 20～25℃）

阳离子	$\lg K_稳$	阳离子	$\lg K_稳$	阳离子	$\lg K_稳$	阳离子	$\lg K_稳$	阳离子	$\lg K_稳$	阳离子	$\lg K_稳$
Na^+	1.66	Mg^{2+}	8.69	Ce^{3+}	15.98	Pb^{2+}	18.04	Hg^{2+}	21.80	V^{3+}	25.90
Li^+	2.79	Ca^{2+}	10.69	Al^{3+}	16.10	Y^{3+}	18.09	Cr^{3+}	23.00	Bi^{3+}	27.94
Ba^{2+}	7.76	Mn^{2+}	14.04	Co^{2+}	16.31	Ni^{2+}	18.67	Th^{4+}	23.20		
Sr^{2+}	8.63	Fe^{2+}	14.33	Zn^{2+}	16.50	Cu^{2+}	18.80	Fe^{3+}	25.10		

2. EDTA 的酸效应和酸效应系数

在实际分析工作中，配位滴定是在一定的条件下进行的。因此，进行配位滴定时，除了 M 和 Y 的主反应外，M 或 Y 还可能与其他配位体 L、干扰离子 N 等发生以下副反应：

$$
\begin{array}{ccccccc}
 & M & + & Y & \Longrightarrow & MY & \text{主反应} \\
{}^{OH}\!\diagup & \diagdown^{L} & & {}^{H}\!\diagup\diagdown^{N} & & {}^{H}\!\diagup\diagdown^{OH} & \\
M(OH) & ML & & HY\quad NY & MHY & M(OH)Y & \\
\vdots & \vdots & & \vdots & & & \\
M(OH)_n & ML_n & & H_6Y & \text{干扰离子} & & \\
\text{水解效应} & \text{配位效应} & & \text{酸效应} & \text{副反应} & \text{混合配位效应} &
\end{array}
$$

由于 H^+ 的存在，使 EDTA 参加主反应能力降低的现象称为酸效应。其影响程度可用酸效应系数 $\alpha_{Y(H)}$ 来衡量。

$$\alpha_{Y(H)} = \frac{[Y']}{[Y]} \tag{2-4}$$

式中，$[Y']=[Y]+[HY]+[H_2Y]+[H_3Y]+[H_4Y]+[H_5Y]+[H_6Y]$。

在 EDTA 滴定中，$\alpha_{Y(H)}$ 是常用的重要副反应系数，不同 pH 时的 $\lg\alpha_{Y(H)}$ 值列于表 2-4 中。$\alpha_{Y(H)}=1$，说明酸度对配位滴定没有影响；$\alpha_{Y(H)}$ 值越大，酸度对配位滴定的影响越大。

表 2-4　不同 pH 时的 $\lg\alpha_{Y(H)}$ 值

pH	$\lg\alpha_{Y(H)}$	pH	$\lg\alpha_{Y(H)}$	pH	$\lg\alpha_{Y(H)}$	pH	$\lg\alpha_{Y(H)}$	pH	$\lg\alpha_{Y(H)}$	pH	$\lg\alpha_{Y(H)}$
0	23.64	1.8	14.27	3.4	9.70	5.0	6.45	6.8	3.55	9.0	1.28
0.4	21.32	2.0	13.51	3.8	8.85	5.4	5.69	7.0	3.32	9.5	0.83
0.8	19.08	2.4	12.19	4.0	8.44	5.8	4.98	7.5	2.78	10.0	0.45
1.0	18.01	2.8	11.09	4.4	7.64	6.0	4.65	8.0	2.27	11.0	0.07
1.4	16.02	3.0	10.60	4.8	6.84	6.4	4.06	8.5	1.77	12.0	0.01

从表 2-4 可以看出，多数情况下 $\alpha_{Y(H)}$ 不等于 1，且数值较大，只有在 pH>12 时，$\alpha_{Y(H)}$ 才等于 1，说明酸效应对配位滴定的影响较大，而且比较普遍。

需要指出，配位效应是指溶液中其他配位体（辅助配位体、缓冲溶液中的配位体或掩蔽剂等）与金属离子发生配位副反应，使金属离子参加主反应能力降低的现象。其影响程度可用配位效应系数 $\alpha_{M(L)}$ 来衡量。当游离的配位体浓度较大，或其配合物稳定常数较大时，$\alpha_{M(L)}$ 较大，这时不能忽略配位效应对配位滴定的影响。

3. 条件稳定常数

在没有任何副反应存在时，配合物 MY 的稳定常数用 K_{MY} 表示，它不受酸度等外界条件影响，所以又称为绝对稳定常数。当 M 和 Y 的配位滴定反应在一定条件下进行，考虑副反应的存在，应将反应式写成：

$$M' + Y' \Longleftrightarrow MY \qquad K'_{MY} = \frac{[MY]}{[M'][Y']}$$

K'_{MY} 称为条件稳定常数，它是考虑副反应影响而得出的实际稳定常数。K'_{MY} 在一定条件下是个常数，随条件而变。它表示在有副反应存在时，配位反应进行的程度。

如不考虑其他副反应，仅考虑 EDTA 的酸效应，则有：

$$K'_{MY} = \frac{[MY]}{[M][Y']} = \frac{K_{MY}}{\alpha_{Y(H)}} \tag{2-5}$$

$$\lg K'_{MY} = \lg K_{MY} - \lg\alpha_{Y(H)} \tag{2-6}$$

上式是讨论配位平衡的重要公式，它表明 K'_{MY} 随溶液的酸度而变化。考虑溶液酸度的影响，K'_{MY} 比 K_{MY} 小。所以为使配位滴定顺利进行，必须选择适当的酸度条件。

4. 滴定金属离子的最小 pH 和酸效应曲线

EDTA 滴定金属离子，用金属指示剂目测终点，一般目测终点与化学计量点 pM 的差值 ΔpM 至少为 ±0.2，允许的终点误差为 ±0.1%，则用 EDTA 准确滴定，单一金属离子的条件是：

$$\lg cK'_{MY} \geq 6 \tag{2-7}$$

式中，c 为金属离子的浓度。若金属离子的浓度为 0.01mol/L，只考虑酸效应的影响，则有：

$$\lg K'_{MY} \geq 8 \tag{2-8}$$

$$\lg\alpha_{Y(H)} \leq \lg K_{MY} - 8 \tag{2-9}$$

根据上式可以求出 EDTA 准确滴定单一金属离子的允许最小 pH 值（或称为最高酸度）。若以 $\lg K_{MY}$ 为横坐标，pH 为纵坐标，将不同金属离子 $\lg K_{MY}$ 对应的准确滴定的最小 pH 作图，就得到酸效应曲线，如图 2-9 所示。对单一金属离子，只要查得 $\lg K_{MY}$，就可以从酸效应曲线上查到 EDTA 准确滴定该金属离子允许的最小 pH 值。EDTA 滴定中，选择酸度、控制酸度是准确滴定的必要条件，因此酸效应曲线是非常有用的。

必须指出，在实际分析中，除了要考虑酸度对 EDTA 的影响，还应考虑其他外界条件对滴定的影响，合适的酸度条件应结合实验来确定。一般应将溶液的 pH 控制在大于最小 pH 且金属离子又不发生水解的范围内。

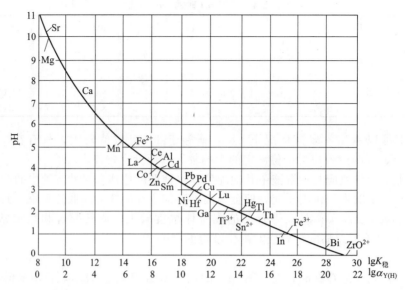

图 2-9　EDTA 的酸效应曲线（金属离子浓度 0.01mol/L）

四、金属指示剂

1. 金属指示剂的作用原理

在配位滴定中，广泛采用金属指示剂来指示滴定终点。

金属指示剂是一种可与金属离子生成有色配合物的有机染料，染料本身的颜色与生成金属离子配合物的颜色不同，从而可指示滴定的终点。以铬黑 T（用 In 表示）为例，说明金属指示剂的作用原理。

当 pH＝8～11 时，铬黑 T 本身呈蓝色。滴定前，在含有金属离子（Ca^{2+}、Mg^{2+}、Zn^{2+}）的溶液中加入少量铬黑 T，金属离子与铬黑 T 生成 MIn，溶液呈酒红色。

$$M + In \rightleftharpoons MIn$$
（蓝色）　（酒红色）

随着滴定剂 EDTA 的加入，游离的金属离子逐步与 EDTA 发生配位滴定的主反应。

$$M + Y \rightleftharpoons MY$$

当达到化学计量点时，稍过量的 EDTA 将夺取已与指示剂配位的金属离子，使指示剂游离出来，呈现指示剂本身的蓝色，酒红色溶液突变为蓝色，指示滴定终点的到达。

$$MIn + Y \rightleftharpoons MY + In$$
（酒红色）　　　　　　（蓝色）

2. 金属指示剂必须具备的条件

① 在滴定的 pH 范围内，指示剂 In 本身的颜色与生成金属离子配合物 MIn 的颜色差别要大，显色反应要灵敏。

② 金属离子与指示剂生成的配合物 MIn 应有适当的稳定性。一方面，MIn 的稳定性不能太差，否则会使滴定终点提前出现，颜色变化也不敏锐。另一方面，MIn 的稳定性应小于 EDTA 与金属离子配合物 MY 的稳定性，否则会产生指示剂的封闭现象。

③ 金属离子与指示剂生成的配合物 MIn 应易溶于水，否则会产生指示剂的僵化现象。

3. 常用的金属指示剂

（1）铬黑 T　铬黑 T 简称 EBT，使用最合适的 pH 范围是 9～10，可用 EDTA 直接滴定 Mg^{2+}、Zn^{2+}、Pb^{2+} 等离子，对 Ca^{2+} 不够灵敏。一般滴定 Ca^{2+}、Mg^{2+} 总量时常用铬黑

T 为指示剂。

(2) 钙指示剂　钙指示剂也称 NN 指示剂或钙红。在 pH＝12～13 时，可用于 Ca^{2+}、Mg^{2+} 混合物中测定 Ca^{2+}，终点由红色变为蓝色。

(3) 二甲酚橙　二甲酚橙简称 XO，pH＞6.3 时呈红色，pH＜6.3 时呈黄色，它与金属离子的配合物呈紫红色，所以只适于在 pH＜6.3 的酸性溶液中使用，终点由紫红色变成亮黄色。

五、提高配位滴定选择性的途径

由于 EDTA 能和大多数金属离子形成稳定的配合物，而在被滴定的试液中往往存在多种金属离子，在滴定时彼此可能干扰。如何提高配位滴定的选择性，是配位滴定要解决的重要问题。在实际滴定中，为了减少或消除共存离子的干扰，可用控制溶液的酸度、掩蔽和解蔽的方法、化学分离法和选用其他配位滴定剂等方法。

1. 控制溶液的酸度

设溶液中有 M 和 N 两种金属离子，它们均可与 EDTA 形成配合物，且 $K_{MY}＞K_{NY}$。若允许有 $≤±0.5\%$ 的相对误差，目测终点与化学计量点 pM 的差值 ΔpM 为 $±0.2$，且 $c_M＝c_N$，则用 EDTA 准确滴定 M，而 N 不干扰，或进行 M 和 N 连续滴定，就要满足：

$$\Delta lgK ＝ lgK_{MY} － lgK_{NY} ≥ 5 \tag{2-10}$$

一般以此式作为判断能否利用控制溶液的酸度进行分别滴定的条件。

例如，当溶液中 Bi^{3+}、Pb^{2+} 的浓度皆为 0.01mol/L，要选择滴定 Bi^{3+}。因 $\Delta lgK ＝ lgK_{BiY} － lgK_{PbY} ＝ 27.94 － 18.04 ＝ 9.90 ≥ 5$，故可利用控制溶液的酸度选择滴定 Bi^{3+}，而 Pb^{2+} 不产生干扰。由 EDTA 的酸效应曲线可查得滴定 Bi^{3+} 允许的最小 pH 为 0.7，即要求 pH≥0.7 时滴定 Bi^{3+}。但滴定 Bi^{3+} 时 pH 不能太大，在 pH 约为 2 时，Bi^{3+} 将开始水解析出沉淀。因此，Bi^{3+}、Pb^{2+} 混合溶液中滴定 Bi^{3+} 时的适宜酸度范围为 pH＝0.7～2，此时 Pb^{2+} 不与 EDTA 反应。

2. 掩蔽和解蔽的方法

配位滴定之所以能广泛应用，与大量使用掩蔽剂是分不开的。常用的掩蔽方法可分为配位掩蔽法、沉淀掩蔽法和氧化还原掩蔽法，其中以配位掩蔽法用得最多。

(1) 配位掩蔽法　这是利用配位反应降低干扰离子浓度以消除干扰的方法。例如，用 EDTA 滴定水中的 Ca^{2+}、Mg^{2+} 测定水的硬度时，Fe^{3+}、Al^{3+} 等离子的存在会干扰测定，可通过加入三乙醇胺与 Fe^{3+}、Al^{3+} 生成更稳定的配合物，消除 Fe^{3+}、Al^{3+} 等离子的干扰。

(2) 沉淀掩蔽法　这是利用干扰离子与掩蔽剂生成沉淀来降低其浓度以消除干扰的方法。例如，在 Ca^{2+}、Mg^{2+} 共存溶液中加入 NaOH 溶液至 pH＞12，使 Mg^{2+} 生成 $Mg(OH)_2$ 沉淀，以消除 Mg^{2+} 对 Ca^{2+} 测定的干扰。

(3) 氧化还原掩蔽法　这是利用氧化还原反应，改变干扰离子的价态以消除干扰的方法。例如，用 EDTA 滴定 Bi^{3+} 时，Fe^{3+} 的存在会干扰测定，可加入盐酸羟胺或抗坏血酸，将 Fe^{3+} 还原为 Fe^{2+}，以消除 Fe^{3+} 对 Bi^{3+} 测定的干扰。

(4) 解蔽方法　在金属离子配合物的溶液中，加入一种试剂（解蔽剂），将已被 EDTA 或掩蔽剂配位的金属离子释放出来，再进行滴定，这种方法叫解蔽方法。例如，用配位滴定法测定铜合金中的 Zn^{2+} 和 Pb^{2+}，试液调至碱性后，加 KCN 掩蔽 Zn^{2+}，在滴定 Pb^{2+} 后的溶液中，加入甲醛，使 Zn^{2+} 释放出来，再用 EDTA 继续滴定。

六、配位滴定的应用

1. 碳酸钙含量的测定

(1) 试剂和溶液　1∶1盐酸溶液，氯化钠，$\rho=300g/L$的三乙醇胺溶液，$\rho=100g/L$的氢氧化钠溶液，0.02mol/L EDTA溶液，基准碳酸钙，钙指示剂。

(2) 测定方法　称取经100～120℃烘至恒重的试样0.5g（准确至0.0002g）于100mL的烧杯中，用少量水润湿，盖上表面皿，滴加1∶1盐酸至全部溶解后，加水稀释并转移至250mL容量瓶中，用水稀释至刻度，摇匀。吸取25mL于250mL的锥形瓶中，加30%三乙醇胺溶液5mL、水25mL、10%氢氧化钠溶液5mL，使溶液pH≥12，加少量固体钙指示剂，用已标定的EDTA标准溶液滴定至溶液由紫红色变为纯蓝色为终点，同时做空白试验。

碳酸钙含量（w，数值以%表示）按下式计算：

$$w_{CaCO_3}=\frac{(V_2-V_1)\times c_{EDTA}\times 100.1\times 10}{m\times 1000}\times 100 \tag{2-11}$$

式中，V_1为空白试验耗用EDTA标准溶液体积，mL；V_2为试样耗用EDTA标准溶液体积，mL；c_{EDTA}为EDTA标准溶液的物质的量浓度，mol/L；m为试样质量，g。

2. 三碱式硫酸铅中铅总含量的测定（以氧化铅计）

(1) 试剂和溶液　基准氧化锌，$w_{HCl}=20\%$盐酸溶液，浓度为10%的氨水溶液，$\rho=300g/L$的醋酸铵溶液，氨-氯化铵缓冲溶液（pH≈10），0.05mol/L EDTA标准滴定溶液，$\rho=5g/L$的铬黑T指示液，$\rho=2g/L$的二甲酚橙指示液。

(2) 测定方法　称取试样0.3g，称准至0.0001g。置于250mL锥形瓶中，加入15mL醋酸铵溶液，加热溶解。冷却后，加水50mL，加3～5滴二甲酚橙指示液，用已标定的EDTA标准滴定溶液滴定至溶液由紫红色变为亮黄色即为终点，同时做空白试验。

铅总含量（w，数值以%表示）按下式计算：

$$w_{PbO}=\frac{c_{EDTA}\times(V_2-V_1)\times 223.2}{m\times 1000}\times 100 \tag{2-12}$$

式中，V_1为空白试验耗用EDTA标准溶液体积，mL；V_2为试样耗用EDTA标准溶液体积，mL；c_{EDTA}为EDTA标准溶液的物质的量浓度，mol/L；m为试样质量，g。

第四节　氧化还原滴定法

一、概述

氧化还原滴定法是以氧化还原反应为基础的滴定分析方法，可用于直接或间接测定许多物质。

氧化还原反应的特点是反应机理比较复杂，除了主反应外，还经常伴有各种副反应，而且反应速度一般较慢。因此，对氧化还原反应必须选择适当的条件，使之符合滴定分析的要求。

氧化还原滴定法常以氧化剂或还原剂作滴定剂，习惯上分高锰酸钾法、重铬酸钾法、碘量法等滴定方法。各种滴定方法都有其特点和应用范围。本节主要介绍常用的几种氧化还原滴定法的基本原理和应用。

二、高锰酸钾法

1. 概述

高锰酸钾法以$KMnO_4$作滴定剂。$KMnO_4$是一种强氧化剂，它的氧化能力和还原产物都与溶液的酸度有关。在强酸性溶液中，$KMnO_4$被还原为Mn^{2+}：

$$MnO_4^-+8H^++5e^-=\!=\!=Mn^{2+}+4H_2O$$

在弱酸性、中性或弱碱性溶液中，$KMnO_4$ 被还原为 MnO_2：

$$MnO_4^- + 2H_2O + 3e^- \longrightarrow MnO_2 + 4OH^-$$

在强碱性溶液中，$KMnO_4$ 被还原为 MnO_4^{2-}：

$$MnO_4^- + e^- \longrightarrow MnO_4^{2-}$$

由于 $KMnO_4$ 在强酸性溶液中有更强的氧化能力，同时生成无色的 Mn^{2+}，便于滴定终点的观察，因此一般都在强酸性条件下使用。但是，在碱性条件下，$KMnO_4$ 氧化有机物的反应速率比在酸性条件下更快，所以用高锰酸钾法测定有机物时，大都在碱性溶液中进行。

应用高锰酸钾法，可直接滴定许多还原性物质，如 Fe^{2+}、As^{3+}、Sb^{3+}、H_2O_2、$C_2O_4^{2-}$、NO_2^- 等；也可用返滴定法测定 MnO_2 的含量；此外，对于某些非氧化还原性物质，如 Ca^{2+}，可用间接滴定法进行测定。

高锰酸钾法的优点是氧化能力强，应用广泛，可直接或间接测定许多无机物和有机物，在滴定时 $KMnO_4$ 自身可作指示剂。高锰酸钾法的主要缺点是高锰酸钾试剂常含有少量杂质，使溶液不够稳定；又由于高锰酸钾的氧化能力强，可以和很多还原性物质发生作用，所以干扰也比较严重。

2. 高锰酸钾溶液的配制和标定

(1) 高锰酸钾溶液的配制　纯的高锰酸钾溶液是相当稳定的。但一般高锰酸钾试剂中常含有少量 MnO_2 和其他杂质，而且蒸馏水中也常含有微量还原性物质，它们可与 $KMnO_4$ 反应而析出 $MnO(OH)_2$ 沉淀，MnO_2 和 $MnO(OH)_2$ 又能进一步促进高锰酸钾溶液的分解。此外，热、光、酸、碱等也能促进高锰酸钾溶液的分解，故不能用直接法制备高锰酸钾标准溶液。通常先配制成近似浓度的溶液，然后再进行标定。为了配制较稳定的高锰酸钾溶液，常采用下列措施。

① 称取稍多于理论用量的高锰酸钾，溶于一定体积的蒸馏水中。

② 将配好的高锰酸钾溶液加热至沸，并保持微沸约 1h，然后放置 2～3d，使溶液中可能存在的还原性物质完全氧化。

③ 用微孔玻璃漏斗过滤，除去析出的沉淀。

④ 将过滤后的高锰酸钾溶液储存在棕色瓶中，并存放于暗处保存。

如需要浓度较稀的高锰酸钾溶液，可用蒸馏水将 $c_{1/5KMnO_4} = 0.1mol/L$ 溶液临时稀释和标定后使用，但不宜长期储存。

(2) 高锰酸钾溶液的标定　标定 $KMnO_4$ 溶液的基准物质很多，其中以 $Na_2C_2O_4$ 最为常用。在硫酸溶液中，MnO_4^- 与 $C_2O_4^{2-}$ 的反应如下：

$$2MnO_4^- + 5C_2O_4^{2-} + 16H^+ \longrightarrow 2Mn^{2+} + 10CO_2\uparrow + 8H_2O$$

为了使反应能够定量较快地进行，在滴定过程中应注意以下条件。

① 溶液温度。在室温下，该反应的速率极慢。因此，通常将溶液加热至 $70\sim85℃$ 时进行滴定，滴定结束时，溶液的温度也不应低于 $60℃$。但温度也不宜过高，若高于 $90℃$，会使部分 $H_2C_2O_4$ 分解，导致标定结果偏高。

② 溶液酸度。滴定应在一定酸度的 H_2SO_4 介质中进行。一般滴定开始时，溶液的酸度约为 $0.5\sim1mol/L$，滴定终了时约为 $0.2\sim0.5mol/L$。酸度过低，MnO_4^- 会部分被还原成 MnO_2，酸度过高会促进 $H_2C_2O_4$ 分解。

③ 滴定速度。滴定开始时，滴入第一滴 $KMnO_4$ 溶液后，红色未褪之前不应加入第二滴。因为滴定开始时，反应极慢，只有滴入 $KMnO_4$ 反应生成 Mn^{2+} 作为催化剂时，反应才逐步加快，滴定速度才可逐步加快。否则在热的酸性溶液中，滴入的 $KMnO_4$ 因来不及与 $C_2O_4^{2-}$ 反应而发生分解，导致标定结果偏低。也可以在滴定前，在溶液中加几滴 $MnSO_4$ 溶

液催化剂来加快反应速率。

④ 滴定终点。高锰酸钾法一般利用 $KMnO_4$ 自身作指示剂，溶液中出现粉红色在半分钟内不褪色，就可认为已经到达滴定终点。

3. 高锰酸钾法的应用示例

高锰酸钾法测定 Ca^{2+}，是先用 $C_2O_4^{2-}$ 将 Ca^{2+} 沉淀为 CaC_2O_4，沉淀经过滤、洗涤后，溶于热的稀硫酸溶液中，再用高锰酸钾标准溶液滴定试液中的 $C_2O_4^{2-}$，完成定量测定。

三、重铬酸钾法

1. 概述

重铬酸钾法以 $K_2Cr_2O_7$ 作滴定剂。$K_2Cr_2O_7$ 是一种常用的氧化剂，它只能在酸性条件下应用，重铬酸钾与还原剂作用时，$Cr_2O_7^{2-}$ 被还原为 Cr^{3+}。

重铬酸钾法应用范围不如高锰酸钾法广泛，但它有许多优点。

① 重铬酸钾容易提纯，干燥后可作为基准物质，可用直接法制备标准溶液。

② 重铬酸钾标准溶液非常稳定，可以长期保存。

③ 重铬酸钾的氧化能力没有高锰酸钾强，可以在室温时于盐酸溶液中滴定 Fe^{2+}，不受 Cl^- 还原作用的影响。但当盐酸浓度较大或将溶液煮沸时，重铬酸钾也能部分地被 Cl^- 还原。

重铬酸钾法需采用氧化还原指示剂，如二苯胺磺酸钠，来确定滴定终点。

2. 重铬酸钾法的应用示例

重铬酸钾法最重要的应用是测定铁的含量。

铁矿石中全铁的测定：试样一般用盐酸加热分解，在热的浓盐酸溶液中，用 $SnCl_2$ 将 Fe^{3+} 还原为 Fe^{2+}，过量的 $SnCl_2$ 用 $HgCl_2$ 氧化，此时溶液中析出 Hg_2Cl_2 丝状的白色沉淀，然后在 $1\sim2mol/L$ 的硫酸-磷酸混合酸介质中，以二苯胺磺酸钠作指示剂，用重铬酸钾标准溶液滴定 Fe^{2+}。

四、碘法

1. 概述

碘法是利用 I_2 的氧化性和 I^- 的还原性来进行滴定分析的方法。由于固体 I_2 在水中的溶解度很小，所以通常将 I_2 溶解在 KI 溶液中，此时 I_2 以 I_3^- 形式存在于溶液中。

I_2 是较弱的氧化剂，能与较强的还原剂作用，而 I^- 是中等强度的还原剂，能与许多氧化剂作用。因此，碘法可用直接的和间接的两种方式进行。

(1) 直接碘法　直接用 I_2 标准溶液滴定还原性物质的方法称为直接碘法。直接碘法不能在碱性溶液中进行，否则部分 I_2 会发生歧化反应而带来测定误差。利用直接碘法可以测定 SO_2、S^{2-}、Sn^{2+}、维生素 C 等强还原剂。由于 I_2 的氧化能力较弱，所以直接碘法不如间接碘法应用广泛。

(2) 间接碘法　氧化能力较强的物质，在一定条件下用 I^- 还原，定量析出的 I_2 可用 $Na_2S_2O_3$ 标准溶液进行滴定，这种方法称为间接碘法。在间接碘法应用中，必须注意以下三点反应条件。

① 控制溶液的酸度。$S_2O_3^{2-}$ 与 I_2 之间的反应必须在中性或弱酸性溶液中进行。在碱性溶液中，$S_2O_3^{2-}$ 与 I_2 会发生如下副反应：

$$S_2O_3^{2-}+4I_2+10OH^- \Longrightarrow 2SO_4^{2-}+8I^-+5H_2O$$

在碱性溶液中，I_2 还会发生歧化反应。在强酸性溶液中，$Na_2S_2O_3$ 溶液会发生分解：

$$S_2O_3^{2-}+2H^+ \longrightarrow SO_2+S+H_2O$$

同时，I^- 在酸性溶液中容易被空气中的氧气氧化，且光线照射能促使该氧化反应的发生。

② 防止 I_2 的挥发。I_2 具有挥发性，为了防止 I_2 挥发，必须加入过量的 KI（一般比理论用量大 2～3 倍），使生成的 I_2 形成 I_3^-，可减少 I_2 的挥发。滴定一般在室温下进行，滴定速度应适当快些，滴定时不要剧烈摇动溶液。

③ 防止 I^- 被空气中的氧气氧化。为了防止 I^- 被空气中的氧气氧化，加入 KI 后，碘量瓶应置于暗处放置，以避免阳光直射。溶液的酸度不宜过高。I_2 定量析出后，应及时用 $Na_2S_2O_3$ 标准溶液滴定。

2. 标准溶液的配制和标定

碘量法经常使用的标准溶液有 $Na_2S_2O_3$ 和 I_2 两种。

（1）$Na_2S_2O_3$ 标准溶液的配制和标定　固体 $Na_2S_2O_3 \cdot 5H_2O$ 容易风化，并含有杂质，因此不能用直接法制备标准溶液。$Na_2S_2O_3$ 溶液不稳定，容易分解，所以配制 $Na_2S_2O_3$ 溶液时，要用新煮沸并冷却了的蒸馏水，并加少量的 Na_2CO_3 使溶液呈弱碱性，以抑制细菌的生长，防止 $Na_2S_2O_3$ 的分解。配制的 $Na_2S_2O_3$ 溶液应储于棕色瓶中，放置暗处一周后再进行标定。这样配制的溶液比较稳定，但也不宜长期保存，长期保存的溶液应定期标定。如果发现溶液变浑或析出硫，就应该过滤后再标定，或弃去重配。

$Na_2S_2O_3$ 标准溶液常用 $K_2Cr_2O_7$、KIO_3 等基准物质进行标定。应采用置换滴定法标定，方法是：称取一定量的 $K_2Cr_2O_7$、KIO_3 等基准物质，在酸性溶液中与过量 KI 作用，析出相当量的 I_2，以淀粉为指示剂，用 $Na_2S_2O_3$ 溶液滴定析出的 I_2。根据 $K_2Cr_2O_7$、KIO_3 等基准物质的质量和 $Na_2S_2O_3$ 溶液的体积计算 $Na_2S_2O_3$ 溶液的浓度。

（2）I_2 溶液的配制与标定　用升华法制得的纯碘，可以直接制备标准溶液。但由于碘的挥发性及对天平的腐蚀性，不宜在分析天平上称量，所以通常先配制成近似浓度的溶液，然后再进行标定。

标定 I_2 溶液的浓度时，可用已标定过的硫代硫酸钠标准溶液来标定，也可以在中性或弱碱性条件下，用 As_2O_3 来进行标定。

（3）碘量法应用示例　增塑剂碘值的测定：准确称取 0.6～1.2g 试样（视碘值大小而言）于 250mL 碘量瓶中，加入 10mL 三氯甲烷（或四氯化碳）溶解。用移液管准确加入 25.00mL 三溴化合物甲醇溶液，塞紧瓶塞，混匀。放置暗处静置 20min（或振摇 5min），然后加入 15mL 的 150g/L 碘化钾溶液和 75mL 水，用 $c_{Na_2S_2O_3}=0.1mol/L$ 硫代硫酸钠标准溶液滴定至溶液呈淡黄色，加入 1～2mL 5g/L 的淀粉指示剂，继续滴定至蓝色消失即为终点。

第五节　沉淀滴定法

一、概述

沉淀滴定法是以沉淀生成反应为基础的滴定分析方法。虽然许多反应都能生成沉淀，但符合滴定分析要求，适用于沉淀滴定法的沉淀反应并不多。目前最常用的是利用生成难溶银盐的反应：

$$Ag^+ + X \Longrightarrow AgX\downarrow \quad (X^- \text{表示 } Cl^-、Br^-、I^-、SCN^-)$$

这种利用生成难溶银盐反应的沉淀滴定法称为银量法。银量法可用来测定 Cl^-、Br^-、I^-、Ag^+、SCN^- 等离子。根据终点指示方法的不同，常用的银量法有莫尔法、福尔哈德法和法扬司法等。

沉淀滴定法中应用的某些特殊指示剂见表 2-5。

表 2-5　沉淀滴定法中应用的某些特殊指示剂

指示剂		配制及使用方法
名称	分子式	
铬酸钾	K_2CrO_4	常用 5% 水溶液，溶解 5g K_2CrO_4 于 100mL 水中。使用时每 20mL 被滴定溶液以加 0.5mL 此溶液为宜； 该指示剂以测定氯化物和溴化物为宜，不适用于测定 I^- 及 SCN^- 等离子。溶液需呈中性或弱碱性(pH=6.5～10.5)，如溶液呈酸性应预先用硼砂、碳酸氢钠、碳酸钙或氧化镁中和
铁铵矾(硫酸高铁铵)	$NH_4Fe(SO_4)_2 \cdot 12H_2O$	浓度约为 40% 的饱和水溶液，为避免铁盐水解，应加入适量 6mol/L HNO_3。每 50mL 被测液中加此指示剂 1～2mL 为宜，测定应在强酸性溶液(对于硝酸而言浓度为 0.2～0.5 mol/L)中进行，不能在中性或碱性溶液中进行。适用于测定 Ag^+、Cl^-、Br^-、I^- 及 SCN^- 等离子
硝酸铁	$Fe(NO_3)_3 \cdot 9H_2O$	称取此盐 150g 溶于 100mL 6mol/L HNO_3 中，微煮沸 10min，以除去氮的氧化物，用水稀释至 500mL，用途及使用方法同铁铵矾
四羟基醌	$C_6H_4O_6$	使用粉状指示剂，不需要配成溶液。使用时用小匙加入少量固体

二、莫尔法——铬酸钾作指示剂

莫尔法以 K_2CrO_4 作指示剂，在中性或弱碱性溶液中用 $AgNO_3$ 标准溶液可以直接滴定 Cl^- 和 Br^-。其反应为：

终点前　$Ag^+ + Cl^- \longrightarrow AgCl \downarrow$ （白色）

终点时　$2Ag^+ + CrO_4^{2-} \longrightarrow Ag_2CrO_4 \downarrow$ （砖红色）

应用莫尔法必须注意下列滴定条件。

① 要严格控制 K_2CrO_4 指示剂的用量，K_2CrO_4 指示剂的用量为 5×10^{-3} mol/L 为宜。K_2CrO_4 指示剂浓度过高或过低，滴定终点会提前或滞后。

② 滴定应在中性或弱碱性介质中进行，因为在酸性溶液中，CrO_4^{2-} 转化为 $Cr_2O_7^{2-}$，影响 Ag_2CrO_4 的生成。如果溶液碱性太强，将析出 Ag_2O 沉淀。也不能在氨性溶液中进行滴定。莫尔法适宜的酸度条件是 pH=6.5～10.5。

③ 莫尔法可用于测定 Cl^- 或 Br^-，但不能用于测定 I^- 和 SCN^-。

三、福尔哈德法——铁铵矾作指示剂

福尔哈德法以铁铵矾 $[NH_4Fe(SO_4)_2 \cdot 12H_2O]$ 作指示剂，在酸性介质中，用 KSCN 或 NH_4SCN 为标准溶液。由于测定对象的不同，福尔哈德法可分为直接滴定法和返滴定法。

1. 直接滴定法

在含有 Ag^+ 的硝酸溶液中，加入铁铵矾指示剂，用 NH_4SCN 标准溶液滴定，先析出白色的 AgSCN 沉淀，化学计量点时，微过量的 NH_4SCN 与 Fe^{3+} 生成红色 $Fe(SCN)^{2+}$，指示滴定终点的到达。其反应为：

终点前　$Ag^+ + SCN^- \longrightarrow AgSCN \downarrow$ （白色）

终点时　$Fe^{3+} + SCN^- \longrightarrow Fe(SCN)^{2+}$ （红色）

直接滴定法的酸度控制在 0.1～1mol/L，滴定时必须剧烈振荡。

2. 返滴定法

在含有卤素离子的硝酸溶液中，加入一定量过量的 $AgNO_3$ 标准溶液，以铁铵矾为指示剂，用 NH_4SCN 标准溶液回滴过量的 $AgNO_3$，化学计量点时，微过量的 NH_4SCN 与 Fe^{3+}

生成红色 $Fe(SCN)^{2+}$，指示滴定终点的到达。其反应为：

终点前　$Ag^+ + Cl^- \longrightarrow AgCl \downarrow$（白色）

　　　　$Ag^+ + SCN^- \longrightarrow AgSCN \downarrow$（白色）

终点时　$Fe^{3+} + SCN^- \longrightarrow Fe(SCN)^{2+}$（红色）

用返滴定法测定 Cl^- 时，要采取措施阻止 AgCl 转化为 AgSCN。测定 I^- 时必须先加 $AgNO_3$ 标准溶液，后加指示剂。

四、法扬司法——吸附指示剂法

吸附指示剂是一类有色的有机化合物。它的阴离子被吸附在胶体微粒表面后，分子结构发生改变，引起吸附指示剂颜色发生变化，指示滴定终点到达。例如，以 $AgNO_3$ 标准溶液滴定 Cl^- 时，可用荧光黄吸附指示剂来指示滴定终点。荧光黄指示剂在溶液中解离出黄绿色阴离子。在化学计量点前，溶液中有剩余的 Cl^- 存在，AgCl 沉淀吸附 Cl^- 而带负电，荧光黄阴离子不被吸附而使溶液呈黄绿色。滴定至化学计量点后，AgCl 沉淀吸附 Ag^+ 而带正电，这时荧光黄阴离子被吸附，溶液颜色由黄绿色变为粉红色，指示滴定终点到达。

应用法扬司法应掌握以下几个条件。

① 必须控制适当的酸度，使指示剂呈阴离子状态。

② 保持沉淀呈胶体状态。

③ 指示剂吸附性能要适当。胶体微粒对指示剂的吸附能力要比对待测离子的吸附能力略小，否则指示剂将在化学计量点前变色。但如果太小，又将使颜色变化不敏锐。

阅读材料

中国高分子化学开创者——王葆仁先生

王葆仁先生（1907.1.20—1986.9.12），化学家，江苏扬州人。1927 年毕业于国立东南大学化学系，1935 年获英国伦敦大学帝国学院博士学位，1936 年回国创建同济大学理学院和化学系，1951～1956 年任中国科学院上海有机化学所研究员兼副所长，1956 年起，任化学所研究员、研究室主任、副所长、学术委员会主任等职，一直负责高分子学科的领导与组织工作，1958 年在中国科技大学创建高分子化学与物理系，1980 年当选为中国科学院学部委员（中国科学院院士）。

王葆仁先生是我国最早从事高分子科学研究的化学家之一，是我国高分子化学的主要开创者。1956 年国务院制订《十二年科技发展远景规划》，王葆仁先生负责"高分子与重有机合成"重点项目及高分子科学的学科规划，1956 年开始任国家科委化学组组员、化工组组员和高分子分组组长，1957 年他作为国家科技代表团顾问赴莫斯科参加中苏科技协作项目中高分子方面的谈判，1962 年他参加全国科技发展十年规划的制定工作，1963 年他当选为中国化学会理事会常务理事，并长期兼任该会高分子委员会主任委员，1980 年，他担任《中国大百科全书》化学卷高分子化学分支的主编。

王葆仁先生对高分子化学的学术思想是挑选课题必须从有利于国计民生出发，同时不应忽视基础理论研究。他主张高分子科研工作必须与我国石油化工大品种的生产实践相结合，必须为生产服务，但也应开展应用基础研究以指导生产。几十年来，他领导化学研究所高分子化学研究室出色地完成了多项任务，他在完成任务的同时，还提出自己的学术见解，促进学科发展，他坚持基础研究与生产实际结合的方向，在国内开拓了不少高分子科学研究的新领域。

王葆仁先生是我国有机硅化学及聚合物研究的创始人之一。他认为我国的硅资源丰富，应加以利用，早在 1954 年，他就领导开展了有机硅单体，以及硅油、硅橡胶、硅树脂等的研制工作，还完成了难度很高的耐高温硅胶的军工任务，为我国早期发展有机硅工业打下了基础，他还抓住有机硅化学的一些基本问题进行探索性的研究，提出了许多独创性的真知灼见。

为了交流高分子科研工作经验和尽快将科研成果公之于世，1957 年王葆仁先生创办了中国第一种高分子学术期刊《高分子通讯》，并担任主编直至谢世，1983 年又创办该刊的英文版。1981 年，王葆仁先生倡议筹备《高分子通报》并于 1988 年正式创刊试发行。

王葆仁先生是国际高分子学术界享有盛誉的化学家，他在国际高分子学术界着力宣传我国高分子的成就，积极推动广泛的友好联系，他的杰出贡献受到海内外学者的推崇和赞誉。

1985 年 8 月 24 日，在中国化学会祝贺他从事化学工作 60 年的大会上，他将晚年疾病缠身、奋力疾书写出的《有机合成反应》一书（上下两册）的稿酬及平日节余，共计一万元人民币捐赠给中国化学会，为此，化学会设立了"中国化学会高分子基础研究王葆仁奖金"基金，自 1986 年开始颁奖。王葆仁先生谢世后，中国化学会又陆续收到了海内外有关人士对此基金的捐赠，这是王葆仁先生对发展祖国高分子事业所作的最后贡献，真可谓鞠躬尽瘁、殚精竭虑，为高分子科学献出了毕生精力。

王葆仁先生将毕生精力奉献给了祖国的教育事业与科研工作，为我国科技人才的培养和高分子化学的发展，做出了卓越的贡献。

材料引自：王东. 中国高分子化学开创者王葆仁先生 [J]. 高分子通报，2016 (09)：1-2.

复 习 题

1. 何谓滴定分析法？滴定分析法主要有哪些方法？

2. 滴定分析法有哪几种滴定方式？各举一例说明。

3. 何谓缓冲溶液？它们有什么用途？

4. 何谓酸碱指示剂的变色范围？如何选择酸碱滴定的指示剂？

5. 何谓滴定的突跃范围？酸碱滴定突跃范围的大小与哪些因素有关？

6. 下列酸碱水溶液能否准确进行滴定？

①0.1mol/L H_3BO_3；②0.1mol/L NH_4Cl；③0.1mol/L HCOOH ；④0.1mol/L HCN；⑤0.1mol/L NaAc；⑥0.1mol/L HNO_3。

7. 下列酸溶液能否准确进行分步滴定？能滴定到哪一级？

①H_2SO_4；②草酸；③H_3PO_4。

8. EDTA 和金属离子形成的配合物有哪些特点？

9. 在 EDTA 法配位滴定中，什么是主反应？有哪些副反应？怎样衡量副反应对配位滴定的影响程度？

10. 配位滴定中，单一金属离子能被准确滴定的条件是什么？如何选择滴定的最高酸度？

11. 什么是酸效应？酸效应曲线是如何绘制的？它在配位滴定中有什么用途？

12. 什么是配位滴定的选择性？提高配位滴定选择性的方法有哪些？

13. 常用的氧化还原滴定方法有哪些？

14. 标定 $KMnO_4$ 溶液常用的基准物质有哪些？用草酸钠标定 $KMnO_4$ 溶液时，应注意哪些滴定条件？

15. 碘法的主要误差来源有哪些？应采取哪些措施？

16. 试述银量法中三种指示剂的作用原理。

17. 为什么莫尔法只能在中性或弱碱性介质中进行，而福尔哈德法只能在酸性溶液中进行。

18. 欲配制 0.1mol/L NaOH 溶液 500mL，应称取多少克固体 NaOH？

19. 称取基准物 Na_2CO_3 1.580g，溶于少量水后转入 100mL 容量瓶中，用蒸馏水稀释至刻度，试计算 Na_2CO_3 溶液的物质的量浓度。

20. 称取基准物草酸（$H_2C_2O_4 \cdot 2H_2O$）0.3284g，标定 NaOH 溶液，终点时消耗 NaOH 溶液 25.58mL，计算 NaOH 溶液的物质的量浓度。

第三章

仪器分析法

学习目标

　　掌握几种常用仪器分析方法及其在高聚物材料分析中的应用。主要有分光光度法、紫外光谱法、红外光谱法和气相色谱法。

第一节　分光光度法

一、概述

　　分光光度分析是基于不同物质的分子、原子或离子对电磁辐射的选择性吸收而建立起来的方法，属于吸收光谱分析。它以物质微粒吸收某一波长的光为基准，表现为微粒的吸光度值（A）与波长（λ）的函数关系。将吸光度对波长作图，即得到吸收曲线（或称为吸收光谱）。其中最大吸收波长（λ_{max}）表示物质对辐射的特征吸收或选择吸收，它与物质微粒的结构有关。

光与显色关系

　　物质分子的电子能级、振动能级和转动能级都是量子化的，只有当辐射光子的能量恰等于两个能级之间的能量差（ΔE）时，分子才能吸收能量，使其外层电子由一个能级跃迁至另一个能级。

　　根据分光光度法所应用的电磁辐射的波谱区范围，可以将分光光度法分为原子吸收分光光度法、紫外-可见分光光度法和红外分光光度法。原子吸收分光光度分析，其光谱属于原子吸收光谱；紫外-可见分光光度分析，其光谱属于分子吸收光谱中的电子光谱；而红外分光光度分析的光谱则属于分子吸收光谱中的振动-转动光谱。另外，在物质分子中存在三种能级形式，从能量高低的角度来说，电子能级＞振动能级＞转动能级。当分子吸收光波进行电子跃迁时，将伴随有分子的振动能级和转动能级的跃迁，形成的光谱中就同时存在振动和转动的光谱，而且相互重叠，因此，紫外-可见吸收光谱不是锐线光谱，而是连续的较宽的吸收带状光谱。

二、目视比色法和光电比色法

1. 目视比色法

　　用眼睛观察、比较溶液颜色深浅以确定物质含量的方法称为目视比色法。

　　常用的目视比色法是标准系列法：在一套由相同材质制成的、形状大小都相同的比色管中依次加入一系列不同量的标准溶液，再分别加入等量的显色剂及其他试剂，同时控制实验条件相同，最后将其稀释至相同的体积，这样就配成了一套颜色逐渐加深的标准色阶。另将一定量的被测试液置于另一比色管中，在同样的条件下显色，并稀释到同一体积。

目视比色原理

然后从管口垂直向下观察，若试液与标准色阶中某一溶液的颜色深度相同，则认为这两只比色管中溶液的浓度相同；若试液颜色介于两个相邻标准溶液之间，则其浓度也介于这两个标准溶液的浓度之间。

2. 光电比色法

光电比色法是借助光电比色计来测量一系列标准溶液的吸光度，绘制标准曲线，然后根

光电比色原理

据被测试液的吸光度，从标准曲线上求出被测物质的含量的。光电比色计通常是由光源、滤光片、比色皿、光电池、检流计五个部件组成。

（1）光源　常用 $6\sim12V$ 钨灯为光源，可发出连续光谱，波长在 $360\sim1100nm$ 范围内。为了得到准确的测量结果，光源应该稳定，要采用电源稳压器对电源进行稳压处理。

（2）滤光片　一般由有色玻璃或有色塑料膜制成，用来将从光源发出的连续光谱中分出某一波长范围的光，作为吸光光度分析的光源。测定时，滤光片透射比最大的光，应该是被测有色试液吸收最大的光。同时，从理论上说，滤光片分出的光，其纯度越高越好，但是，当光的纯度太高时，其强度就会过小，难以准确进行测量。所以在实际工作中，一般允许透过滤光片的光具有一定的波长范围。

（3）比色皿　由无色透明、能耐腐蚀的光学玻璃制成，用于盛被测试液和参比溶液。同样厚度比色皿之间的透射率相差应小于 0.5%。比色皿必须保持干净，要注意保护其透光面，不能直接用手指接触。

（4）光电池　常用的是硒光电池。光电池可以将接收到的光信号转变为电信号。当光线照射到光电池时，就有电子从其硒层的表面逸出，单向流动到外层的金属薄膜层，使其带负电成为负极，硒层失去电子后带正电，并影响其后的铁片也带正电成为正极。这样，接通正、负极之间的线路便产生了光电流。硒光电池具有较高的灵敏度，可用普通检流计测量。

（5）检流计　通常采用悬镜式光点反射检流计。它的灵敏度高，使用时，要防止振动和大电流通过，以免吊丝扭断。当仪器不用时，指向零位，使其短路。

三、分光光度法

1. 分光光度法的基本原理

朗伯-比尔
定律原理

分光光度分析的理论基础是朗伯-比尔定律，它以被测物质分子吸收某一波长的单色光为基础。它指出：当一束单色光穿过透明介质时，光强度的降低同入射光的强度、吸收介质的厚度，及光路中吸光微粒的数目成正比。用数学式表达为：

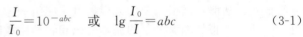

$$\frac{I}{I_0}=10^{-abc} \quad \text{或} \quad \lg\frac{I_0}{I}=abc \tag{3-1}$$

分光光度法
原理

式中，I_0 是入射光的强度；I 是透射光的强度；a 是吸光系数；b 是光通过透明物的距离，一般即为吸收池的厚度，其单位用 cm 表示；c 是被测物质的浓度，单位 g/L；I/I_0 为透射比，用 T 表示，若以百分数表示，则 $T\%$ 称为百分透射率，而 $(1-T\%)$ 称为百分吸收率；I/I_0 的负对数用 A 表示，称为吸光度，此时，式(3-1) 可写成：

$$A=abc \tag{3-2}$$

式中，c 为物质的量（mol/L），则上式又可写成：

$$A=\varepsilon bc \tag{3-3}$$

ε 是摩尔吸光系数。如果 b 的单位用 cm，则 ε 的单位为 L/(mol·cm)。如果浓度 c 的单位用 g/100mL，b 的单位用 cm，则式(3-3) 中的吸光系数用符号 $E_{1cm}^{1\%}$ 表示。$E_{1cm}^{1\%}$ 称为比

吸光系数，它与 ε 的关系可用下式表示：

$$E_{1cm}^{1\%}=\frac{10\varepsilon}{M} \tag{3-4}$$

M 为被测物质的摩尔质量。用比吸光系数的表示方法，特别适用于摩尔质量未知的化合物。

2. 分光光度法的特点

分光光度分析具有如下特点。

（1）灵敏度高　可测物质浓度为 $10^{-5}\sim10^{-6}\,mol/L$，即相当于含量为 $0.001\%\sim0.0001\%$ 的微量物质。

（2）准确度较高　一般比色分析的相对误差为 $5\%\sim20\%$，分光光度法的相对误差为 $2\%\sim5\%$，对于微量组分的测定，已完全能满足要求。

（3）操作简便、分析速度快　在试样处理为试液后，一般只需要显色和测定两个步骤便可得结果，多则几分钟，少则数十秒便可报出分析结果。

（4）应用广泛　几乎所有的无机离子和许多有机化合物都可以直接或间接地用比色法或分光光度法进行测定。

3. 分光光度计

分光光度法采用棱镜或光栅等分光器。利用分光器可以获得纯度较高的"单色光"，所用的仪器是分光光度计。分光光度计的特点如下。

① 由于入射光是纯度较高的单色光，因此用分光光度法可得到十分精确细致的吸收光谱曲线。分析结果的准确度较高。

② 由于可以任意选取某种波长的单色光，故在一定条件下，利用吸光度的加和性，可以同时测定溶液中两种或两种以上的组分。

③ 由于入射光的波长范围扩大了，故许多无色物质，只要在紫外或红外光区域中有吸收峰，都可以用分光光度法进行测定。

④ 分光光度计一般按工作波长范围分类。原子吸收分光光度计主要用于低含量元素的定量测定，紫外-可见分光光度计主要应用于无机物和有机物的测定，红外分光光度计主要用于结构分析。

单光束和双光束分光光度计示意图见图 3-1、图 3-2。

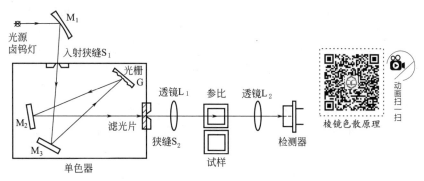

图 3-1　单光束分光光度计的光路示意图

4. 分光光度法的设计

（1）显色反应　在进行紫外-可见分光光度分析时，常常要选择适当的试剂与被测组分反应，生成对紫外或可见光有较大吸收的有色化合物，然后再对其进行测量。这种反应称为显色反应，所用的试剂称为显色剂。

（2）显色条件的选择　为保证被测组分最有效地转变为适于测量的有色物质，应注意对显色反应的条件进行控制。

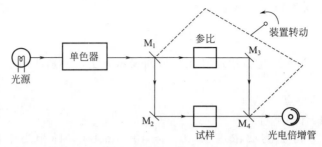

图 3-2 双光束分光光度计原理示意图（M₁、M₂、M₃、M₄ 为反射镜）

① 显色剂的用量。为保证显色反应尽可能地进行完全，一般需要加入过量显色剂，但对一些显色反应，显色剂加入太多，可能会引起副反应，所以在实际工作中，应根据实验结果来确定显色剂的用量。

② 酸度的影响。由于大多数显色剂都是有机弱酸或弱碱，所以介质的酸度直接影响显色剂的离解程度，从而进一步影响到显色反应的完全程度。故应对反应的酸度进行适当控制，使显色反应能正常进行。

③ 显色时间。有些显色反应可以瞬间完成，溶液颜色很快达到稳定状态，并在较长时间内保持不变；有些显色反应尽管能迅速完成，但同时形成的有色络合物很快进行褪色；有些显色反应则进行缓慢，溶液颜色要经过相对较长的一段时间后才能稳定。所以，应根据实际的反应情况，确定在最合适的时间进行分光测定。

④ 显色温度。一般情况下，显色反应可以在室温下进行，但也有些显色反应必须加热到一定的温度下才能完成，另外，许多有色化合物在温度较高时容易分解，所以严格控制反应的温度也是使反应顺利进行的条件之一。

5. 分光光度法测定方法及应用

(1) 原子吸收分光光度法 原子吸收分光光度法是基于待测物质基态原子蒸气对锐线光源发射的特征谱线的吸收来对元素进行定量的分析方法。这种方法对待测组分尤其是对金属元素的分析具有十分突出的优越性。其主要特点是测定灵敏度高，特异性和稳定性好，抗干扰能力强，操作简便，应用范围广。可直接测定的元素近 70 种，而且部分非金属元素及有机化合物也可以通过与某些金属元素发生的化学反应而进行间接测定。目前，原子吸收分光光度法在冶金、矿山、农业、环保、石油、化工、食品、医药卫生、材料、生命科学等行业的分析实验室得到广泛应用。多数金属元素的原子吸收分析法都被列为首选的定量分析方法或国家标准分析方法，因此它在化学领域占有重要地位。

(2) 紫外-可见分光光度法 紫外-可见分光光度法属于分子吸收光谱分析法。它是根据物质分子对紫外、可见光区辐射的吸收特征，对物质的组成进行定性、定量及结构分析的方法。由于紫外-可见分光光度法具有较高的灵敏度和准确度，选择性较好，操作快速、简便，仪器设备价格低廉、简单。因此，目前仍在工业、农业、医药卫生、食品检验、环保、生命科学、科研等领域得到广泛应用。

(3) 红外分光光度法 红外分光光度法是依据物质对红外光区电磁辐射的特征吸收，对化合物分子结构进行测定和物质化学组成进行分析的一种光谱分析方法。由于红外分光光度法分析特征性强，气体、液体、固体样品都可以测定，并具有用量少、分析速度快、不破坏样品的特点，因此，红外分光光度法不仅与其他许多分析方法一样，能进行定性和定量分析，而且该法是鉴定化合物和测定分子结构的最有效的方法之一，特别是从事以有机化合物为研究对象的化学工作者来说，红外光谱提供的某些信息最为简捷可靠，这是其他光谱技术难以替代的，红外分光光度计日益成为一般分析测试实验室必备的仪器，近年来在化学、化

工、催化、石油、材料、生物、物理、医学、大气、环境、地理、天文等诸多研究领域得到
了广泛应用。

第二节 紫 外 光 谱

一、紫外-可见吸收光谱的基本原理

紫外-可见分光光度法属于分子吸收光谱分析法。它是根据物质对紫外、可见光区辐射
的吸收特性，对物质的组成进行定性、定量及结构分析的方法。

1. 紫外-可见吸收光谱的产生

紫外-可见光区可分为三部分：波长为 13.6～200nm 的远紫外区，
又称为真空紫外区；波长在 200～380nm 的近紫外区；波长在 380～
780nm 的可见光区。高分子一般只在近紫外区有吸收。

紫外-可见光
吸收光谱基本
原理

分子与原子一样具有其特征能级。分子除了平移运动外，其内部
运动可分为价电子运动、构成分子的原子在平衡位置附近的振动和分
子绕其重心的转动。即分子具有电子能级、振动能级和转动能级。

当基态分子从外界吸收能量后，便发生分子的能级跃迁，即从基态能级跃迁到激发态能
级。同原子一样，分子的能级是量子化的，其吸收能量也具有量子化的特征，即分子只能吸
收等于两个能级之差的能量：

$$\Delta E = E_1 - E_2 = h\nu = hc/\lambda \tag{3-5}$$

由于三种能级跃迁所需的能量不同，故分子受不同波长的电磁辐射后跃迁，其吸收光谱
在不同的光区出现。

电子能级为 1～20eV，振动能级为 0.05～1eV，转动能级为 0.05eV。物质吸收紫外线
后引起的跃迁是电子跃迁，所以紫外光谱也称为电子光谱。紫外线的能量较高，在引起价电
子跃迁的同时，也会引起低能量的分子振动和转动，结果使一般光谱仪的分辨能力不足以将
这些谱线分开，谱线就连成一片，表现为带状，成为较宽的谱带。

让不同波长的紫外线连续通过样品，以样品的吸光度对波长作图，就得到了紫外吸收光
谱。所以紫外光谱分析法的定量基础仍然是朗伯-比耳定律。紫外吸收光谱如图 3-3 所示。

2. 电子跃迁类型和吸收带

一般所说的电子光谱是指分子外层电子或价电子的跃迁所得到的吸收光谱。在有机
化合物中，常见的电子跃迁有：$\sigma \rightarrow \sigma^*$、$n \rightarrow \sigma^*$、$n \rightarrow \pi^*$ 和 $\pi \rightarrow \pi^*$ 跃迁四种类型。如图 3-4
所示。

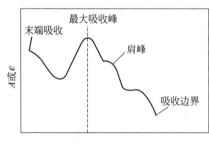

图 3-3 紫外吸收光谱

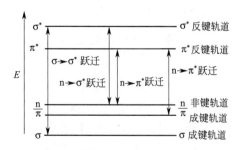

图 3-4 分子的电子能级和跃迁

（1）$\sigma \rightarrow \sigma^*$ 的跃迁 $\sigma \rightarrow \sigma^*$ 的跃迁是指分子中成键 σ 轨道上的电子吸收辐射能后，被激
发到反键 σ^* 轨道上。与其他三种类型的跃迁相比，$\sigma \rightarrow \sigma^*$ 跃迁所需的能量大，相当于真空

紫外区的辐射能。在饱和烃中只有 $\sigma \rightarrow \sigma^*$ 跃迁，它们的吸收光谱一般在波长低于 200nm 的区域才能观察到。如甲烷的最大吸收峰在 125nm 处，乙烷在 135nm 处有一个吸收峰。

（2）$n \rightarrow \sigma^*$ 跃迁 $n \rightarrow \sigma^*$ 跃迁是指分子中非键 n 轨道上的电子吸收辐射能后，被激发到反键 σ^* 轨道上。这类跃迁所需的能量比 $\sigma \rightarrow \sigma^*$ 跃迁小，其吸收光谱波长一般在 150～250nm。

当有机化合物中的氢被氧、氮、卤素或硫等杂原子取代后，电子跃迁所需能量降低，吸收峰向长波方向移动，这种现象称为红移或长移。如甲烷和乙烷的氢被碘取代生成的碘甲烷和碘乙烷，其吸收峰则处在 150～210nm（$\sigma \rightarrow \sigma^*$ 跃迁）和 259nm（$n \rightarrow \sigma^*$ 跃迁）。这种能使吸收峰向长波方向移动而产生红移现象的原子团，称为助色团。

（3）$n \rightarrow \pi^*$ 跃迁和 $\pi \rightarrow \pi^*$ 跃迁 $n \rightarrow \pi^*$ 跃迁和 $\pi \rightarrow \pi^*$ 跃迁是指分子中非键 n 轨道上的电子或成键 π 轨道上的电子吸收辐射后，被激发到反键 π^* 轨道上。$n \rightarrow \pi^*$ 跃迁和 $\pi \rightarrow \pi^*$ 跃迁所需的能量一般较低，吸收光谱的波长都大于 200nm。有机化合物的紫外-可见吸收光谱的分析就是以这两类跃迁为基础。这两类跃迁均要求有机物分子中含有不饱和键官能团，这种含有 π 不饱和键的基团称为生色团。

$n \rightarrow \pi^*$ 跃迁和 $\pi \rightarrow \pi^*$ 跃迁的重要差别在于吸收峰的强度不同。$n \rightarrow \pi^*$ 跃迁所产生的吸收峰，其吸收系数 ε 很小，一般在 10～100L/（mol·cm）范围内；$\pi \rightarrow \pi^*$ 跃迁所产生的吸收峰，其吸收系数 ε 一般比 $n \rightarrow \pi^*$ 跃迁的 ε 大 100～1000 倍。另外，溶剂的极性对两类跃迁所产生吸收峰位置的影响不同。

3. 溶剂的影响

用于紫外吸收光谱的试样，一般均要制成溶液。有时薄膜也可以直接用来测定，但只能用于定性，因其不均匀性会给定量带来困难。制样最重要的是溶剂的选择，用不同溶剂制样得到的光谱将会有所不同。一般选择溶剂时应注意以下几点。

① 选择能将高聚物充分溶解的溶剂。

② 选择在测定范围内，没有吸收或吸收很弱的溶剂。在测定样品前应先对选定的溶剂进行测试，检查是否符合要求。用 10mm 石英比色皿装上溶剂，以空比色皿为参比测定。一般对波长为 220～240nm 的，溶剂的吸收不得超过 0.4；对波长为 241～250nm 的，溶剂的吸收不得超过 0.2；对波长为 250～300nm 的，溶剂的吸收不得超过 0.1；对波长在 300nm 以上的，溶剂的吸收不得超过 0.05。

③ 溶剂对吸收光谱的影响。溶剂对紫外吸收光谱的影响比较复杂，一般来说，当溶剂从非极性变成极性时，光谱变得平滑，精细结构消失。

溶剂极性对光谱的另一影响就是改变谱带极大值的位置：当溶剂的极性增加时，$n \rightarrow \pi^*$ 跃迁所产生的吸收峰通常向短波方向移动，称为紫移或短移；而 $\pi \rightarrow \pi^*$ 跃迁所产生的吸收峰则向长波方向移动，即发生红移。另外溶剂的酸碱性也会对谱带产生影响，一般当试样溶液的 pH 值发生变化时使物质的共轭体系发生变化，若增加了共轭则发生红移，反之则发生紫移。

二、高分子的紫外吸收光谱

1. 定性分析

紫外-可见分光光度法的定性分析主要是对某些有机化合物和官能团进行鉴定及结构分析，也能用于对纯物质的鉴别和杂质的检验。但由于高聚物的紫外吸收峰通常只有 2～3 个，且峰形平缓，因此它的选择性远不如红外光谱。而且紫外光谱主要决定于分子中生色团和助色团的特性，而不是整个分子的特性，所以仅靠紫外吸收光谱数据来鉴定未知化合物具有较大的局限性，还必须与其他分析方法，如红外光谱法、核磁共振波谱法、质谱法等分析方法配合，才能较好地对未知物进行鉴定。

一般紫外定性分析是利用标准谱图进行对照来得出结论的，若没有相应的高聚物标准谱图，则可根据表 3-1 中有机化合物中生色团的出峰规律来分析。

表 3-1　典型生色团的紫外吸收特征

生色团	λ_{max}/nm	ε_{max}	生色团	λ_{max}/nm	ε_{max}
C=C	175	14000	C=C=C=C	217	20000
	185	8000		184	60000
C≡C	175	10000	（苯环）		
	195	2000		200	4400
	223	150		255	204
C=O	160	18000			
	185	5000			
	280	15			

在有机物和高聚物的紫外光谱谱带分析中，往往将谱带分为 4 种类型。

① R 吸收带。含—C=O，—N=O，—NO$_2$ 和—N=N—基的有机物可产生这类谱带。它是 n—π* 跃迁形成的吸收带，由于 ε 很小，吸收谱带较弱，易被强吸收谱带掩盖，并易受溶剂极性的影响发生偏移。

② K 吸收带。共轭烯烃取代芳香化合物可产生这类谱带。它是 π*—π* 跃迁形成的吸收带，ε$_{max}$>10000，吸收谱带较强。

③ B 吸收带。B 吸收带是芳香化合物及杂芳香化合物的特征谱带。在这个吸收带有些化合物容易反映出精细结构。溶剂的极性、酸碱性等对精细结构的影响较大。

④ E 吸收带。它也是芳香族化合物的特征谱带之一，吸收强度大，ε 为 2000～14000，吸收波长偏向紫外的低波长部分，有的在真空紫外区。

在有机物和高分子的紫外吸收光谱中，R、K、B、E 吸收带的分类不仅反映出了各基团的跃迁方式，而且还揭示了分子结构中各基团间的相互作用。

2. 定量分析

紫外光谱法的吸收强度比红外光谱法大得多，同时紫外光谱法的灵敏度高，测量准确度高于红外光谱法，因此紫外光谱分析在定量分析中应用较广。紫外光谱法很适合于研究共聚组成、微量物质测定和聚合反应动力学等。

其定量分析的方法一般有校正曲线法、标准对照法和联立方程求解法等。

校正曲线法即是配制一系列已知浓度的标准溶液，以不含被测组分的空白液作参比，在相同条件下测定系列标准溶液的吸光度，绘制吸光度-浓度曲线。然后在相同条件下测定被测试样溶液的吸光度，再根据校正曲线上相应的吸光度查出被测试样溶液的浓度。

标准对照法则是当测定波长、液层厚度及其他测定条件不变时，在相同测定条件下和一定浓度范围内，吸光度与被测溶液浓度成正比。这样，可在相同条件下测得被测试样溶液与标准试样溶液的吸光度 A_x 和 A_s，根据标准溶液的浓度 c_s 则可算出被测试样的浓度 c_x：$A_s/A_x=c_s/c_x$。该法要求测定组分的浓度一定在线性范围内，并且标准溶液的浓度尽可能地接近被测试样溶液的浓度，以减小测量误差。

联立方程求解法则是针对多组分试样的定量测定方法。是根据吸光度加和性原则，分别在各组分最大吸收波长处测定混合试样的吸光度值，而该吸光度值应是各组分在该波长处产生的吸光度值的加和，据此和朗伯-比耳定律可得到一个联立方程组，解联立方程即可求出各组分的浓度。该方法应用时，要求各组分的吸光度一定要有加和性，否则该法不能使用。

下面通过举例来说明紫外光谱的应用。

用紫外光谱法测定浇铸型无色透明有机玻璃（聚甲基丙烯酸甲酯）中的增塑剂邻苯二甲酸二丁酯（DBP）或邻苯二甲酸二辛酯（DOP）含量。

三氯甲烷溶液中的 DBP 或 DOP 在紫外线作用下，于 275nm 波长处有特征吸收峰，在一定浓度范围内符合朗伯-比耳定律。在 275nm 波长处测定有机玻璃试样的三氯甲烷溶液吸收度，用工作曲线法计算 DBP 或 DOP 的含量。

（1）采用试剂 DBP，含量大于 90%；DOP，含量大于 90%；三氯甲烷，分析纯。

（2）标准溶液 称量 0.05～0.07g 的 DBP，准确至 0.0001g，置于 50mL 的容量瓶中，用三氯甲烷稀释至刻度，混合均匀，即为 DBP 标准溶液。

称量 0.05～0.07g 的 DOP，准确至 0.0001g，置于 50mL 的容量瓶中，用三氯甲烷稀释至刻度，混合均匀，即为 DOP 标准溶液。

（3）试样 应是从有机玻璃上随机取下的颗粒或粉末。

（4）测定步骤

① 绘制工作曲线。移取 0.5mL、1.0mL、1.5mL、2.0mL、3.0mL DBP（或 DOP）标准溶液，置于一组 25mL 容量瓶中，用三氯甲烷稀释至刻度，混合均匀，计算得各份稀释液的 DBP（或 DOP）的浓度（mg/L），以配制标准溶液的三氯甲烷为参比，记录各溶液在 275nm 波长处的吸收度。以 DBP（或 DOP）的浓度为横坐标，吸收度为纵坐标，绘制 DBP（或 DOP）的工作曲线。

② 试样测定。称量试样 0.03～0.08g，准确至 0.0001g。置于 25mL 容量瓶中，加入 15～20mL 三氯甲烷，待试样完全溶解后，用三氯甲烷稀释至刻度，混合均匀。将部分待测液移入 10mm 石英比色皿中，以溶解试样的三氯甲烷为参比，在与制定工作曲线相应的条件下，于紫外分光光度计 275nm 波长处测其吸收度，从工作曲线上查出相应的 DBP 或 DOP 的浓度（mg/L）。

③ 计算。按下式计算 DBP 或 DOP 的质量分数：

$$X\% = \frac{cV \times 10^{-4}}{m} \tag{3-6}$$

式中，c 为从工作曲线上查得的 DBP 或 DOP 浓度，mg/L；V 为试样溶液体积，mL；m 为试样量，g。

3. 结构分析

（1）聚乙烯醇的键接方式 聚乙烯醇的紫外吸收光谱在 $\lambda_{max}=275$nm 有特征峰，$\varepsilon=9$，这与 2,4-戊二醇的吸收光谱相似，所以可确定键接方式主要是头-尾结构，而不是头-头结构。

头-尾结构： ～～～CH_2—CHOH—CH_2—CHOH—CH_2～

头-头结构： ～～～CH_2—CHOH—CHOH—CH_2—CH_2～～～

（2）立体异构和结晶 有规立构的芳香族高聚物有时会产生减色效应。所谓减色是指紫外吸收强度降低，是由于邻近生色团间色散相互作用的屏蔽效应。紫外线照射在生色团而诱导了偶极，这种偶极作为很弱的振动电磁场而为邻近生色团所感受到，它们间的相互作用导致紫外吸收谱带交盖，减少生色团间距或使生色团的偶极矩平行排列，而使紫外吸收减弱。这种情况常发生在有规立构等比较有序的结构中。在共聚物分析中也应注意到有类似的效应。

结晶可能使紫外光谱发生的变化是谱带的位移和分裂。

4. 聚合物测试分析应用举例

用紫外光谱，可以监测聚合反应前后的变化，研究聚合反应的机理；定量测定有特殊官能团（如具有生色基或具有与助色基结合的基团）的聚合物的分子量与分子量分布；探讨聚合物链中共轭双键序列分布。

图 3-5 为甲苯和苯的紫外光谱图，烷基取代苯的 B 吸收带向长波移动（红移）。

例如研究胺引发机理。苯胺引发聚甲基丙烯酸甲酯（PMMA）机理是：二者形成激基复合物，经电荷转移生成胺自由基，再引发单体聚合，胺自由基与单体结合形成二级胺。图 3-6 所示为苯胺引发光聚合的聚甲基丙烯酸甲酯（PMMA）的紫外吸收光谱，溶剂为乙腈。

由图 3-6 可见，曲线 4 与曲线 3 相似，在 254nm 和 300nm 都有吸收峰，而与曲线 1 和曲线 2 不同，说明苯胺引发光聚合的产物为二级胺，而不是一级胺。在反应过程中，苯胺先与 MMA 形成激基复合物，经电荷转移形成的苯胺氮自由基引发 MMA 聚合，在聚合物的端基形成二级胺。

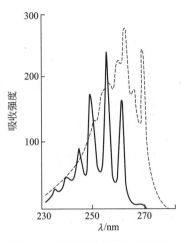

图 3-5　甲苯和苯的紫外光谱图
---苯；— 甲苯

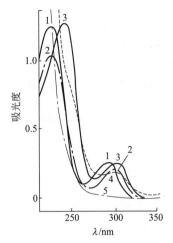

图 3-6　苯胺引发聚甲基丙烯酸甲酯的紫外光谱图
1—苯胺（10^{-4}mol/L）；2—对甲基苯胺（10^{-4}mol/L）；
3—N-甲基苯胺（10^{-4}mol/L）；
4—苯胺光引发的聚甲基丙烯酸甲酯（100mg/10mL）；
5—本体热聚合的聚甲基丙烯酸甲酯（100mg/10mL）

　　若把紫外吸收光谱仪作为凝胶渗透色谱仪检测器，可同时测定有紫外吸收的聚合物溶液中聚合物的分子量及其分布，还能测定聚合物体系中有紫外吸收的添加剂的含量。

第三节　红 外 光 谱

一、红外光谱的基本原理

1. 红外吸收光谱的产生

　　分子从整体而言，呈电中性。由于构成分子内各原子的电负性不同，因此分子呈现不同的极性，以偶极矩表示。偶极矩大小与分子中电荷大小和正负电荷中心距离有关。分子内原子不停地振动，振动时正负电荷不变，但其中心距离发生变化，因此，分子的偶极矩发生变化。

　　当用波长连续变化的红外线照射分子时，与分子固有频率相同的特定波长的红外线被吸收，即产生共振，光的辐射能通过分子偶极矩的变化传递给分子，此时分子中某种基团就吸收了相应频率的红外辐射，从基态振动能级跃迁到较高的振动能级，产生红外吸收光谱。如果将照射分子的红外线用单色器予以色散，按其波数（或波长）依序排列，并测定不同波数处被吸收的强度，就得到了红外吸收光谱图。对称分子如 N_2、O_2 等，由于其正负电荷中心重叠，原子振动没有偶极矩的变化，所以不吸收红外辐射，故不会产生红外吸收光谱。

　　红外光谱的波谱段分为近、中、远红外三部分，有机结构分析中应用最多的是中红外区 $400 \sim 4000\text{cm}^{-1}$；$10 \sim 400\text{cm}^{-1}$ 为远红外区，主要用于元素有机物的分析；$4000 \sim 15000\text{cm}^{-1}$ 则为近红外区，主要用于天然有机物的定量分析。

2. 红外光谱图提供的分析信息

红外光谱图中有许多峰，它们分别对应于分子中某个或某些官能团的吸收，所以红外吸收光谱提供了官能团的信息。红外吸收光谱图中峰的位置、峰的强度和峰的宽度三者结合就可以得出分析的结果。

（1）峰的位置　峰的位置指出了官能团的特征吸收频率，是红外定性分析和结构分析的依据。但要注意，官能团的特征吸收频率会随分子中基团所处的不同状态及分子间的相互作用而发生相应的变动。

（2）峰的强度　吸收峰的强度常用来作为红外定量计算的依据，一般物质含量越高则特征吸收峰的强度就越大。其次，吸收峰的强度也可以指示官能团的极性强弱，一般极性较强的官能团在振动时偶极矩的变化较大，因此都有很强的吸收；另外，官能团的偶极矩与结构的对称性有关，对称性越强，振动时偶极矩变化越小，吸收峰越弱。一般对不同强度的吸收用以下符号进行表示：s—强吸收；b—宽吸收带；m—中等强度吸收带；w—弱吸收；sh—尖锐吸收峰；v—吸收强度可变。

（3）峰的形状　峰的形状可以在指证官能团时起到一定作用，可以按其吸收峰的宽度来区别在同一特征吸收频率处峰的不同官能团。

二、吸收峰的位置

1. 分子振动方式

分子振动方式可分为伸缩振动与弯曲振动。伸缩振动是沿着键轴作规律性的运动，这种振动使原子间的距离增大或缩短。伸缩振动有对称伸缩振动与不对称伸缩振动之分。弯曲振动则是使键角发生改变，可有面内弯曲振动和面外弯曲振动之分。一个由三原子组成的分子或基团，其振动方式可见图 3-7。

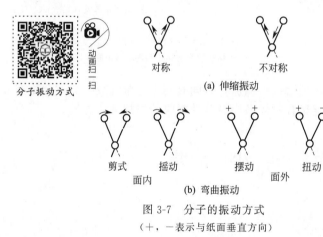

图 3-7　分子的振动方式
（+，－表示与纸面垂直方向）

2. X—H 伸缩振动区（4000～2500cm^{-1}）

X 为 C、N、O、S 等原子。如 O—H（3600～3200cm^{-1}）、COO—H（3600～2500cm^{-1}）、N—H（3500～3300cm^{-1}）等。3000cm^{-1} 为 C—H 键伸缩振动的分界线，不饱和碳（双键及环）的碳氢伸缩振动频率高于 3000cm^{-1}，而饱和碳（除三元环外）的碳氢伸缩振动频率低于 3000cm^{-1}。后者一般可见到四个吸收峰，其中 2960cm^{-1}（ν_{as}）和 2370cm^{-1}（ν_s）属于—CH$_3$；2925cm^{-1}（ν_{as}）和 2850cm^{-1}（ν_s）属于—CH$_2$。由这两组峰的强度可大致判断—CH$_2$ 和—CH$_3$ 的比例。

3. 三键和累积双键区（2500～2000cm^{-1}）

该区域红外吸收谱带较少，主要包括 —C≡C—、—C≡N 等三键的伸缩振动以及 —C≡C≡C、—C≡C≡O 等累积双键的不对称伸缩振动。除了空气中的 CO$_2$ 在 2365cm^{-1} 处的吸收峰外，任何小峰都不能忽视。

4. 双键伸缩振动区（2000～1500cm^{-1}）

该区域是提供分子的官能团特征吸收峰的很重要的区域。大部分 C＝O 峰在 1600～1900cm^{-1} 之间，如酮、醛、酐等都是图中最强峰或次强的尖峰。C＝C、N＝O、C＝N 等的峰出现在 1500～1670cm^{-1}，其中芳环和芳杂环的特征吸收峰在 1500cm^{-1} 和 1600cm^{-1} 附近。而 1500～1300cm^{-1} 则主要提供 C—H 的弯曲振动信息。

5. 指纹区（1300～400cm^{-1}）

主要为单键和部分含重原子的基团，如 OH、S＝O、P＝O、P＝S 等的伸缩振动。其中 $900\sim650cm^{-1}$ 为苯环取代特征区。附录一中列有红外光谱中一些基团的吸收频率。

三、影响基团频率的因素

分子中各基团的振动不是孤立的，是受到分子其他部分以及测定状态外部条件的影响。因此，同一基团的振动在不同结构中或不同环境中其吸收频率都或多或少要有所移动。影响基团频率位移的因素有以下几点。

1. 内部因素

主要是结构因素，如相邻基团的影响、分子结构的空间分布等因素，使基团频率位移，其中包括：

（1）诱导效应　当基团旁连有电负性不同的原子或基团时，通过静电诱导作用，引起分子中电子云密度的变化，从而引起基团的化学键的键力常数变化，影响了基团频率的位移。

（2）共轭效应　它使共轭体系中的电子云密度平均化，双键性减弱，键的键力常数减小，结果使基团频率向低频方向移动。在一个化合物中，经常是诱导效应和共轭效应同时存在，何种效应占优势，吸收峰就向哪边移动。

（3）空间效应　主要是分子内空间的相互作用、立体障碍、环张力的影响等。

（4）偶合效应　当两个频率相同或相近的基团连接在一起时会发生偶合作用，分裂成两个峰。一个比原来吸收峰的频率高一点，另一个则低一点。

（5）氢键效应　氢键的形成往往使基团的吸收频率降低，吸收峰变宽。

2. 外部因素

主要是由于样品的测定状态不同及溶剂极性等引起的频率位移。

（1）样品测定状态的影响　红外光谱可在气、液、固等不同相中测定，一般情况下气态测定时，伸缩振动频率最高；在液态或固态测定时，伸缩振动频率降低。

（2）溶剂影响　同一物质在不同溶剂中，由于溶质和溶剂中间的相互作用不同，测得的吸收光谱也不同，通常，极性基团的伸缩振动频率随溶剂极性增大而向低频移动。

四、高聚物红外测定样品的制备

制样技术对红外光谱图的质量有很大影响，其中最重要的是样品厚度的影响。首先样品厚度太薄，吸收峰都很弱，有些峰会被基线噪声所掩盖，但样品太厚，吸收峰会变宽甚至产生截顶，适当的样品厚度应在 $10\sim30\mu m$ 左右，才能有理想的谱图；其次，在样品表面会发生反射，一般表面反射的能量损失为百分之几，但在强吸收峰附近可达 15% 以上，为了补偿由于反射引起的吸收峰变形，可以在参比光路中放一个组分相同但厚度薄得多的样品；再次，反射还会有产生干涉条纹的影响，尤其在低频区更为突出，消除的方法是使样品表面变粗糙，可用楔形薄膜或在样品表面涂上一层折射率相近的不吸收红外线的物质。

1. 薄膜法

（1）直接采用法　如果试样本身就是透明的薄膜，若其厚度合适就可以直接使用，若较厚，则可以通过轻轻拉伸使其变薄后使用。

（2）热压成膜法　热塑性高聚物可以通过加热压成适当厚度的薄膜。

（3）溶液铸膜法　将高聚物样品溶解在适当的溶剂中，将溶液均匀涂在平滑的玻璃板表面，待溶剂完全挥发后，将薄膜揭下即可。

2. 压片法

这是适用于固体粉末样品的制样方法。取少许样品粉末和为其质量 $100\sim200$ 倍的光谱纯的 KBr 粉末，一起在玛瑙研钵中于红外灯下研匀成细粉，如果样品不是粉末，应先在低温下研磨成粉末状，一般橡胶不可以用热压法制样，就可以采用这种方法制样。将研磨好的粉末放入压片模中，用油压机制成透明的薄片。

3. 液膜法

(1) 溶液法 将高聚物溶液在 KBr 晶片上涂成薄薄的一层液膜，就可以直接进行测定。若溶液黏度很小，可夹在两片 KBr 晶片中测定。由于绝大多数有机溶剂在红外光谱区内有较强的吸收，所以这个方法很少用于高聚物样品的制备。

(2) 悬浮法 将极细的固体颗粒悬浮在尽可能少的石蜡油或全氟煤油中，研磨成糊状物，然后涂在 NaCl 晶片上使用，但一般高聚物制样也很少用该法。

红外光谱解析的制样方法见表 3-2。

表 3-2 红外光谱解析的制样方法

试样	适用样品	制样方法
液相样品	液体样品，但不适于沸点在 100℃ 以下或挥发性强的样品，无法展开的翻胶类及毒性大或腐蚀性、吸湿性强的液体	液膜制样法：将液体夹于两块晶面之间，展开成液膜层
	黏度适中或偏大的液态样品，黏度较大而又不能用加热加压法展薄的样品	涂膜制样法： ①加热加压法，将样品置于一晶面上，红外灯下加热，待易流动时，合上另一晶面加压展平； ②溶液涂膜法，将样品溶于低沸点溶剂中，然后滴于晶片上挥发成膜
固相样品	易溶于常用溶剂的固体试样	溶液制样法：样品溶于溶剂中，再按液相样品吸收池法制样
	固体样品，特别是易吸潮或遇空气产生化学变化的样品；在对羟基或氨基进行鉴别时	糊状法：研磨，加入石蜡油磨匀，然后按液膜制样法操作
	该法为最常用方法，适用于绝大部分固体试样，不宜用于鉴别有无羟基存在	压片法：加入溴化钾研磨，在压片专用模具上压成片
	熔点较低的固体样品	熔融成膜法：样品置于晶面上，加热熔化，合上另一晶片
	适用于固态(粉末，纤维，泡沫塑料等)样品的测定	漫反射法：样品加分散剂研磨，加到专用漫反射装置测定
	适用于某些遇空气不稳定、在高温下能升华的样品	升华法：样品和窗片置于同一个带透红外窗口的升华装置中
	黏稠液体	液膜法 溶液挥发成膜法 加热加压液膜法 全反射法 溶液法
	膜片状样品	透过法 镜反射法 全反射法
	适用于能磨成粉的样品	漫反射法 压片法
	适用于能溶解的样品	溶解成膜法 溶液法
	适用于纤维、织物等	全反射法
	不熔、不溶的高聚物，如硫化橡胶、交联聚苯乙烯等	热裂解法

4．样品的预处理

鉴于高聚物材料的复杂性，故在制样之前常要将样品进行预处理。预处理的方法有以下三种。

（1）分离与提纯 一般情况下可以用溶解-沉淀法或萃取法来分离和纯化高聚物样品，或利用色谱的方法分离样品，然后再分别对高聚物和添加剂进行制样测定。当样品中添加剂含量很少时，有时也可以不进行分离而直接测定，或通过用差示光谱技术来进行测定未经分离的高聚物材料中的添加剂。

（2）热裂解 对于不溶不熔的高聚物材料，有时则可以采取热裂解的方法。裂解可以在一般试管中进行，取试管上部冷凝的裂解液体分析。

（3）化学处理 高聚物薄膜经化学处理后再用红外检测，若某官能团的吸收峰，在化学处理后的红外光谱图中消失或被其他官能团的吸收峰所取代，可以证明该官能团的存在。

五、红外光谱图的解析分析

1．定性分析

对一张未知高聚物的红外光谱进行定性鉴别的主要方法可归纳为四种。

（1）将整个谱图与标准谱图做对照 这一方法是将测得的未知物红外光谱整个与已知红外光谱图相对照，如果完全吻合，就可以直接确定分子。该法理论上峰的位置和强度都必须吻合，但实际上主要看峰的位置，而峰的强度由于跟试样的厚度、仪器的情况等有关，所以常难以一致。

一般用来作标准的红外谱图常用的有 Sadtler 谱图集和 Hummel 红外光谱图集。前者的商品红外光谱图收集了 2000 多张聚合物的谱图，后者则收集了 1100 多张聚合物和助剂的红外光谱图，对查找确切的聚合物结构是有帮助的。

在采用标准谱图对照定性时，要注意高聚物结构的复杂性，它使得谱图与标准谱图之间终归会有差异，所以由红外光谱图作出结构判断时，应特别注意以下几点。

① 由不同分辨率的仪器所给出的谱图质量可能相差很大，吸收峰的位置可能相差到 $10cm^{-1}$，某些峰的形状也会有一些变化；有时两个相同组成的高聚物，由于聚合加工时的规整度、结晶度不同，或提纯过程中纯度的差异，皆可能引起红外光谱图的细小差别，在作结构推断时应仔细分析这些差异的原因和结合其他分析数据才能给出可靠的分析结论。

② 有些高聚物虽然单体、原料、性能等不同，但分子中含有相同的结构单元，其红外光谱图差异不大，因此可能导致结构类型判断的失误。

③ 当共聚物中某种单体组分的含量小于5％时，在高聚物红外光谱中的结构特征表现不明显，结构推断时可能遗漏掉这些含量较少的单体组分。

④ 两种或多种单体的共聚物，与各单体单独聚合物共混溶的混合物材料，其红外光谱图可能没有明显的差异，仅由红外光谱图难以准确推断材料是共聚物还是混炼物。利用这个特性，可将几种单一单体的聚合物，按不同的比例混炼或研磨成均一体系，将它的红外光谱图与未知样品的图相比较，可以方便地推测出未知样品中共聚单体的组成种类及比例。

⑤ 热固性的交联体形树脂，由于交联剂的结构在反应中已发生变化，因此在材料的红外图中，往往找不到交联剂的特征结构信息。

⑥ 当样品的纯度不够好时，会出现不相关的异常峰，特别是有无机填料存在时，可能会使红外光谱图出现宽而强的吸收峰。

⑦ 如果在聚合物的红外谱图集中找不到相同或相近的红外图，这种聚合物可能为一种

新型的高聚物材料，仅从它的红外谱图很难推测出它的确切结构，必须再采用其他的结构分析方法作进一步的结构分析。但是在作出"新型高聚物"的结论时还必须考虑到材料的用途和价值，新型高聚物材料一般价格较高，只能在某些特种材料和高科技领域内使用。在普通的民用商品材料中，一般很少应用。因此应考虑到样品的红外图是否可靠、样品的纯度如何、是否存在某些杂质的干扰。

(2) **按高聚物元素组成的分组分析** 若从化学分析中已初步知道试样所含元素，就可以根据这一条件将高聚物分成五组，分别为无可鉴别元素的高聚物，含氮的高聚物，含氯的高聚物，含硫、磷或硅的高聚物和含金属的高聚物。

① 无可鉴别元素的高聚物。可以是只含 C、H，也可以是含 C、H、O。一般含氧基团都能产生中等以上强度的吸收峰，所以在 O—H 或 C=O 区域内有一个或更多个中等以上强度的吸收峰存在，可以说明未知物含氧。

② 含氮的高聚物。许多含氮基团都有特征峰，但要注意—N=N—结构和叔氮原子没有特征吸收，使偶氮化合物和叔胺的谱图分析产生困难。

③ 含氯的高聚物。C—Cl 基团产生中强、较宽的峰，但位置变化太大而用处不大。聚偏二氯乙烯的 CCl_2 基团在 1060cm^{-1} 的强峰很有用，在结晶聚合物中分裂成锐利的双峰，是很有意义的特征峰。

④ 含硫、磷或硅的高聚物。S—S、S—C 没有特征峰，S—H 峰也很弱，但 S=O 峰很强，在 1110～1250cm^{-1} 间的强峰就证明硫的存在；P—H 在 2380cm^{-1} 附近有中强吸收峰，P—O—C 在 970cm^{-1} 有吸收，在 1030cm^{-1} 有一个更强且宽的峰；Si—H 峰在 2170cm^{-1} 处非常突出，Si—O 在 1000～1110cm^{-1} 间有强的复杂的宽峰，Si 甲基和 Si 苯基分别在 1250cm^{-1} 和 1430cm^{-1} 出现尖锐的峰，Si—OH 峰类似于醇的 OH 峰。

⑤ 含金属的高聚物。主要是羧酸盐，在 1540～1590cm^{-1} 有非常强的吸收，该峰非常尖锐，有时有双重峰。

(3) **按最强谱带的分组分析** 按高聚物红外光谱中的第一吸收，可将谱图从 1800～600cm^{-1} 分为六组，含有相同极性基团的同一类高聚物的吸收峰大都在同一个区内。

1 区：1700～1800cm^{-1}，聚酯、聚羧酸、聚酰亚胺等。

2 区：1500～1700cm^{-1}，聚酰胺、脲醛树脂、蜜胺树脂等。

3 区：1300～1500cm^{-1}，聚烯烃、有氯、氰基等取代的聚烯烃，某些聚二烯烃（天然橡胶）等。

4 区：1200～1300cm^{-1}，聚芳醚、聚砜、一些含氯聚合物等。

5 区：1000～1200cm^{-1}，脂肪族聚醚、含羟基聚合物、含硅和氟的高聚物。

6 区：600～1000cm^{-1}，苯乙烯类高聚物、聚丁二烯等含不饱和双键高聚物，以些含氯聚合物。

(4) **按流程图对高聚物材料的定性鉴别** 该法的鉴定流程见图 3-8，其中，"＋"表示肯定，"－"表示否定。

聚苯乙烯谱图常作为标准谱图（图 3-9）。从图中可看出，在 3000cm^{-1} 附近有丰富的谱带，2800～3000cm^{-1} 的谱带是饱和 C—H 或 CH_2 的伸缩振动；3000～3100cm^{-1} 的谱带则是苯环上的 C—H 伸缩振动峰；1600cm^{-1} 的强峰则是苯环的骨架振动峰；而 700cm^{-1} 和 760cm^{-1} 则为苯环上的氢的面外弯曲振动，其在 1670cm^{-1}、1740cm^{-1}、1800cm^{-1}、1870cm^{-1} 及 1940cm^{-1} 处出现的倍频峰和组频峰则证明了存在单取代苯。

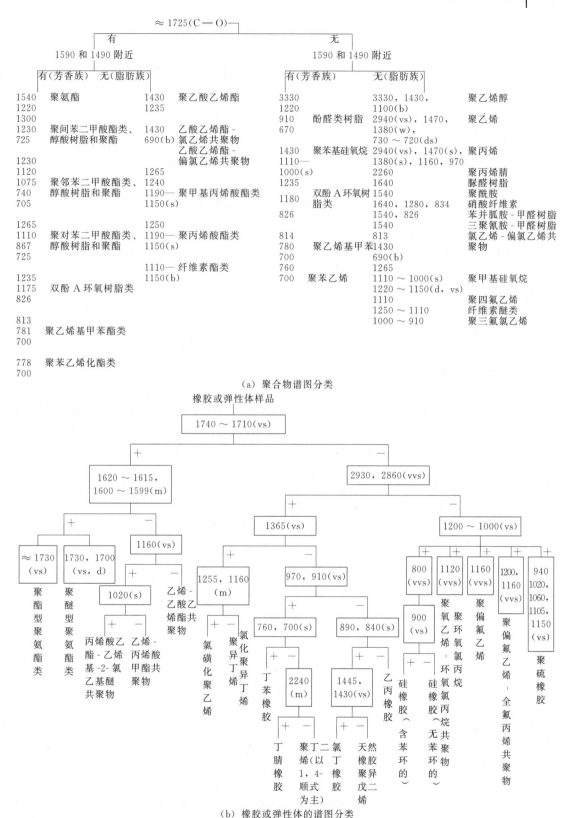

（a）聚合物谱图分类

（b）橡胶或弹性体的谱图分类

图 3-8　高聚物材料红外定性鉴别流程（单位：cm⁻¹）

b—宽谱带；s—强谱带；vs—非常强谱带；vvs—极强谱带；m—弱谱带；d—双谱带

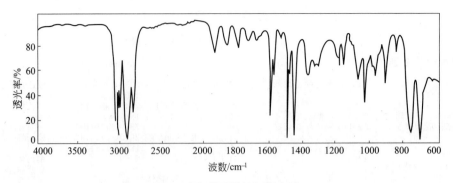

图 3-9　聚苯乙烯的红外光谱

2. 定量分析

红外光谱法定量分析也是基于朗伯-比耳定律，通过对特征吸收谱带强度的测量，来求组分含量。由于红外吸收光谱的谱带较多，特征吸收波长选择余地大，样品不受状态限制，这都是红外光谱定量分析的优点。但该法灵敏度低，不适于微量组分的测定。

（1）吸收峰的选择

① 选择被测物质的特征吸收峰。

② 所选的吸收带应有较大的吸收强度，且周围尽可能无其他吸收峰干扰。

③ 所选吸收峰处强度与被测物浓度有线性关系。

（2）定量方法

① 校正曲线法。由于红外狭缝较宽，单色性较差，朗伯-比耳定律有时会有偏差。当浓度变化范围较大时，吸光度可能与浓度不成线性关系，此时应当测定一系列已知浓度的标准样品的吸光度，画出工作曲线，然后在相同的实验条件下利用工作曲线分析未知试样的浓度。

② 联立方程求解法。在多组分体系中，若每一个组分的分析谱带受到其他组分谱带的干扰，应采用该法进行定量。它是根据吸光度加和定律，当某一组分对一分析谱带有主要贡献，而在这个波数位置上其他组分的吸收也有贡献时，总吸收应等于各组分吸收的加和，据此可列出联立方程式进行求解。

3. 红外光谱在高聚物研究方面的应用

红外光谱是研究高聚物的一个很有成效的工具。研究内容也很广泛，不仅可以鉴定未知聚合物的结构，剖析各种高聚物中添加剂、助剂、定量分析共聚物的组成，而且可以考察聚合物的结构，研究聚合反应，测定聚合物的结晶度、取向度，判别它的立体构型等。

如图 3-10 所示，该物质在 $3100 \sim 3000 cm^{-1}$ 有吸收峰，可知含有芳环或烯类的 C—H 伸缩振动，但究竟是属于哪种类型就要看 C—H 的其他峰。由 $2000 \sim 1668 cm^{-1}$ 区域一系列的峰和 $757 cm^{-1}$ 及 $699 cm^{-1}$ 出现的峰，可知为苯的单取代基，可判断 $3100 \sim 3000 cm^{-1}$ 处的峰为芳环中 C—H 的伸缩振动。再分析苯的骨架振动，在 $1601 cm^{-1}$、$1583 cm^{-1}$、$1493 cm^{-1}$ 和 $1452 cm^{-1}$ 的谱带可证实确有苯环存在。最后，依据 $3000 \sim 2800 cm^{-1}$ 的谱带判断是饱和碳氢化合物的吸收，而且 $1493 cm^{-1}$ 和 $1452 cm^{-1}$ 的强吸收带也可说明有 CH_2 或 CH 弯曲振动与苯环骨架振动的重叠。由此可初步判断为聚苯乙烯。

用红外光谱研究聚合物的链结构是非常方便的。丁二烯聚合时可生成三种不同构型的聚丁二烯，即顺式、反式和 1,2-聚丁二烯。红外光谱中 $724 cm^{-1}$ 和 $1650 cm^{-1}$ 两个峰是顺式烯烃的特征峰；图中的 $967 cm^{-1}$ 强吸收峰的出现以及 $1650 cm^{-1}$ 峰的减弱是反式烯烃结构单元的特征；而 $911 cm^{-1}$、$990 cm^{-1}$、$1645 cm^{-1}$ 峰的出现则是 1,2-聚合物结构的特征。通过鉴

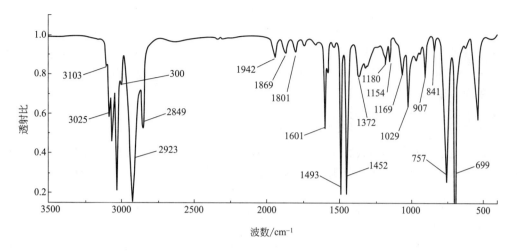

图 3-10　未知聚合物谱图

别，并测定谱带的相对强度，可以计算出各个组分在聚丁二烯中的相对含量，可为改变聚合条件、改进橡胶结构性能提供依据。

　　结晶度是影响物理性能的重要因素之一。大多数天然和合成的高分子化合物都是部分结晶和部分非晶态物质。用红外光谱法可以比较方便地测出它的结晶度。聚乙烯的红外光谱图中 $730cm^{-1}$ 和 $720 cm^{-1}$ 分别是晶态和非晶态的特征吸收谱带，通过测定这两个吸收谱带的相对强度即可测出高聚物的结晶度。

　　用红外光谱研究聚合反应具有实际意义。环氧树脂固化问题的研究就是一个例子（图 3-11），当把环氧树脂和各种固化剂混合后夹在 KBr 盐片间，然后加热，每隔一定时间测定其红外光谱，发现在固化过程中，代表环氧基 $910cm^{-1}$ 峰逐渐减弱，这说明环氧树脂的环氧基在固化过程中不断被打开，而表征环氧树脂的芳核骨架振动吸收峰为 $1610cm^{-1}$，在固化过程中强度是不变的。因此，如用 $910cm^{-1}$ 峰与 $1610cm^{-1}$ 峰的吸光度比值，对固化时间作图，即可得到一组固化速度曲线，对于用不同温度、不同的固化剂所得结果进行分析，就可找出最佳的固化剂和固化条件。

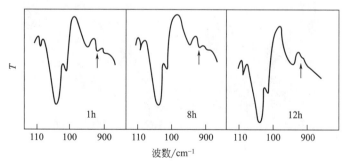

图 3-11　环氧树脂交联反应谱图

六、红外光谱仪

　　红外分光光度计是获得物质红外吸收光谱图的仪器，其种类很多，按照分光原理的不同可将其分为两大类，一类是色散型分光光度计，另一类是傅里叶变换红外分光光度计。

　　1. 色散型分光光度计

主要部件有光源、吸收池、单色器、检测器。

(1) 光源　能够发射高强度连续红外辐射的物体。常用的光源有能斯特灯和硅碳棒。前者工作温度为 1750℃，使用波数范围为 $400\sim5000cm^{-1}$，稳定性好，发光强度大，但机械强度较差，性脆易碎；后者工作温度为 $1200\sim1400$℃，使用波数范围为 $400\sim5000cm^{-1}$，发光面积大，坚固耐用，寿命长。

(2) 吸收池　由于中红外光不能透过玻璃和石英，因此通常用一些无机盐的单晶体制作红外吸收池窗口。

(3) 单色器　早期用棱镜作为色散元件多用 NaCl、KBr 等无机盐大晶体制作。目前多用反射光栅，对恒温、恒湿条件要求不高，而且具有线性色散、分辨率高和光能量损失小等优点。

(4) 检测器　常用的红外检测器有真空热电偶、热电量热计和光电导管三种。

2. 傅里叶变换红外光谱仪

红外光谱仪
工作原理

该仪器是利用干涉谱的傅里叶技术获得红外光谱的，它与色散型分光光度计的主要区别在于用 Michelson 干涉计取代了单色器和使用了计算机。仪器的主要部件有光源、干涉计、样品仓、检测器、计算机、记录器（见图 3-12）。

傅里叶变化红外光谱仪具有以下优点。

(1) 扫描速度极快　一般 1s 左右即可完成一次扫描，所以可以测定不稳定物质的红外光谱，进行快速化学反应的研究工作。

(2) 具有很高的分辨率　用干涉方法获得谱图，其多路的优点可使分辨率提高。

(3) 灵敏度高　用干涉仪测定光谱，不用狭缝和单色器，能量损失小。同时反射镜面大，辐射能量大，到达检测器后信号强。因此它比常规分光光度计灵敏度高，可检出 10^{-8} g 数量级的待测物，适于弱谱的测定。

此外，傅里叶变换红外光谱仪还具有测定精度好，重复性好，光谱测定范围宽，杂散光干扰小，便于与气、液色谱联机等优点，是近代化学研究领域不可缺少的基本设备之一。

图 3-12　傅里叶变换红外光谱仪

第四节　气　相　色　谱

一、色谱法简介

1. 气相色谱法简介

气相色谱法（gas chromatography，GC）是以气体作为流动相的色谱方法。

色谱法与蒸馏、重结晶、溶剂萃取、化学沉淀及电解沉积法一样，也是一种分离技术，但它是各种分离技术中效率最高和应用最广的一种方法。

在色谱法中，将填入玻璃管内静止不动的一相（固体或液体）称为固定相，自上而下运动的一相（一般是气体或液体）称为流动相，装有固定相的管子（玻璃或不锈钢）称为色谱柱。色谱法的种类很多，分类较复杂，一般最为常用的有气相色谱法和高效液相色谱法。

气相色谱是以气体作为流动相的，随着所用固定相的状态不同，又可以将其分为气固色谱和气液色谱。前者是用多孔性固体为固定相，分离的主要对象是一些永久性的气体和低沸点的化合物，但由于气固色谱可供选择的固定相的种类很少，分离对象不多，且色谱峰容易产生拖尾，因此实际应用不广泛；气液色谱多用高沸点的有机化合物涂渍在惰性载体上作为固定相，一般只要在 450℃ 以下有 1.5～10kPa 的蒸气压且热稳定性能好的有机及无机化合物都可以用气相色谱法来分离，由于在气液色谱中可供选择的固定液种类很多，容易得到好的选择性，所以气液色谱很有实用价值。

2. 色谱流出曲线和有关术语

使用色谱法进行分析，首先应了解色谱法中的相关术语。

（1）色谱图　色谱柱流出物通过检测器系统时所产生的响应信号对时间或流动相流出体积的曲线图。

（2）色谱峰　色谱柱流出组分通过检测器系统时产生的响应信号的微分曲线。

（3）峰高（h）　从峰高最大值到峰底的垂直距离。

（4）峰宽（W）　在峰两侧拐点处所作切线与峰底相交两点的距离。

（5）半高峰宽（$W_{h/2}$）　通过峰高的中点作平行于峰底的直线，此直线与峰两侧相交两点间的距离。

（6）峰面积（A）　峰与峰底之间的面积。

3. 色谱图及参数

在色谱图 3-13 中可以通过测量和某些计算得到以下一些与定性和定量分析有关的色谱参数，通过这些参数可以进行色谱的定性和定量分析。这些参数主要有以下几点。

（1）死时间（t_M）　不被固定相滞留的组分从进样到出现峰最大值所需的时间。

（2）保留时间（t_R）　组分从进样到出现峰最大值所需的时间。

（3）调整保留时间（t'_R）　减去死时间的保留时间：

$$t'_R = t_R - t_M \qquad (3-7)$$

（4）死体积（V_M）　不被固定相滞留的组分从进样到出现峰最大值所需的流动相体积。

（5）保留体积（V_R）　组分从进样到出现峰最大值所需的流动相体积。

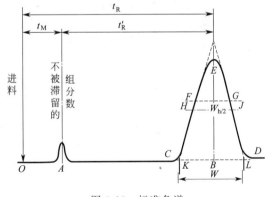

图 3-13　标准色谱

（6）调整保留体积（V'_R）　减去死体积的保留体积：

$$V'_R = V_R - V_M \qquad (3-8)$$

（7）保留指数（I）　定性指标的一种参数，通常以色谱图上位于待测组分两侧的相邻正构烷烃的保留值为基准，用对数内插法求得。每个正构烷烃的保留指数规定为其碳原子数乘以 100：

$$I = 100 \left[z + \frac{\lg V'_{R(i)} - \lg V'_{R(z)}}{\lg V'_{R(z+1)} - \lg V'_{R(z)}} \right] \qquad (3-9)$$

(8) 分配系数（K） 在平衡状态时，组分在固定相与流动相中的浓度比。

(9) 分离度（R） 两个相邻色谱峰的分离程度，以两个组分保留值之差与其平均峰宽值之比表示：

$$R = 2\left(\frac{t_{R_2} - t_{R_1}}{W_1 + W_2}\right) \tag{3-10}$$

式中，t_{R_1}、t_{R_2} 为峰 1、峰 2 的保留时间；W_1、W_2 为峰 1、峰 2 的峰宽。

(10) 柱效能 色谱柱在色谱分离过程中主要由动力学因素所决定的分离效能。通常用理论板数，理论板高或有效板数表示。

① 理论板数（n）。表示柱效能的物理量：

$$n = 5.54\left(\frac{t_R}{W_{h/2}}\right)^2 = 16\left(\frac{t_R}{W}\right)^2 \tag{3-11}$$

式中，t_R 为某一组分的保留时间；$W_{h/2}$、W 为该组分的半峰宽和峰宽。

② 理论板高（H）。单位理论板的长度：

$$H = \frac{L}{n} \tag{3-12}$$

式中，n 为理论板数；L 为柱长。

③ 有效板数（n_{eff}）。减去死时间后表示柱效能的物理量：

$$n_{eff} = 5.54\left(\frac{t'_R}{W_{h/2}}\right)^2 = 16\left(\frac{t'_R}{W}\right)^2 \tag{3-13}$$

式中，t'_R 为组分的调整保留时间；$W_{h/2}$、W 为该组分的半高峰宽和峰宽。

从色谱流出曲线上，可以得到以下重要信息：

a. 根据色谱峰的个数，可以判断样品中所含组分的最少个数；

b. 根据色谱峰的保留值或位置，可以进行定性分析；

c. 根据色谱峰下的面积或峰高，可以进行定量分析；

d. 色谱峰的保留值及其区域宽度，是评价色谱柱分离效能的依据；

e. 色谱峰两峰间的距离，是评价固定相和流动相选择是否合适的依据。

用气相色谱进行定性分析，就是确定每个色谱峰代表何种物质。具体说来，就是根据保留值或与其相关的值来进行判断，但应该指出，在许多情况下，还需要与其他一些化学方法或仪器方法相配合，才能准确地判断某些组分是否存在。

4. 色谱法的特点

(1) 高选择性 色谱分析法对那些性质极为相似的物质，如同系物、烃类异构体等具有良好的分离效果。

(2) 高效能 色谱分析法对那些沸点极为相近的多组分混合物和极其复杂的多组分混合物，有能力改善它们的峰形，使各组分彼此间有良好的分离效能。

(3) 高灵敏度 一般采用高灵敏度的检测器可检测出 $10^{-11} \sim 10^{-13}$ g 的物质的量，所以可在痕量分析中大显功效。

(4) 分析速度快 一般较复杂的样品可在几分钟到几十分钟内完成。快速分析方法可在一秒钟内分析 6～7 个组分。

(5) 应用广泛 色谱法分析的物质很多，可直接对有机物本身或其衍生物进行分析，而无机物可转化为金属卤化物、金属螯合物等再进行分析，高分子或生物大分子则可通过裂解色谱法进行分析。

二、气相色谱分离原理

色谱分离的原理就在于由流动相在同一时刻带动进入色谱柱中的各组分，由于与固定相产生了某种相互作用（溶解、吸附、萃取、络合、离子交换等），使得试样分子在流动相和固定相之间进行了量的分配。由于试样中各组分本身的物理和化学性质不同，因此与固定相发生的作用也有所不同，从而在固定相和流动相之间就有了不同大小的分配比，造成各组分沿色谱柱随流动相进行向前运动的速度有所差异。当经过适当长度的色谱柱后，各组分反复在两相之间进行了多次的分配（一般多达 $10^3 \sim 10^6$ 次），使得各组分之间出现一定的距离，按先后次序从色谱柱中流出，从而达到分离的目的。

三、气相色谱仪

尽管国内外气相色谱仪的型号和种类很多，但均由以下五大系统组成：气路系统、进样系统、分离系统、温度控制系统以及检测和记录系统。其结构示意图见图 3-14，仪器实物图见图 3-15。

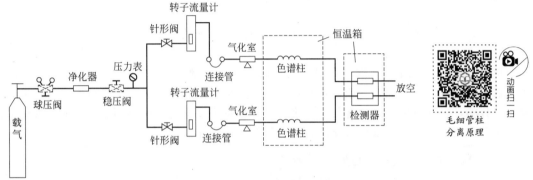

图 3-14　气相色谱仪结构示意图

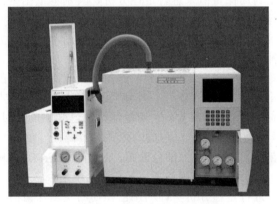

图 3-15　气相色谱仪实物图

1. 气路系统

气相色谱仪具有一个让载气连续运行、管路密闭的气路系统。该系统由以下部分组成。

（1）载气　气相色谱中常用的载气有氢气、氮气、氦气和氩气。它们一般都是由相应的高压钢瓶供给。选用载气应取决于仪器的检测器和其他一些具体因素。

（2）气路结构　主要有两种气路形式：单柱单气路和双柱双气路。前者用于恒温分析，后者适用于程序升温，一般后者居多。

（3）净化器　用来提高载气纯度的装置，净化剂主要有活性炭、硅胶和分子筛、105 催化剂，分别用来除去烃类杂质、水分、氧气。

（4）稳压恒流装置　仪器工作中要求载气流速稳定。在恒温色谱中，于一定操作条件下，整个系统阻力不变，因此可用一个稳压阀使柱子的进口压力稳定，保持流速恒定。在程序升温色谱中，柱内阻力不断增加，载气的流速逐渐减小，因此必须在稳压阀后串接一个稳流阀。

2. 进样系统

进样系统包括进样装置和气化室。其作用是将液体试样在进入色谱柱前瞬间气化，然后快速定量地转入色谱柱中。进样量的大小、进样时间的长短、试样的气化速度等都会影响色谱的分离效率和分析结果的准确性及重现性。

(1) 进样装置　液体样品的进样，一般用微量注射器，常用规格有 $1\mu L$、$5\mu L$、$10\mu L$ 和 $50\mu L$ 等。气体样品的进样，常用仪器本身配置的六通阀进样。

(2) 气化室　使样品在其间进行瞬间气化，要求其热容量大，无催化效应。

3. 分离系统

气相色谱仪的分离系统即为色谱柱，由柱管和装填在其中的固定相等所组成。由于混合物各组分的分离在这里完成，所以它是色谱仪中最重要的部件之一。

4. 温度控制系统

用来设定、控制、测量色谱柱、气化室、检测器三处的温度。

5. 检测器和记录系统

检测器是一种将载气里被分离组分的量转变为易于测量的信号（一般为电信号）的装置。根据检测方法的不同，一般有热导检测器、火焰电离检测器、火焰光度检测器、电导检测器等分类，目前各类检测器有几十种之多，可根据需要进行选择使用。目前的信号记录系统已全部采用计算机，可以很方便地得到分析结果和信息。

四、气相色谱定性、定量分析方法

1. 气相色谱的定性分析方法

在色谱分析中一般是利用保留值来进行定性分析，其基本依据是：两个相同的物质在相同的色谱条件下应该具有相同的保留值。

(1) 利用已知物直接对照进行定性方法　这是一种最简单的定性方法，在具有已知标准物质的情况下使用这一种方法：将未知物和已知物在同一根色谱柱上，用相同的色谱操作条件进行分析，作出色谱图后进行对照比较。为了避免载气流速和温度的微小变化而引起的保留时间的变化对定性分析结果带来的影响，一般可用以下两种方法来定性：利用相对保留值来定性和用已知物增加峰高法定性。前者就是利用被测物与已知物的相对保留值作为定性依据，而后者则是在得到未知样品的色谱图后，在未知样品中加入一定量的已知纯物质，然后在同样的色谱条件下，作已加纯物质的未知样品的色谱图，对比两张色谱图，哪个峰增高了，则该峰就是加入的已知纯物质的色谱峰。这是确认某一复杂样品中是否含有某一组分的最好办法。

(2) 利用文献值对照进行定性分析　即利用已知物的文献保留值与未知物的测定保留值进行比较对照来进行定性分析。为保证已知物的文献保留值和未知物的实测保留值有可比性，就必须从理论上解决保留值的通用性及其可重复性，为此，现在国际上使用最为广泛的定性指标就是保留指数 (I)。用该指标定性时需要知道被测的未知物是属于哪一类的化合物，然后在文献中查找分析该类化合物所用的固定相和柱温等色谱条件。一定要用文献上给出的色谱条件来分析未知物，并计算它的保留指数，然后再与文献中所给出的保留指数值进行对照，给出未知物的定性分析结果。

(3) 利用保留值规律进行定性分析　这类方法一般有：双柱定性法、碳数规律定性法和沸点规律定性法。是一些利用各种经验规律来进行定性的方法，它们可以跟前面所述的两种方法进行结合，能大大提高定性分析结果的准确度。此处不再多述。

2. 气相色谱的定量分析方法

在色谱分析中，某些条件限定下，色谱峰的峰高或峰面积与所测组分的数量（或浓度）

成正比。因此，色谱定量分析的基本公式为：

$$w_i(c_i) = f_i A_i(h_i) \tag{3-14}$$

式中，w_i 为组分 i 的质量；c_i 为组分 i 的浓度；f_i 为组分 i 的校正因子，与检测器的性质和被测组分的性质有关；A_i 为组分 i 的峰面积；h_i 为组分 i 的峰高。在色谱定量分析中，何时采用 A_i，何时采用 h_i 可在下面的定量分析方法中讨论。

（1）定量校正因子的测定

① 绝对校正因子。在色谱定量分析的基本公式中，f_i 为组分 i 的校正因子，其物理意义为单位峰面积所代表的 i 组分的量，是一个与 i 组分的物理化学性质和检测器的性质有关的常数。

对同一个检测器，等量的不同物质其响应值不同，但对同一物质其响应值只与该物质的量（或浓度）有关。根据色谱定量分析的基本公式可以计算出定量校正因子：

$$f_i = \frac{m_i(c_i)}{A_i(h_i)} \tag{3-15}$$

式中，$A_i(h_i)$ 为 i 组分的峰面积（峰高）；$m_i(c_i)$ 为 i 组分的质量（浓度）。

由此法测定出的校正因子称为绝对校正因子，只适用于测定它的这一个检测器，在色谱定量分析中的使用有很大的局限性，为此常用相对校正因子来进行定量分析。

② 相对校正因子。相对校正因子 f 是某物质 i 与基准物质 s 的绝对校正因子之比，即：

$$f = \frac{f_i}{f_s} = \frac{m_i(c_i)A_s(h_s)}{m_s(c_s)A_i(h_i)} \tag{3-16}$$

式中，f 为相对校正因子；f_i 为 i 物质的绝对校正因子；f_s 为基准物质的绝对校正因子；$m_i(c_i)$ 为 i 物质的质量（浓度）；$A_i(h_i)$ 为 i 物质的峰面积（峰高）；$m_s(c_s)$ 为基准物质的质量（浓度）；$A_s(h_s)$ 为基准物质的峰面积（峰高）。

通常将相对校正因子简称为校正因子，是一个无量纲值，数值与所用的计量单位有关。根据物质量的表示方法不同，校正因子可分为用质量来表示物质量的质量校正因子 f_m 和用摩尔数表示物质量的摩尔校正因子 f_M。

（2）色谱定量分析方法

① 归一化法。把所有出峰的组分含量之和按 100％ 计的定量方法，称为归一化法。当样品中所有组分均能流出色谱柱，并在检测器上都能产生信号的样品可用该法定量，其中组分 i 的质量分数可按式(3-17)计算：

$$w_i = \frac{f_i' A_i}{\sum\limits_i f_i' A_i} \times 100\% \tag{3-17}$$

式中，A_i 为组分 i 的峰面积；f_i' 为 i 组分的质量校正因子。

当 f_i 为摩尔校正因子或体积校正因子时，所得到结果分别为 i 组分的摩尔分数或体积分数。

归一化法是一种相对定量方法，其优点是简便、准确，特别是进样量不容易准确控制时，进样量的变化对定量结果的影响很小。其主要缺点在于校正因子的测定比较麻烦。

② 标准曲线法。也称外标法或直接比较法，是一种简便、快速的绝对定量方法。与分光光度分析中的标准曲线法相似，首先用欲测组分的标准样品绘制标准工作曲线。具体做法：用标准样品配制成不同浓度的标准系列，在与欲测组分相同的色谱条件下，等体积准确量进样，测量各峰的峰面积或峰高，用峰面积或峰高对样品浓度绘制标准工作曲线，此标准工作曲线应是通过原点的直线，标准工作曲线的斜率即为绝对校正因子。

在测定样品中的组分含量时，要用与绘制标准工作曲线完全相同的色谱条件作出色谱图，测量色谱峰的峰面积或峰高，然后根据峰面积或峰高在标准曲线上直接查得进入色谱柱中样品组分的浓度，也可通过式(3-18)计算这一浓度：

$$p_i/\% = f_i A_i(h_i) \tag{3-18}$$

式中，$A_i(h_i)$ 为 i 组分峰的峰面积（峰高）；f_i 为 i 组分标准工作曲线的斜率。

该法的优点是：绘制好标准工作曲线后测定工作就很简单了，计算时可直接从曲线上读出含量，对大批量样品分析十分合适。其缺点则为：每次样品分析的色谱条件很难完全相同，因此容易出现较大误差，另外，标准工作曲线绘制时，一般使用欲测组分的标准样品（或已知准确含量的样品），因此对样品前处理过程中欲测组分的变化无法进行补偿。

③ 内标法。选择适宜的物质作为欲测组分的参比物，定量加到样品中去，依据欲测组分和参比物在检测器上的响应值（峰面积或峰高）之比和参比物加入的量进行定量分析的方法称为内标法，该参比物称为内标物。该法可以克服标准曲线法中，每次样品分析时色谱条件很难完全相同而引起的定量误差，比标准曲线法定量的准确度和精密度都要好。但该法最主要的缺点就在于选择合适的内标物比较困难，内标物的称量要准确，操作较麻烦。

④ 标准加入法。实质上是一种特殊的内标法，是在选择不到合适的内标物时，以欲测组分的纯物质为内标物，加入到待测样品中，然后在相同的色谱条件下，测定加入欲测组分纯物质前后欲测组分的峰面积（或峰高），从而计算欲测组分在样品中的含量的方法。优点是：不需要另外的标准物质作内标物，只需欲测组分的纯物质，进样量不必十分准确，操作简单。缺点在于：要求加入欲测组分前后两次色谱测定的条件必须完全相同，以保证两次测定时的校正因子完全相等，否则将引起分析测定的误差。

五、气相色谱法应用举例

用气相色谱法测定聚苯乙烯中残留的苯乙烯单体。

该方法可用于气相色谱法测定聚苯乙烯中残留苯乙烯单体，同时它还可以用于测定聚苯乙烯中其他的挥发性芳烃。既适用于苯乙烯的均聚物，也适用于以丁二烯改性的聚苯乙烯。

若要使聚合物中的苯与甲苯也能得到测定，则可采用最后备注中的色谱条件。

1. 原理

将聚合物样品溶解于三氯甲烷或二氯甲烷中，加入甲醇使聚合物沉淀，将适量体积沉淀后的溶液注射到气相色谱仪中，使苯乙烯和其他的挥发性芳烃得到分离。该溶剂中含有已知量的正丁苯，作为定量计算的内标物。

2. 试剂

三氯甲烷或二氯甲烷，分析纯；甲醇，分析纯；正丁苯，分析纯；苯乙烯及其他芳烃，分析纯，苯乙烯必须是新蒸馏的，并且在 0℃ 下储存至需要使用时为止。当与等体积的甲醇混合时，苯乙烯应该呈现为透明的混合物；聚乙二醇，分子量为 15000～20000；硅藻土，上试 101（酸洗）或 Celite-545（酸洗），粒度 177～250μm；氮、氢和空气分别作为气相色谱的载气、可燃气及助燃气，如果使用热导检测器，也可用氢作载气；检测器，火焰电离检测器。

3. 操作步骤

（1）试样的制备　样品可取由粉末状、粒状或磨碎的材料。为便于溶解样品和尽可能使试样称量接近 1.5g，大块样品应粉碎成足够小的碎片。

（2）样品溶剂的配制　于 25mL 的烧瓶中称入（900±1）mg 的正丁苯，定量地转移到1000mL 容量瓶中，用三氯甲烷或二氯甲烷稀释到 1000mL。在稀释过程中，使液体保持在（20±2）℃ 的温度。

（3）样品溶液的配制　称 1.5g 聚合物的样品（称准至 1mg），转移至 100mL 的锥形瓶中，并用塞子盖好。用吸量管精确加 10mL 按上述配制的（20±2）℃的溶剂。密闭锥形瓶后，使聚合物溶解。如有需要可以摇动，待完全溶解后，用注射器或吸量管精确加入 5mL 保持在（20±2）℃的甲醇，剧烈振摇后，使沉淀沉积，为进行色谱分析，可用微量注射器从上层澄清的液体中抽取适量的溶液。

（4）标准溶液的配制　称（600±0.5）mg 的正丁苯以及适量的苯乙烯或另外要测定的烃。用体积比为 2:1 的三氯甲烷或二氯甲烷和甲醇的混合液，在容量瓶中稀释至 1000mL，配制成标准溶液，烃的合适量：苯乙烯为 100mg、200mg、500mg、800mg、1000mg；其他烃为 10mg、20mg、50mg、80mg、100mg。

所有应称量的烃都要准确至 0.5mg。在配制时液体的温度应为（20±2）℃。能在色谱图上互相分离的被测定的烃，可以混在一起配成一个或一组的标准溶液。为进行色谱分析应保存该溶液。

（5）气相色谱操作条件　色谱柱：长度为 4.5m，内径为 4mm 的金属管或玻璃管，柱子用硅藻土担体填充。硅藻土上涂渍 10%（质量分数）聚乙二醇。柱温：100℃恒温。注射口温度：150℃。检测器温度：150℃。载气：氮气。载气流量：60mL/min。

样品与标准溶液的气相色谱记录：根据所用的气相色谱仪的灵敏度，注射入适宜体积的样品溶液或标准溶液，所注射入的体积对结果的计算并不是关键的，但响应样品和标准溶液所注入的体积量应是相同的。

记录气相色谱图，直至正丁苯被完全流出，或者如要测定有更高保留时间的烃，则直至这些烃被完全流出。

4. 气相色谱峰值的估算

气相色谱峰值的估算见表 3-3。

表 3-3　气相色谱峰值的估算值

组分烃类	保留时间/min	对正丁苯的相对保留值
乙苯	9.33	0.38
异丙苯	11.77	0.48
正丙苯	14.22	0.58
苯乙烯	18.00	0.74
正丁苯（内标物）	24.47	1.00
α-甲基苯乙烯	26.55	1.08
面积(A)= 峰高×半高峰宽		

5. 结果的表示

如果采用被测芳烃的一组不同浓度的标准溶液，通过峰面积比率 A'_a/A'_s 对各自的浓度（mg/mL）作图可以得到标准图。然后由试样溶液测得的相应面积比率 A_a/A_s，可从标准图查得试样溶液中被测物质的浓度 C_a。其 A'_a 为标准溶液中要测的苯乙烯或其他烃的峰面积；A'_s 为标准溶液内标物（正丁苯）的峰面积；A_a 为试样溶液中要测的苯乙烯或其他烃的峰面积；A_s 为试样溶液中内标物（正丁苯）的峰面积。

聚苯乙烯中苯乙烯或其他挥发性芳烃化合物的质量分数 P_a 可由下式计算：

$$P_a = \frac{1.5C_a}{m_p} \times 100\% \tag{3-19}$$

式中，C_a 为试样溶液中苯乙烯或其他烃的浓度，mg/mL；m_p 为聚苯乙烯样品的质量，g。如果 m_p 的量是精确的 1.5g，按照本方法，则从标准图上查得的 C_a 数值与 P_a 的数值是相等的。

6. 备注

色谱柱长度为 1～2m，内径为 3mm 的金属管或玻璃管。柱子用多孔高分子小球（上试 407 或 Porapak-Q，80～100 目）填充，多孔高分子小球上涂渍 5%（质量分数）1,2,3,4-四-(2-氰乙氧基)-丁烷。柱温为 165～170℃恒温；注射口温度为 150℃；检测器温度为 150℃；载气为氮气；载气流量为 45mL/min；内标物为正辛烷。

第五节　凝胶渗透色谱

一、凝胶渗透色谱法的工作原理

凝胶渗透色谱法（GPC）又称排阻色谱法或凝胶过滤色谱法。它采用具有网状结构、多孔性的固定相，利用试样的组分分子对固定相的网状结构内部的渗透性的差异来分离各组分。渗透深的组分因不易洗脱而保留时间较大，渗透浅的则易洗脱而保留时间短。实际上它是按分子大小顺序进行分离的一种色谱方法，分子大的不易渗透而被排阻，小分子则易渗透，不被排阻，最后分离流出的顺序是与排阻分子的大小有关（见图 3-16）。

凝胶渗透色谱法的色谱峰窄，能迅速流出，易检测。它是一种最稳定的分离方法，不存在其他的保留机制，因而不会发生试样的化学变化和损耗，离子也不易失活。其缺点是对于分子大小相近的组分以及复杂多组分的分离不够满意。

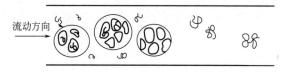

图 3-16　GPC 工作原理示意图

二、凝胶渗透色谱仪

凝胶渗透色谱的常用固定相有多孔型的半刚性凝胶和刚性凝胶两大类。凝胶是一类具有交联结构，能含大量液体（一般为水）的弹性物质（多聚体）。其中半刚性凝胶是以二乙烯基苯交联的聚苯乙烯，可稍耐压，常以有机溶剂作流动相。刚性凝胶则采用多孔硅胶，流动相可使用水和有机溶剂，其优点是机械性、热和化学稳定性好，可耐较高压。一般控制压强小于 7MPa、流速小于等于 1mL/s，否则将影响到孔径的大小，分离效率下降。

为了使凝胶湿润、溶胀，流动相常采用低黏度的溶剂。选择的溶剂还需能溶解试样，能与检测器相匹配。常用的流动相有四氢呋喃、甲苯、邻二氯苯、二氯乙烷、氯仿、苯、四氯化碳和水等。与其他色谱方法不同的是，凝胶渗透色谱的流动相不需要用改变组成的办法来调节分离。

三、凝胶渗透色谱法的应用

根据凝胶渗透色谱的特点，其应用主要在生物化学和高分子化学领域。适用于分子量大于 1000 的非离子型的高分子化合物的分离。由于流出的顺序与分子量大小有关，因此凝胶渗透色谱还可用于聚合物的分子量分布测定以及平均分子量的测定。凝胶渗透色谱（GPC）是一种基于分子大小的差异分离技术，对于单个大分子，如蛋白质、核酸等也同样获得很好的分离，其应用已进一步向有机化学及无机化学扩展。首先通过柱洗提出来的是分子量最高的部分，依次低分子量的部分物质洗提出来。

典型聚合物的双峰凝胶渗透色谱（GPC）图如图 3-17 所示，数字表示出了馏分数字，这些峰面积与排出体积成正比例，且与时间对应。

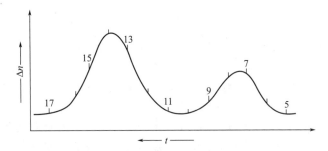

图 3-17 典型聚合物的双峰凝胶渗透色谱（GPC）图

图 3-18 所示色谱图，是把紫外吸收光谱仪作为凝胶渗透色谱仪检测器，测定有紫外吸收的聚合物溶液中聚合物的分子量及其分布，同时还能测定聚合物体系中有紫外吸收的添加剂的含量。图中，一个峰为 EP 接枝 PS 的共聚物，另一个峰为 PS 的均聚物。

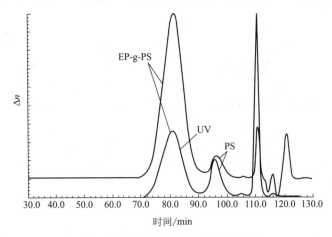

图 3-18 以 UV 做检测器的色谱图

阅读
材料

我国高分子材料事业的奠基人和开拓者——徐僖院士

徐僖先生（1921.1.16—2013.2.16）是我国高分子材料学科的开拓者和奠基人、我国高分子领域杰出的科学家和教育家、中国科学院院士、四川大学教授、原成都科技大学副校长、原高分子材料工程国家重点实验室主任、高分子研究所所长，解放军总后勤部军需部特邀顾问专家。

徐僖先生创建了我国第一家塑料厂、第一个塑料专业，被誉为"中国塑料之父"。

1944 年，徐先生毕业于浙江大学化工系，同时考取本校研究生，在染料专家侯毓汾的指导下研究五棓子染料。1944 年 12 月，他到内迁的唐山交通大学矿冶系担任化学基础课程助教。1947 年，他通过中华教育基金董事会的留美考试，到美国宾州李海大学化工系攻读硕士学位,他将 30 多公斤五棓子带到美国继续开展研究,以理论分析和实验结果证实了通过 1,2,3-苯三酚与糠醛的缩聚反应制得可与苯酚-甲醛塑料媲美的五棓子塑料,出色地取得了硕士学位。

徐僖先生念念不忘创建中国的塑料工业,他放弃了继续攻读博士学位的机会,到纽约州诺切斯特城柯达公司精细药品车间工作,学习设备和工艺流程。中华人民共和国成立前夕,他冲破重重阻碍,舍弃所有行李,随身只带一小箱笔记资料及一台小打字机回国,受聘为重庆大学化工系副教授。

世界上传统的塑料制法,是用煤炭和石油提取物为原料。而刚刚诞生不久的新中国,石油缺乏,石油化工一片空白,祖国西南工业基础更是十分薄弱,塑料制品奇缺,甚至连衣服钮扣和一般家用电器的插头、插座都很难买到。徐僖先生从五棓子这一丰富的土产资源入手,逐步创建了中国的塑料工业。1951 年春,他在重庆大学化工系建立了一个规模较大的棓酸塑料研究小组,采用自己设计的设备和工艺流程,进行五棓子塑料中试研究,1953 年 5 月 3 日,重庆棓酸塑料厂正式投产,这是由中国工程技术人员在西南地区自己设计、完全采用国产设备和国产原料的第一个塑料工厂。

徐先生始终倡导和坚持实事求是的作风,将全部精力投入高分子材料学科的建设和教学工作。1959 年他开始招收研究生,1960 年编著出版了中国高等学校第一本高分子教科书《高分子化学原理》。他在高分子降解和共聚、高分子氢键复合、高分子共混材料的形态和性能等领域作出了突出的贡献。与此同时,他十分重视理论联系实际,注意使教育工作与科研工作面向经济建设,主动为生产建设服务,开展了油田高分子材料的应用开发以及扎根石油化工企业的工作。

德高为师,学高为范。1953 年春,徐先生在原四川化工学院筹建中国高等学校第一个塑料专业。他夜以继日地工作,亲自拟订教学大纲,编写教材,筹集仪器设备。这年夏季,即开始面向全国招生。

1964 年,他创办了中国高等学校第一个高分子研究所。1981 年,他被评为中国首批博士生导师。他对学生的学术道德要求极其严格,他常用自己的亲身经历教育学生热爱祖国,他说:"生为中国人,永远不能背离祖国,要为她工作,使她早日富强起来。"他胸怀宽阔,毫无保留地对学生和中青年教师传授他的科学思想和学术见解。1989 年,国家教委授予他"高分子材料学科建设和高层次人才培养国家级优秀奖",中国化学会授予他"高分子化学育才奖"。

徐僖院士淡泊名利,正直无私,为人正直,崇奉清廉,痛恨以权谋私。"人生的乐趣在于无私奉献,饮水思源,助人为乐"是他的人生格言;"中国人能在世界上普遍受到尊重"是他的最大心愿,这是他对共和国院士崇高品德的最好诠释。

材料引自:柴玉田. 我国高分子材料事业的奠基人和开拓者——记中国科学院院士徐僖[J]. 化工管理,2014,5:62-67.

复 习 题

1. 为什么分子吸收光谱是一种带状光谱?
2. 在采用分光光度法测定被测试样组分时,为什么通常选择最强吸收带的最大吸收波长为测量的入射波长?
3. 在采用分光光度法测定被测试样组分时,为什么一般要选用参比溶液进行参比对照?
4. 被测试样溶液的酸度对显色反应有何影响?

5. 在分光光度法分析中，通常可采用哪些方法消除干扰？

6. 紫外、可见分光光度法在定性分析中的应用主要有哪些？

7. 试说明影响红外光谱的主要原因。

8. 利用红外光谱法测定一种仅溶于水的试样，可以采用哪些方法制备试样？

9. 现有两个组分的混合试样，都有一个互不干扰的特征吸收峰，欲用 KBr 压片法制备试样，测定其各自的含量，试提出实验方案。

10. 简要说明气相色谱法的基本原理。气相色谱仪有哪些主要部件，各有什么作用？

11. 气相色谱定性的依据是什么？主要有哪些定性方法？

12. 气相色谱定量的依据是什么？有哪些主要的定量方法？各适用于什么情况？

13. 什么是保留指数？

第四章

高分子材料的鉴别和分析

学习目标

掌握高分子材料中的元素检测，掌握常见橡塑材料及其助剂的鉴定和分析的方法。了解橡塑材料的用途和外观。

第一节　高分子材料的外观和用途

对一个未知的高分子试样进行剖析时，首先应该通过眼看手摸，从其外观上初步判断其是属于哪一类，另外还要了解其来源，并尽可能多地知道使用情况。这些信息对指引下一步的剖析方向是很重要的。

一、高分子材料的外观

1. 透明性和颜色

大部分塑料由于部分结晶或有填料等添加剂而呈半透明或不透明，大多数橡胶也因为含有填料而不透明，所以完全透明的橡塑制品较少。常见用于透明制品的高分子材料主要有：丙烯酸酯和甲基丙烯酸酯类、聚碳酸酯、聚苯乙烯、聚氯乙烯等。

透明性一般与试样的厚度、结晶性、共聚组成和所加添加剂等有关。一些材料往往在厚度较大时呈半透明或不透明，而在厚度小的时候呈现透明状态。少量的有机颜料对制品的透明性影响不大，但无机颜料则会明显影响透明性。一些塑料材料在结晶度低的时候是透明的，但结晶度高时则成为不透明的。

大多数塑料制品和化纤可以自由着色，只有少数有相对固定的颜色。未加填料或颜料的树脂本色可分为三类，一为无色透明或半透明，一为白色，一为其他颜色。固态树脂通常有两种形态，一种为粉末，另一种为颗粒。

2. 塑料制品的外形

（1）塑料薄膜　常见的品种有聚乙烯膜、聚氯乙烯膜、聚丙烯膜、聚苯乙烯膜、尼龙膜等。

（2）塑料板材　主要有 PVC 硬板、塑料贴面板、酚醛层压纸板、酚醛玻璃布板等。

（3）塑料管材　用做管材的树脂有聚乙烯、聚氯乙烯、聚丙烯、尼龙、ABS、聚碳酸酯、聚四氟乙烯等。

（4）泡沫塑料　主要有聚苯乙烯泡沫、聚氨酯泡沫、聚氯乙烯、聚乙烯、EVA、聚丙烯、酚醛树脂、脲醛树脂、环氧树脂、丙烯腈和丙烯酸酯共聚物、ABS、聚酯、尼龙等。

3. 手感和机械性能

高密度聚乙烯、聚丙烯、尼龙 6、尼龙 610 和尼龙 1010 等，表面光滑、较硬、强度较大，尤其尼龙的强度明显优于聚烯烃。

低密度聚乙烯、聚四氟乙烯、EVA、聚氟乙烯和尼龙 11 等，表面较软、光滑、有蜡状感，拉伸时易断裂，弯曲时有一定韧性。

硬聚氯乙烯、聚甲基丙烯酸甲酯等，表面光滑、较硬、无蜡状感，弯曲时会断裂。

软聚氯乙烯、聚氨酯有橡胶般的弹性。

聚苯乙烯质硬、有金属感，落地有清脆的金属声。

ABS、聚甲醛、聚碳酸酯、聚苯醚等质地硬，强韧，弯曲时有强弹性。

二、高分子材料的用途

高聚物材料在日常生活和国民经济中应用广泛，这里简单列举一些例子。

1. 聚烯烃类

低密度聚乙烯：薄膜、日用品、容器、管子、线带等。

高密度聚乙烯：容器、各种型号管材、薄膜、日用品、机械零件等。

聚丙烯：容器、日用品、电器外壳、电器零件、包装薄膜、纤维、管、板、薄片、医院和实验室器具等。

2. 苯乙烯类

聚苯乙烯：日用品、设备仪表盘及零件、光学仪器、透镜、泡沫、硬容器、透明模型等。

ABS：电子电器、汽车、手提箱、化妆品容器、玩具、钟表、照相机零件等。

3. 含卤素高聚物

聚氯乙烯：农用薄膜、包装用薄片、人造革、电器绝缘层、防腐蚀管道、储槽、玩具、容器、建材、纤维等。

聚四氟乙烯：机械轴承、活塞环、衬垫、密封材料、阀、隔膜、电器、不粘器具、医疗器材、纤维等。

4. 其他碳链高聚物

聚乙烯醇：胶黏剂、助剂、涂料、薄膜、胶囊、化妆品等。

丙烯酸酯类：机械、仪表箱、电话机、笔、扣子、黏合剂、光学配件等。

聚甲基丙烯酸甲酯：灯罩、仪表板和罩、防护罩、光学产品、医疗器械、文具、装饰品等。

聚丙烯腈：纤维、用于化妆品、药品的容器等。

5. 杂链高聚物

聚乙二醇：水溶性包装薄膜、织物上浆剂、保护胶体。

尼龙：纤维、机械、电器、管材、包装用薄膜、粉末涂料、汽车刮水器传动装置、散热器风扇、拉杆等。

6. 树脂

酚醛树脂：电子电器、机械、汽车制动器、厨房用具把柄、涂料、层压板、黏合剂、纸张上胶剂等。

脲醛树脂：电器旋钮、插塞、开关、文具、钟表外壳、黏合剂、涂料、层压板等。

不饱和聚酯：交通工具、建材、电器、化工管路、压滤器、钓竿、滑雪板、高尔夫球、雪橇、家具、雕塑、工程挡板、涂料、胶泥、黏合剂、层压板、预埋和封装材料等。

环氧树脂：玻璃钢、胶黏剂、涂料、层压板、树脂模具、电器绝缘、聚氯乙烯的稳定剂等。

7. 橡胶

天然橡胶、异戊橡胶、丁苯橡胶、顺丁橡胶：用于轮胎、胶管、胶带、鞋业、模型制品、电线电缆绝缘、减震制品、医疗制品、胶黏剂、运动器材、浸渍制品、织物涂料等。

氯丁橡胶：用于阻燃制品、消防器材、井下运输皮带、电缆绝缘、胶黏剂、模型制品、胶布制品、耐热运输带等。

丁腈橡胶：特别用于耐油制品、输油管、工业用胶辊、储油箱、油管、耐油运输带、化工衬里、耐油密封垫圈等。

第二节 显色和分离提纯试验

显色试验是在微量或半微量范围内用点滴试验来定性鉴别高聚物的方法。一般添加剂通常不参与显色反应，所以可直接采用未经分离的高聚物材料，但为了提高显色反应的灵敏度，最好还是先将其分离后再测定。

一、塑料的显色试验

1. Liebermann Storch-Morawski 显色试验

塑料显色反应原理

取几毫克试样于试管中，令其溶于 2mL 热乙酐中，待冷却后加 3 滴质量分数为 50% 硫酸，立即观察颜色变化。放置 10min 同时用水浴加热至约 100℃（比沸点略低），再次观察记录颜色变化。该方法试剂的温度和浓度必须稳定，否则同一聚合物会出现不同的颜色。表 4-1 列出高聚物材料的 Liebermann Storch-Morawski 显色试验。

表 4-1　高聚物材料的 Liebermann Storch-Morawski 显色试验

高聚物材料	立即观察	10min 后观察	加热到 100℃后观察
聚乙烯醇	无色或微黄色	无色或微黄色	绿至黑色
聚醋酸乙烯	无色或微黄色	无色或蓝灰色	海绿色,然后棕色
乙基纤维素	黄棕色	暗棕色	暗棕至暗红色
酚醛树脂	红紫、粉红或黄色	棕色	红黄至棕色
不饱和聚酯	无色,不溶部分为粉红色	无色,不溶部分为粉红色	无色
环氧树脂	无色至黄色	无色至黄色	无色至黄色
聚氨酯	柠檬黄	柠檬黄	棕色,带绿色荧光
聚丁二烯	亮黄色	亮黄色	亮黄色
氯化橡胶	黄棕色	黄棕色	红黄至棕色

2. 对二甲氨基苯甲醛显色试验

在试管中小火加热 5mg 左右的试样令其裂解，冷却后加 1 滴浓盐酸，然后加 10 滴质量分数为 1% 的对二甲氨基苯甲醛的甲醇溶液。放置片刻，再加 0.5mL 左右的浓盐酸，最后用蒸馏水稀释，观察整个过程中颜色的变化。表 4-2 列出高聚物材料与对二甲氨基苯甲醛的显色试验。

表 4-2 高聚物材料与对二甲氨基苯甲醛的显色试验

高聚物材料	加浓盐酸后	加对二甲氨基苯甲醛后	再加浓盐酸后	加蒸馏水后
聚乙烯	无色至淡黄色	无色至淡黄色	无色	无色
聚丙烯	淡黄色至黄褐色	鲜艳的红紫色	颜色变淡	颜色变淡
聚苯乙烯	无色	无色	无色	乳白色
聚甲基丙烯酸甲酯	黄棕色	蓝色	紫红色	变淡
聚碳酸酯	红至紫色	蓝色	紫红至红色	蓝色
尼龙66	淡黄色	深紫红色	棕色	乳紫红色
聚甲醛	无色	淡黄色	淡黄色	更淡的黄色
聚氯丁二烯	不反应	不反应	不反应	

3. 吡啶显色试验鉴别含氯高聚物

(1) 与冷吡啶的显色反应　取少许无增塑剂的高聚物试样，加入约 1mL 吡啶，放置几分钟后加入 2~3 滴质量分数约为 5% 氢氧化钠的甲醇溶液，立即观察产生的颜色，过 5min 和 1h 后分别观察并记录颜色变化。表 4-3 列出用冷吡啶处理含氯高聚物的显色反应。

表 4-3 用冷吡啶处理含氯高聚物的显色反应

高聚物材料	立即	5min 后	1h 后
聚氯乙烯粉末	无色至黄色	亮黄色至红棕色	黄棕色至暗红色

(2) 与沸腾的吡啶的显色反应　取少许无增塑剂的高聚物试样，加入约 1mL 吡啶煮沸，将溶液分成两份。第一部分重新煮沸，小心加入 2 滴质量分数为 5% 氢氧化钠的甲醇溶液，分别记录立即观察和 5min 后观察到的颜色变化；第二部分在冷溶液中加入 2 滴同样的氢氧化钠的甲醇溶液，分别记录立即观察和 5min 后观察到的颜色变化。表 4-4 为用沸腾的吡啶处理含氯高聚物的显色反应。

表 4-4 用沸腾的吡啶处理含氯高聚物的显色反应

高聚物材料	在沸腾溶液中		在冷溶液中	
	立即	5min 后	立即	5min 后
聚氯乙烯	橄榄绿色	红棕色	无色或微黄色	橄榄绿色
氯化聚氯乙烯	血红色至棕红色	血红色至棕红色	棕色	暗棕红色
聚偏二氯乙烯	棕黑色沉淀	棕黑色沉淀	棕黑色沉淀	棕黑色沉淀
聚氯丁二烯	无反应	无反应	无反应	无反应
氯化橡胶	暗红棕色	暗红棕色色	橄榄绿色	橄榄棕色
氢氯化橡胶	一般无可观察到的反应			

4. 一氯醋酸和二氯醋酸显色试验鉴别单烯类高聚物

取几毫克粉碎了的试样于试管中，加入约 5mL 二氯醋酸或熔化了的一氯醋酸，加热至沸腾约 1~2min。观察颜色变化。若煮沸 2min 后仍不显色，则为否定的负结果。表 4-5 为单烯类高聚物与一氯醋酸和二氯醋酸的显色反应。

表 4-5 单烯类高聚物与一氯醋酸和二氯醋酸的显色反应

高聚物材料	一氯醋酸	二氯醋酸
聚氯乙烯	蓝色	红色至紫色
氯化聚氯乙烯	无色	无色
聚醋酸乙烯	红色至紫色	蓝色至紫色
聚氯代醋酸乙烯	蓝色至紫色	蓝色至紫色

5. 铬变酸显色实验鉴别含甲醛高聚物

取少量试样放入试管中，加入 2mL 浓硫酸及少量铬变酸，在 $60\sim70℃$ 下加热 10min，静置 1h 后观察颜色，出现深紫色表明有甲醛。同时做一空白试验对比。

6. Gibbs 靛酚显色试验鉴别含酚高聚物

在试管里加热少许试样不超过 1min，用一小片浸有 2,6-二氯（或溴）苯醌-4-氯亚胺的饱和乙醚溶液并风干的滤纸盖住管口。试样分解后，取下滤纸置于氨蒸气中或滴上 $1\sim2$ 滴稀氨水，若出现蓝色的靛酚蓝斑点表明有酚（包括甲酚、二甲酚）。

二、橡胶的显色试验

在试管中裂解 0.5g 试样（必要的话，先用丙酮萃取），将裂解气通入 1.5mL 的反应试剂中。冷却后，观察在反应试剂中的裂解产物的颜色。氯磺化聚乙烯的裂解产物会浮在液面上，丁基橡胶的裂解产物则悬浮在液体中，而其他橡胶的裂解产物或溶解或沉在底部。进一步将裂解产物用 5mL 甲醇稀释，并煮沸 3min，观察颜色。

反应试剂制备：将 1g 对二甲氨基苯甲醛和 0.01g 对苯二酚在温热的条件下溶解于 100mL 甲醇中，加入 5mL 浓盐酸和 10mL 乙二醇，在 25℃下用甲醇或乙二醇调节溶液的相对密度到 0.851，该反应试剂在棕色瓶中可保存几个月。表 4-6 列出了橡胶的 Burchfield 显色反应。

表 4-6 橡胶的 Burchfield 显色反应

橡 胶	裂 解 产 物	加甲醇和煮沸后
空白	微黄色	微黄色
天然橡胶、异戊橡胶	红棕色	红至紫色
聚丁二烯橡胶	亮绿色	蓝绿色
丁苯橡胶	黄至绿色	绿色
丁腈橡胶	橙至红色	红至红棕色
丁基橡胶	黄色	蓝至紫色
硅橡胶	黄色	黄色
聚氨酯弹性体	黄色	黄色

三、鉴别

综合性的鉴别可采用如图 4-1 的流程进行。

四、分离提纯试验

由于高聚物中加有各种添加剂和加工助剂，所以在进行高聚物分析鉴别前往往要对其进行分离提纯，一般分离的方法主要有三种：用溶剂和沉淀剂进行的溶解-沉淀分离，用萃取剂进行的萃取提纯，真空蒸馏提纯分离。在高聚物分离提纯中经常采用的是前两种。

1. 溶解-沉淀法

对于可溶性的高聚物材料，可以选择一种适当的溶剂将高聚物完全溶解。先过滤或离心除去不溶解的无机填料、颜料等，然后加入过量（$5\sim10$ 倍）的某沉淀剂使高聚物沉淀，将一些可溶性添加成分留在溶液中。通过过滤或离心除去高聚物沉淀后，蒸发掉溶剂而回收添加成分。所选的溶剂应当能溶解有机添加成分，而所选的沉淀剂须与该溶剂无限互溶。

萃取提纯法
原理

2. 萃取提纯法

萃取可用两种方法，一种是回流萃取，另一种是用索氏抽提器连续萃取。如果高聚物材

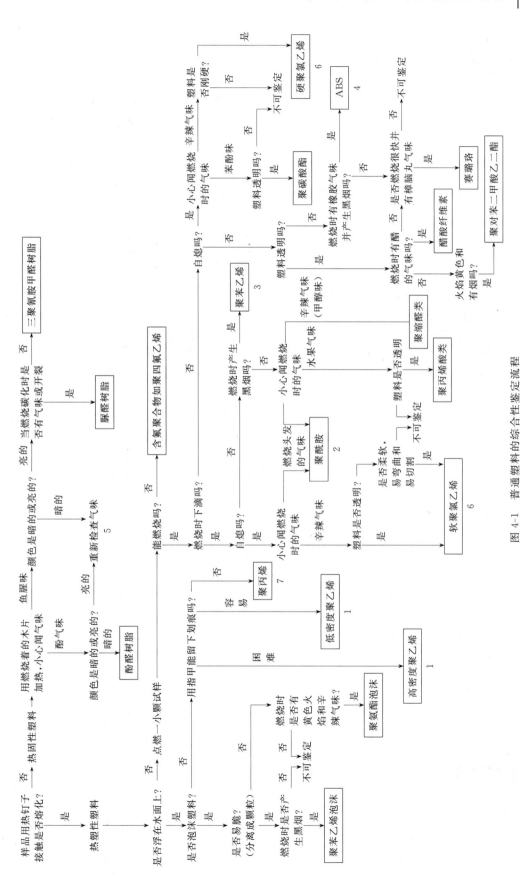

图 4-1　普通塑料的综合性鉴定流程

1—聚乙烯燃烧时带常蜡烛的气味；2—聚酰胺用以下方法证实：使用一根冷的金属针（如钉子、接触金属针的塑料并迅速熔拉开、尼龙能形成丝；3—聚苯乙烯用以下方法证实：敲击时有金属声；4—丙烯腈-丁二烯-苯乙烯共聚物；5—酚醛树脂通常色泽是黑色或棕色，其他树脂通常色泽较亮；6—聚氯乙烯通过在火焰上呈绿色证实；7—聚丙烯燃烧时有热机油的气味

料中的可溶性添加成分含量较少，用回流萃取的方法较方便快捷，有时甚至不用加热回流，只需与溶剂混合后静置，或经常性给予摇振即可。但如果添加成分含量大，回流萃取常不完全，因为溶解会达到饱和而终止。这时可采用索氏抽提器连续萃取，这时所用溶剂的密度应小于试样，否则试样会流出器皿。

萃取法主要是选择好溶剂，溶剂不能与试样中的有关组分发生反应，还要避免部分溶解高聚物或被高聚物强烈吸附。另外应尽可能增大试样的比表面积，以增加与萃取剂的接触。为防止高聚物氧化，萃取时最好在氮气保护下进行。

第三节 元 素 检 测

一般用于检测元素的系统方法主要有两种，一种为钠熔法，可用于元素的定性分析；另一种为氧瓶燃烧法，既可用于元素的定性分析，也可用于元素的定量分析。

1. 高分子元素定性分析

通常需先将高分子材料中各种助剂分离除去后，再作高聚物组成元素定性分析。在常见高聚物中可能遇到的元素有 C、H、O、N、S、Cl、Br、F、P、Si、B、Ti，由于高聚物中总含碳，并常含有氢，且尚未有简易检出氢、氧的方法，因此在作高聚物元素定性分析时，一般不作碳、氢、氧的鉴定。高聚物元素定性方法与一般的有机元素定性方法相同，通常是先将试样分解，使这些元素变成相应的无机离子后，再分别加以鉴定。分解试样常用的方法有钠熔法、过氧化钠镍弹法、氧瓶燃烧法等，见表 4-7。

表 4-7 试样分解方法

方法	可检元素
钠熔法	N、S、卤素
氧瓶燃烧法	N、S、卤素、P、B
碳酸钠熔融法	Si、P、卤素
过氧化钠镍弹法	卤素、P、Si

2. 高分子元素定量分析

高分子组成元素定量分析可为进一步识别高聚物提供信息，而且在已知含有何种高聚物的一些场合，可用于高聚物含量的测定和共聚或共混高聚物中组分比的决定。高分子元素的定量测定方法与一般的有机元素定量分析方法相同。

这两种方法都是将高分子试样进行分解后，使其中的元素转化为离子形式，然后对其进行测定的。由于高分子材料中往往含有各种添加剂或杂质，所以在进行元素检测之前，应对试样进行预处理，先将其经过分离和提纯后再进行元素检测，以正确判断元素的来源，得到正确的剖析结果。

一、钠熔法

1. 试液的制备

在裂解管中放入 50～100mg 粉末试样及一粒豌豆大小的金属钠（或钾）。在本生灯上加

钠熔法基本原理

热至金属熔化，趁热把此裂解管放入盛有 10mL 蒸馏水的小烧杯内，让玻璃管炸裂，反应产物溶于水后，用移液管吸取烧杯中液体，作分析元素用。

该反应主要是金属钠在熔化状态时与试样中的杂原子反应生成氰化钠、硫化钠、氯化钠、氟化钠、磷化钠等化合物，由鉴别这些化合物而推测试样的类型。

2. 氮的测定

在制得的试液中加入一小勺硫酸亚铁，迅速煮沸，冷却后，加几滴质量浓度为 15g/L 的三氯化铁溶液，再用稀盐酸酸化至氢氧化铁恰好溶解。若溶液变成蓝绿色，并出现普鲁士蓝沉淀，则含有氮元素；若试样中氮元素含量少，则形成微绿色溶液，静置几小时后才有沉淀产生；若试样中无氮元素，则溶液仍为黄色。

$$6NaCN + FeSO_4 = Na_2SO_4 + Na_4[Fe(CN)_6]$$
$$3Na_4[Fe(CN)_6] + 4FeCl_3 = Fe_4[Fe(CN)_6]_3 \downarrow + 12NaCl$$

3. 氯的测定

把所得试液用稀硝酸酸化并煮沸，以除去硫化氢、氢氰酸。加入质量浓度为 20g/L 的硝酸银溶液几滴。若有白色沉淀，再加入过量的氨水，若沉淀溶解，则试样中含有氯元素。若出现浅黄色沉淀，且难溶于过量的氨水中，则试样中含有溴元素；若产生黄色沉淀，不溶于氨水，则含有碘元素。

$$Ag^+ + Cl^- = AgCl \downarrow$$
$$Ag^+ + Br^- = AgBr \downarrow$$
$$Ag^+ + I^- = AgI \downarrow$$

4. 氟的测定

在用醋酸酸化的试液中，加入 0.5mol/L 的氯化钙溶液，若有凝胶状沉淀生成，则试样中含有氟元素。

$$Ca^{2+} + 2F^- = CaF_2 \downarrow$$

5. 硫的测定

在制得的试液 1~2mL 中加入质量浓度为 10g/L 的亚硝酸铁氰化钠溶液，若出现深紫色，则表示有 S 元素存在。

$$Na_2S + Na_2[Fe(CN)_5NO] = Na_4[Fe(CN)_5NOS]$$

还可以在 1~2mL 试液中加几滴醋酸酸化之后，再加入 2mol/L 醋酸铅溶液几滴，有黑色沉淀生成则表明试样中含有 S 元素。

$$S^{2-} + Pb^{2+} = PbS \downarrow$$

6. 磷的测定

把所得试液用浓硝酸酸化后，加入钼酸铵溶液，加热 1min，若有黄色沉淀，则试样中含有 P 元素。

$$PO_4^{3-} + 3NH_4^+ + 12MoO_4^{2-} + 26H^+ + 2NO_3^- = (NH_4)_3PO_4 \cdot 12MoO_3 \cdot 2HNO_3 \cdot 2H_2O + 10H_2O$$

7. 溴的测定

取 1mL 的试液、1mL 冰醋酸和几毫克二氧化铅，在小试管中进行混合，用一张以质量浓度为 10g/L 的荧光黄的乙醇溶液浸湿的滤纸盖在试管口。若发现滤纸变为品红色，则说明存在溴元素；若变为棕色，则存在碘元素。

二、氧瓶燃烧法

氧瓶燃烧法操作简便，可以用于定性或定量地分析卤素、硫、磷、硼等元素。

1. 溶液的制备

仪器装置如图 4-2 所示，燃烧瓶为 300mL 或 500mL 的磨口、硬质玻璃锥形瓶，瓶塞应严密、空心，瓶塞底部熔封铂丝一根（直径为 1mm），铂丝下端作成网状或螺旋状，长度约为 40mm，可伸到瓶的中部。

精密称取研细的高分子试样（约 10~50mg），用一小块定量滤纸包好后，紧紧固定于铂丝下端的网内或螺旋处，使尾部露出。在燃烧瓶的底部注入 5mL 浓度为 0.2mol/L 的氢氧化钠作为吸收液，并将瓶

氧瓶燃烧法
原理

动画扫一扫

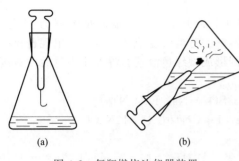

(a)　　　　　(b)

图 4-2　氧瓶燃烧法仪器装置

口用水湿润，小心急速通入氧气约 1min（通气管应接近液面，使瓶内空气排尽），立即用表面皿覆盖瓶口，移置它处；在通氧的最后阶段，点燃包有高分子试样的滤纸尾部，迅速放入燃烧瓶中，按紧瓶塞，并将燃烧瓶小心倾斜。燃烧刚开始时，应压紧瓶塞，勿使其冲出。燃烧完毕（应无黑色碎片），使燃烧瓶恢复直立，充分振摇，使生成的烟雾完全吸入吸收液中，放置 15min，用 20mL 蒸馏水冲洗瓶塞及铂丝，合并洗液及吸收液，得到 25mL 的测试溶液。并按同样的方法，另外做一个空白燃烧试验，以作比较。

2. 氯的测定

取 5mL 试液，加入 1mL 硫酸铁铵溶液混匀。加入 1.5mL 硫氰酸汞溶液。若试样中含氯，则溶液将变成橘红色。将溶液放置 10min 后，可利用分光光度计在 460nm 的波长下用标准曲线法进行定量分析。应注意以下几点。

（1）硫酸铁铵溶液配制　将 12g 硫酸铁铵溶于水中，加入 40mL 浓硝酸，用蒸馏水稀释到 100mL 并过滤。

（2）硫氰酸汞溶液的配制　将 0.4g 硫氰酸汞溶于 100mL 无水乙醇中。

（3）若试样中存在溴和碘，也会出现正结果，不过一般高分子中不含这两个元素。

3. 硫的测定

取 5mL 试液，加入 2 滴过氧化氢及 1.2mL 1mol/L 的盐酸，混合均匀后，一边摇动，一边加入 2.0mL 的沉淀剂。当试样中含有硫元素时，溶液中将出现局部浑浊的现象。将混合溶液静置 30min 后摇匀，可用分光光度计于 700nm 波长下采用标准曲线法进行定量测定。

沉淀剂在配制过程中应注意以下几点。

① 将 0.2g 胨溶解在 50mL 质量浓度为 10g/L 的氯化钡（$BaCl_2 \cdot 2H_2O$）溶液中。用 0.02mol/L 的盐酸中和至 pH＝5.0，加入 10g 分析纯的氯化钠并稀释至 100mL。在水浴上加热 10min，然后滴入几滴氯仿，必要时过滤，制得沉淀剂甲液。

② 将 0.4g 印度胶微热溶解于 200mL 蒸馏水中。加入 2.0g 氯化钡（$BaCl_2 \cdot 2H_2O$），必要时过滤，制得沉淀剂乙液。

③ 使用时，将 10mL 甲液用 100mL 乙液稀释成沉淀剂使用。

4. 氮的测定

称取 0.1g 间苯二酚，用 0.5mL 冰醋酸溶解，加入 5mL 试液，混匀后加入 0.1g 硫酸铁铵。若试样中含有氮元素，溶液将呈绿色，而空白应为灰黄色。将溶液静置 20min 后可用分光光度计在 690nm 的波长下用标准曲线法进行定量测定。

5. 磷的测定

取 2mL 试液，加入 40mL 蒸馏水和 4mL 钼酸铵溶液，完全混匀后加入 0.1g 抗坏血酸，煮沸 1min。在流水中冷却 10min，用蒸馏水稀释至 50mL。若试样中含有磷元素，则溶液将呈蓝色，空白试验为灰黄色。静置 20min 后，可用分光光度计在 820nm 下用标准曲线法对其进行定量测定。

试验中使用的钼酸铵溶液的配制过程：在水中溶解 10g 钼酸铵，稀释至 100mL，再于搅拌下加入到 300mL 体积比为 1：1 的硫酸中。

6. 氟的测定

取 20mL 蒸馏水和 2.4mL 茜素络合物溶液混匀，加入 1mL 试液，混匀后离心分离。再加入 0.0005mol/L 的硝酸铈溶液 2mL 后混匀。若试样中存在氟元素，溶液呈紫红色，空白为粉红色。静置 10min 后，可用分光光度计于 600nm 波长下用标准曲线法进行定量分析。

试验中使用的茜素络合物溶液的配制过程：称取 40.1mg 的 3-氨基甲基茜素-N,N-二乙酸，加入 1 滴 1mol/L 氢氧化钠溶液和约 20mL 蒸馏水，温热使试剂溶解，冷却并稀释至 208mL。另称取 4.4g 乙酸钠，用水溶解，再加入 4.2mL 冰醋酸并稀释至 42mL。将两者混匀即得到茜素络合物溶液。

三、元素的定量分析

1. 碳、氢、氧的测定

碳、氢的测定常用燃烧法进行，将试样在氧气流中及催化剂存在的条件下燃烧。将燃烧后生成的二氧化碳和水分别用碱和氯化钙吸收后称量，根据下式计算结果：

$$w_C = \frac{m_1}{m} \times 27.27\% \tag{4-1}$$

$$w_H = \frac{m_2}{m} \times 11.19\% \tag{4-2}$$

式中，w_C 为碳的质量分数；w_H 为氢的质量分数；m_1 为试样燃烧后生成的 CO_2 的质量，mg；m_2 为试样燃烧后生成的水的质量，mg；m 为试样的质量，mg；27.27 为 CO_2 气体中碳的百分含量；11.19 为水中氢的百分含量。

氧含量通常是在测完其他元素含量后用减法推算即可。

2. 氮的测定

在凯氏烧瓶里将 0.3～0.4g 试样、40mL 浓硫酸、1g 硫酸铜（$CuSO_4 \cdot 5H_2O$）、0.7g 氧化汞、0.5～0.7g 汞和 9g 无水硫酸钠进行混合，缓慢加热，煮沸 1h。然后将其转移到水蒸气蒸馏装置中，加入过量的 40% NaOH 溶液（其中加有 7g 硫代硫酸钠）。随水蒸气冷凝的氨（约 300mL）用一个装有 50mL 0.1mol/L 硫酸的接收器接收。用 0.2mol/L NaOH 滴定接收液，同时做空白试验。

氮的百分含量的计算：

$$w_N = \frac{14 \times (V_0 - V)c}{1000m} \times 100\% \tag{4-3}$$

式中，w_N 为氮的质量分数；V_0 为滴定空白所用氢氧化钠溶液的体积，mL；V 为滴定试样所用氢氧化钠溶液的体积，mL；c 为氢氧化钠溶液的浓度，mol/L；m 为试样的质量，g。

3. 硫的测定

硫的测定分为总硫的测定和游离硫的测定两类，下面分别进行介绍。

（1）总硫的测定　称量 0.1～0.3g 试样放入干燥洁净的镍弹中，加入 6～8 滴乙二醇，用 10～12g 过氧化钠覆盖。将镍弹盖好，用小煤气火焰加热（该操作应有防护措施以防意外）。10～30s 后电子点火，产生轻微的爆炸。让其反应 1min，然后用水冷却镍弹。打开盖后，用蒸馏水淋洗弹盖，把弹内物质和淋洗液都收集于烧杯中，待熔融物全部溶解后加蒸馏水至总体积为 200mL。加入 50mL 浓盐酸煮沸，缓慢加入 10mL 质量浓度为 10% 氯化钡溶液，进一步煮沸 10min，静置过夜，待析出硫酸钡沉淀。过滤出沉淀，经水洗后转移至瓷坩埚中放入马弗炉内于 800℃ 下灼烧 20～30min 至恒重，称量。

总硫的百分含量的计算：

$$w_{1S} = 13.74 \times \frac{m_1}{m} \times 100\% \tag{4-4}$$

式中，w_{1S} 为总硫的质量分数；m_1 为硫酸钡的质量，g；m 为试样的质量，g。

（2）游离硫的测定　取约 2g 压成薄片的试样放入 250mL 的锥形瓶中，加入 100mL 0.05mol/L 亚硫酸钠溶液，并加入 3～5mL 液体石蜡消泡。用表面皿盖住锥形瓶，慢慢加热沸腾 4h，此过程中亚硫酸钠会反应生成硫代硫酸钠。冷却后加入 5g 活性炭，静置 30min，吸附掉残余促进剂。过滤除去不溶的残渣，在滤液中加入 10mL 甲醛溶液（400g/L）以络合过量的亚硫酸钠。静置 5min 后，加入 5mL 冰醋酸及过量的 0.025mol/L 的碘溶液，使之与形成的硫代硫酸钠作用。过量的碘以 0.05mol/L 的硫代硫酸钠标准溶液回滴。

游离硫的百分含量的计算：

$$w_{2S} = \frac{32.06 \times (V_1 c_1 - V_2 c_2)}{1000m} \times 100\% \tag{4-5}$$

式中，w_{2S} 为游离硫的质量分数；V_1 为所加碘溶液的体积，mL；V_2 为滴定所消耗的硫代硫酸钠标准溶液的体积，mL；c_1 为碘溶液的浓度，mol/L；c_2 为硫代硫酸钠标准溶液的浓度，mol/L；m 为试样的质量，g。

4. 氯的测定

在总硫测定所得的试液中加入浓硝酸酸化，并慢慢加入 50.0mL 0.1mol/L 硝酸银，加热至沸腾。冷却后，过滤沉淀，用弱酸性（硝酸）的水溶液洗涤沉淀，然后将沉淀与 5mL 冷的饱和硫酸铁铵的弱酸性（硝酸）溶液混合。用 0.1mol/L 硫氰酸铵溶液回滴溶液中过量的银至出现微粉红色为终点。

氯的百分含量的计算：

$$w_{Cl} = \frac{35.46 \times (V_1 - V_2)c}{1000m} \times 100\% \tag{4-6}$$

式中，w_{Cl} 为氯的质量分数；V_1 为所加的 0.1mol/L 硝酸银的体积，mL；V_2 为消耗硫酸铁铵溶液的体积，mL；c 为硫酸铁铵溶液的浓度，mol/L；m 为试样质量，g。

5. 氟的测定

称取 0.15g 试样和约 3 倍于试样质量的金属钠一起放在镍坩埚中，小心用强火加热 90min。冷却后加入 10mL 无水乙醇，用热蒸馏水洗涤，转入 100mL 容量瓶中。用 15mL 蒸馏水煮沸坩埚三次，每次煮沸坩埚均并入容量瓶，用蒸馏水定容，混匀。取 20mL 该溶液经过一个阳离子交换柱，用总量 100mL 蒸馏水淋洗，用 0.1mol/L 氢氧化钾滴定洗出液，以混合指示剂指示终点。

当有氯存在时，可用弱硝酸溶液中和，以 0.1mol/L 硝酸银测定氯含量（见氯含量的测定）。

混合指示剂：溶解 125mg 甲基红和 85mg 亚甲基蓝于 100mL 甲醇中即可。

氟的百分含量： $$w_F = \frac{19 \times 5 \times (V_1 c_1 - V_2 c_2)}{1000m} \times 100\% \tag{4-7}$$

氯的百分含量： $$w_{Cl} = \frac{35.46 \times 5 \times V_2 c_2}{1000m} \times 100\% \tag{4-8}$$

式中，w_F 为氟的质量分数；w_{Cl} 为氯的质量分数；V_1 为氢氧化钾溶液的体积，mL；

V_2 为硝酸银溶液的体积，mL；c_1 为氢氧化钾溶液的浓度，mol/L；c_2 为硝酸银溶液的浓度，mol/L；m 为试样的质量，g。

第四节　塑料的鉴别和分析

一、聚烯烃

1. 熔点测定

聚烯烃的熔点差别较大，故可作为鉴别的依据。不同的聚烯烃举例如下。

聚乙烯（$\rho = 0.92\text{g/cm}^3$）约为 110℃；聚乙烯（$\rho = 0.94\text{g/cm}^3$）约为 120℃；聚乙烯（$\rho = 0.96\text{g/cm}^3$）约为 128℃；聚丙烯（$\rho = 0.90\text{g/cm}^3$）约为 160℃；聚异丁烯（$\rho = 0.91 \sim 0.92\text{g/cm}^3$）约为 124～130℃；聚（4-甲基-1-戊烯）（$\rho = 0.83\text{g/cm}^3$）约为 240℃。

2. 汞盐试验

在试管中裂解试样，用浸润过氧化汞硫酸溶液（将 5g 氧化汞溶于 15mL 浓硫酸和 80mL 水中制得）的滤纸盖住管口。滤纸上若呈现金黄色斑点表明是聚异丁烯、丁基橡胶或聚丙烯（后者要在几分钟后才出现斑点），聚乙烯没有该现象产生。天然橡胶、丁腈橡胶和聚丁二烯橡胶呈现棕色斑点。

聚丙烯与聚异丁烯的区分可将裂解气引入质量浓度为 50g/L 的醋酸汞的甲醇溶液中，然后将溶液蒸发至干，用沸腾的石油醚萃取剩下的固体，过滤去不溶物，浓缩滤液。聚异丁烯会结晶出熔点为 55℃的长针状晶体，而聚丙烯则没有晶体形成。

二、苯乙烯类高分子

1. 定性鉴定

（1）靛酚试验检验苯乙烯　苯乙烯类共聚物和发烟硝酸反应形成硝基苯化合物，热解时有苯酚释出，因而可用靛酚试验鉴别，在小试管中放少许试样和 4 滴发烟硝酸，蒸发酸至干，然后用小火加热试管中部，慢慢将试管上移，让火焰直接加热试管内残留物令其分解。试管口用一张事先浸有 2,6-二溴苯醌-4-氯亚胺的饱和乙醚溶液并风干了的滤纸盖住。热解后，取下滤纸在氨蒸气中熏或滴上 1～2 滴稀氨水，若有蓝色出现表明有苯乙烯存在。

（2）二溴代苯乙烯试验　取少量试样于小试管中裂解，用一团玻璃棉塞住试管口让裂解产物凝聚在玻璃棉上，冷却后用乙醚萃取玻璃棉。让溴蒸气通过萃取液直至溴过量而刚好出现黄色为止，在表面皿上蒸去乙醚，产物用苯重结晶，所得的二溴代苯乙烯晶体的熔点应为 74℃。

（3）聚苯乙烯、ABS 和丁二烯-苯乙烯共聚物的鉴别　ABS 由于在杂原子试验中含有氮而得以区分。丁二烯-苯乙烯共聚物可用偶氮染料反应检测，方法如下。

取 1～2g 用丙酮萃取过的试样与 20mL 硝酸（$\rho=1.42\text{g/cm}^3$）一起回流 1h。回流完毕，加入 100mL 蒸馏水稀释，用乙醚分三次（50mL、25mL、25mL）萃取。合并萃取液，并用 15mL 蒸馏水洗涤一次，弃掉水层。乙醚层用 15mL 1mol/L 氢氧化钠萃取三次，合并碱液层。最后再用 20mL 蒸馏水洗涤乙醚层，将洗液与碱液合并，以浓盐酸调节到恰呈酸性，然后加入 20mL 浓盐酸。在蒸汽浴上加热，接着加入 5g 锌粒还原，冷却后加入 2mL 0.5mol/L 亚硝酸钠。将此重氮化了的溶液倒入过量的 β-萘酚的碱溶液中。若形成红色溶液，表明有丁二烯-苯乙烯共聚物，而聚苯乙烯则生成黄色溶液。

2. 定量分析

（1）聚苯乙烯中苯乙烯含量的测定　称取约 2g 试样放入 250mL 锥形瓶里，用 50mL 四氯化碳溶解。加入 10mL Wijs 溶液（三氯化碘和碘的冰醋酸溶液），塞住锥形瓶，在暗处 15～20℃下放置 15min。然后加入 15mL 质量浓度为 100g/L 的碘化钾溶液和 100mL 蒸馏水，立即塞住锥形瓶并振摇。以 0.05mol/L 硫代硫酸钠标准溶液，用淀粉为指示剂滴定过量的碘。同时做一空白试验。

苯乙烯的质量分数
$$w = 104 \times \frac{(V_0 - V)c}{1000m} \times 100\% \tag{4-9}$$

式中，w 为苯乙烯的质量分数；V_0 为滴定空白所需硫代硫酸钠标准溶液体积，mL；V 为滴定试样所需硫代硫酸钠标准溶液体积，mL；c 为硫代硫酸钠标准溶液的浓度，mol/L；m 为试样质量，g。

（2）丁二烯-苯乙烯共聚物中聚苯乙烯均聚物含量的测定　试剂的配制如下。

① 叔丁基过氧化氢溶液。将 6 份叔丁基过氧化氢和 4 份叔丁醇混合均匀即可。

② 四氧化锇溶液。在 100mL 苯中溶解 80mg OsO_4。

测定步骤：取约 0.5g 试样放入 250mL 锥形瓶中，加入 50mL 对二氯苯（温热到 60℃），在 130℃下加热直至试样溶解。冷却溶液到 80～90℃，加入 10mL 质量浓度为 600g/L 的叔丁基过氧化氢溶液，然后加入 1mL 用苯处理过的 0.003mol/L OsO_4 溶液。在 110～115℃下加热混合液 10min，然后冷却至 50～60℃，加入 20mL 苯，再缓慢加入 250mL 乙醇，边搅拌边用几滴浓硫酸酸化，若有均聚苯乙烯，则有沉淀生成，待沉淀沉降后，用适宜的熔砂漏斗定量地过滤溶液，沉淀用乙醇洗涤，在 110℃下干燥 1h。

$$聚苯乙烯均聚物的质量分数(w) = m_0/m \times 100\% \tag{4-10}$$

式中，m_0 为沉淀的质量，g；m 为试样的质量，g。

（3）ABS 的共聚组成分析　将研磨细的最多为 0.5g 的试样与 20～30mL 甲乙酮，在 50mL 圆底烧瓶中煮沸，然后在约 60℃下加入 5mL 叔丁基过氧化氢和 1mL 四氯化锇，煮沸 2h，如果仍未溶解，再补加 5mL 叔丁基过氧化氢和 1mL 四氯化锇溶液，煮沸 2h。

上述试液用 20mL 丙酮稀释，用 2 号熔砂漏斗过滤，滤渣为填料，用丙酮洗涤，干燥并称重。将滤液逐滴加入到 5～10 倍于滤液体积的甲醇中。通过加热或冷却，或加入几滴氢氧化钾的乙醇溶液，使苯乙烯-丙烯腈共聚物组分沉淀下来。用 2 号熔砂漏斗过滤，在 70℃下真空干燥，并称重。

通过微量分析或半微量分析，分别测定原始试样和苯乙烯-丙烯腈共聚物组分（SA）的氮含量。

$$丙烯腈的质量分数(w_1) = 3.787 \times 试样中氮的质量分数 \tag{4-11}$$

$$苯乙烯的质量分数(w_2) = (SA\,沉淀质量/试样质量) \times 100\% - 3.787 \times SA\,中氮的质量分数 \tag{4-12}$$

$$丁二烯的质量分数(w_3) = 100\% - [(SA\,质量 + 填料质量)/\,试样质量] \times$$
$$100\% - 3.787 \times (试样中氮的质量分数 - SA\,中氮的质量分数) \tag{4-13}$$

三、含卤素类高分子

1. 含氯高分子

（1）定性鉴别

① 聚氯乙烯。将几毫克试样溶于约 1mL 吡啶中，煮沸 1min，冷却后加入 1mL 0.5mol/L 氢氧化钾乙醇溶液，若有聚氯乙烯存在会快速呈现棕黑色。接着在其中加入 1mL 质量浓度为 1g/L 的 β-萘胺在质量浓度为 200g/L 的硫酸水溶液中形成的溶液，并加入 5mL 戊醇，激烈振摇，在几小时内有机层呈现粉红色。分离出有机层，用 10mL 1mol/L 氢氧化钠溶液碱化时颜色变黄，酸化后使颜色又变回粉红色。

② 聚偏二氯乙烯。聚偏二氯乙烯与吗啉能产生特征的显色反应。将一小块试样浸入 1mL 吗啉中，如果试样中有聚偏二氯乙烯，2min 就出现暗红棕色，然后很快就变黑，几小时后溶液变浑且几乎完全成为黑色。另外，聚偏二氯乙烯不溶于四氢呋喃和环己酮，可以与聚氯乙烯区分开。

③ 氯化聚氯乙烯。氯化聚氯乙烯与吗啉也能产生特征的显色反应，生成的溶液是红棕色。氯化聚氯乙烯在乙酸乙酯中具有良好的溶解性，是可用于鉴定的另一个性质。

④ 聚氯丁二烯。聚氯丁二烯在 200℃ 下能快速释放出氯化氢气体。测定方法是将少许试样放在试管中，于 210℃ 油浴中加热。待 10min 后，用吹管吹气驱去所形成的氯化氢，然后将试纸放在管口上，再将油浴的温度降至 190～200℃，如果有聚氯丁二烯存在，试纸上会出现蓝色斑点。

⑤ 氯乙烯-醋酸乙烯共聚物。氯乙烯-醋酸乙烯共聚物裂解时有醋酸释出，可用碘或硝酸镧与之反应进行检测。

将装有试样的试管在小火上加热 20min。冷却后，用 1～2mL 蒸馏水将试管壁上的冷凝物冲下。将溶液过滤至另一试管内，加 0.5mL 质量浓度为 50g/L 的硝酸镧溶液，再加入 0.5mL 0.005mol/L 碘溶液。将混合物煮沸，稍冷却后，用移液管小心加入 1mol/L 的氨溶液，使之明显分层，若有醋酸存在，界面处产生蓝色环。

⑥ 氯化橡胶与氯丁橡胶的辨别。橡胶氯化时，氯不仅加在双键上，而且会使橡胶分子链断裂，而形成—CH_2Cl 端基。这些伯烷基氯在硫代硫酸钠存在下可发生热解，产生二氧化硫而得到鉴定。氯丁橡胶则由于只含仲、叔结合的氯，不发生这个反应。

（2）定量分析　聚氯乙烯中常添加有含铅稳定剂，采用重量法无需分离试样就可以测定铅的含量。取约 10g 研细的聚氯乙烯放在烧杯中，加入 50mL 浓硫酸，加热直至试样变为暗色和黏稠，冷却片刻，小心加入 20mL 浓硝酸，再次加热，重复加硝酸和加热直到溶液变为亮黄色。然后煮沸浓缩成 10～15mL，令其冷却，用约 80mL 水稀释，用氨水使它略带碱性，加入 100mL 醋酸铵溶液（120mL 25％氨水＋140mL 冰醋酸＋170mL 水），煮沸片刻，滤出残渣，将其连同漏斗放在醋酸铵溶液中再次煮沸，然后再次过滤。用少量热的醋酸铵溶液洗涤残渣，然后用水洗涤。把所有滤液和洗涤液合并，煮沸，加入重铬酸钾作为沉淀剂，使铅以铬酸铅的形式沉淀下来。将其再多煮沸 15min，令沉淀沉下，过滤，用水洗后在 150℃ 下干燥 2h，称重。

$$铅的质量分数(w)＝64.01\％×（沉淀质量/试样质量） \tag{4-14}$$

2. 含氟高分子

含氟树脂与其他高分子的区别主要根据以下性质予以区别。

① 可以耐各种浓的无机酸和碱，室温下不溶于任何溶剂。

② 高的密度值（2.1～2.2g/mL）。

常见的聚四氟乙烯和聚三氟氯乙烯可以用简单的方法加以鉴别。聚三氟氯乙烯的耐化学腐蚀性不如聚四氟乙烯好，而且熔点较低，前者是 220℃，而后者是 327℃。

四、其他单烯类高分子

1. 聚乙烯醇

（1）定性鉴别

① 碘试验。取 5mL 聚乙烯醇水溶液与 2 滴 0.05mol/L 碘的碘化钾溶液，用水稀释到刚刚能辨认颜色（蓝、绿或黄绿色）。取 5mL 此溶液与几毫克硼砂一起振摇，使之充分反应，然后用 5 滴浓盐酸酸化，若出现深绿色表明是聚乙烯醇。

② 硼砂试验。先配制浓度较高的聚乙烯醇溶液，然后取 1 滴于点滴板上，加上 1 滴饱

和的硼砂溶液，聚乙烯醇即交联而变成黏胶状。

③ 氧化试验。将少许试样与浓硝酸煮沸，所产生的草酸在酸性介质中会使高锰酸钾褪色，也可通过形成草酸钙沉淀来检验。该方法不具特征性，因为聚乙烯基醚类也有正反应。

（2）定量分析

① 聚乙烯醇含量的比色分析。取 2mL 中性或弱酸性的聚乙烯醇溶液，在 20℃下加入 80mL 0.003mol/L 碘和 0.32mol/L 硼酸的混合溶液，混合后测量在 670nm 下的吸光度。同时配制已知溶液作为参比。

② 残留醋酸基含量的分析。准确称取约 1.5g 试样于 250mL 锥形瓶中，用 70～80mL 水回流溶解。所得溶液以酚酞为指示剂，用 0.1mol/L 氢氧化钠中和，然后加入 20mL 0.5mol/L 氢氧化钠，回流 30min，冷却后，以酚酞为指示剂，用 0.5mol/L 的盐酸滴定，同时做一空白试验。

$$醋酸基的质量分数(w) = \frac{59.04 \times c(V_0 - V)}{1000m} \times 100\% \quad (4\text{-}15)$$

式中，V_0 为滴定空白所消耗的盐酸标准溶液的体积，mL；V 为滴定试样所消耗的盐酸标准溶液的体积，mL；c 为盐酸标准溶液的浓度，mol/L；m 为试样质量，g。

2. 聚（甲基）丙烯酸酯

（1）区分聚丙烯酸酯类和聚甲基丙烯酸酯类的方法

① 裂解蒸馏。聚甲基丙烯酸酯类几乎能定量地解聚成单体；而聚丙烯酸酯类降解时只产生少量单体，且降解产物呈黄色或棕色，带酸性并有强烈气味。

② 碱解试验。将试样和 0.5mol/L 氢氧化钾乙醇溶液一起煮沸。聚丙烯酸酯能缓慢水解而溶解掉，而聚甲基丙烯酸酯根本不水解。

（2）聚甲基丙烯酸甲酯的特征显色试验　将收集到的裂解馏出物与少量浓硝酸（$\rho = 1.4g/cm^3$）一起加热，直到得到黄色的清亮溶液。冷却后，用它体积一半的蒸馏水稀释，然后滴加质量浓度为 50 ～100g/L 的硝酸钠溶液，用氯仿萃取，出现海绿色溶液表明有甲基丙烯酸甲酯。

3. 聚丙烯酸

酸解试验：将试样在 60～70℃下与 20～30mL 浓度为 50％的硫酸混合，直至完全溶解。将溶液倒入 100mL 冷水中，聚丙烯酸呈黏稠状物质从溶液中分离出来。

4. 聚丙烯腈

（1）定性鉴别

① 酸解试验。当聚丙烯腈与浓无机酸溶液共热时，即沉淀出不可溶的聚丙烯酸。

② 氰基试验。将少许聚丙烯腈与 10mg 硫在试管中加热，试管口盖上一片在酸化的质量浓度为 10g/L 的硝酸铁溶液中浸湿过的滤纸。在滤纸上生成的硫氰酸铁将使滤纸变红。

③ 与聚酰胺和聚氨酯区别的试验。将试样溶于二甲基甲酰胺中，用氢氧化钠调成强碱性，然后加热。若有聚丙烯腈存在，呈现明亮的橙红色。聚酰胺和聚氨酯不发生该显色反应。

（2）聚丙烯腈及相关共聚物中氰基的定量分析　将试样与浓无机酸一起回流，水解后产生聚丙烯酸沉淀。过滤后用水洗涤沉淀，然后用碱量法测定沉淀物中的羧基含量，从而可以计算出氰基的含量。必要时，用氢氧化钠将滤液调成强碱性后水蒸气蒸馏出氨气，定量测定。

5. 聚乙烯基吡咯烷酮

（1）定性鉴别　用一氯醋酸、二氯醋酸显色反应。

（2）定量分析　与聚氧化乙烯和其他聚醚的分离。用水萃取试样，以盐酸酸化萃取，若必要，用醚萃取以分离脂肪酸。中和该水溶液，在蒸汽浴上蒸发，残留物在 105℃下干燥或在 80℃下真空干燥。用四氯化碳萃取该残留物，聚氧化乙烯和聚醚进入溶液。萃取完毕，用氯代甲烷溶解残渣，过滤溶液，将溶液煮沸，然后用乙醇萃取其中的聚乙烯基吡咯烷酮。分别蒸发四氯化碳溶液和乙醇溶液，用重量法测定组成。

五、杂链高分子及其他高分子

1. 聚氧化烯烃类（聚缩醛）

（1）定性鉴别

① 聚氧化乙烯（聚乙二醇）的鉴别。溶解约 0.5g 试样于 1mL 甲醇中，加入 0.5mL 质量浓度为 100g/L 的香草醛的乙醇溶液，然后边旋摇边加入 0.5mL 浓硫酸，呈现紫红色。

② 聚氧化乙烯和聚氧化丙烯的区别。在试管里将试样与浓磷酸一起裂解，用浸有硝普酸钠溶液的滤纸检测分解出的醛。呈现蓝色表明是聚氧化乙烯，橙色（可能转化为暗棕色）表明是聚氧化丙烯。

（2）定量分析　环氧乙烷-环氧丙烷共聚物的组成分析：试样用铬硫酸（H_2CrSO_7）氧化，氧化乙烯单元会产生 2mol 二氧化碳，氧化丙烯单元则产生 1mol 二氧化碳和 1mol 醋酸。测定这两种氧化产物，就可以计算出共聚物组成比。

2. 聚酯

（1）定性鉴别

① 对苯二甲酸。将试样放入试管中热解，在试管口盖一片浸有新配制的邻硝基苯甲醛溶于 2mol/L 氢氧化钠的饱和溶液的滤纸。滤纸呈现蓝绿色，并对稀盐酸稳定，表明有对苯二甲酸。

② 邻苯二甲酸。将试样在试管中热解，若有邻苯二甲酸，在试管壁上会附有邻苯二甲酸酐针状结晶。必要时将其用乙醇重结晶，熔点为 131℃。

③ 丁二酸。将含树脂的溶液用氨中和，并蒸发至干。将残留物用喷灯急剧加热，并将松木片伸向放出的烟气中，松木片变红说明有丁二酸存在。

④ 马来酸（顺丁烯二酸）。马来酸酐与二甲基苯胺形成黄色络合物，试样中只需有少至质量浓度为 1g/L 的马来酸酐就可检验到。

⑤ 富马酸（反丁烯二酸）。将少许试样由 4mL 质量浓度为 100g/L 的硫酸铜、1mL 吡啶和 5mL 水组成的混合液处理，生成蓝绿色的结晶，表明有富马酸。

（2）定量分析　二元羧酸、脂肪酸和多元醇的分离和分析。

① 皂化：称取 0.2～0.5g 试样放入 300mL 锥形瓶中，用苯溶解，加入 125mL 0.5mol/L 氢氧化钾乙醇溶液。塞好瓶塞，在（52±2）℃下加热回流 18h。冷却后，用玻璃砂芯漏斗收集沉淀，用无水乙醇洗涤，在 110℃下干燥。

② 二元羧酸钾盐的酸化：将上述钾盐沉淀溶解在 75mL 水中，用硝酸调到 pH 恰好等于 2.0。由于其溶液很容易变浑浊，所以必要时可稍作稀释直至溶液澄清。30min 后，用双层粗滤纸将此酸液过滤到 100mL 容量瓶中，用水洗漏斗，定容摇匀，分成以下两份：Ⅰ. 10.0mL 放入 300mL 锥形瓶，用于邻苯二甲酸酐的测定；Ⅱ. 25.0mL 溶液放入 250mL 烧杯中，用于马来酸/富马酸测定。

a. 邻苯二甲酸酐测定。在Ⅰ中加入 5mL 冰醋酸，盖好瓶塞，在 60℃下加热 30min。加入 100mL 无水甲醇，盖好，于 60℃下再加热 30min。加 2mL 质量浓度为 250g/L 的醋酸铅 [$Pb(CH_3COO)_2 \cdot 3H_2O$] 的冰醋酸溶液到温热的溶液中，盖好再加热 1h，反复振摇。将其冷却后静置 12h，过滤，用无水乙醇洗涤，在 110℃下干燥 1h，称重。

$$邻苯二甲酸酐的质量分数(w) = \frac{0.30254 \times 10 \times m_1}{m} \times 100\% \qquad (4\text{-}16)$$

式中，m_1 为沉淀质量，g；m 为试样质量，g。

b. 马来酸/富马酸测定。在Ⅱ中加入 75mL 新煮沸的水，溶解后转移到 100mL 容量瓶中，准确加入 2.5mL 质量浓度为 7.5g/L 的溴在质量浓度为 500g/L 的溴化钠水溶液中。同时做一空白试验。用水加满至刻度，混匀。在暗处静置 24h，然后在 425nm 波长下，以空白为参比，测吸光度，从校正曲线上查出浓度。此方法能检测 1~6mg 马来酸/富马酸。

3. 聚碳酸酯

聚碳酸酯是碳酸的芳香酯，在与质量浓度为 100g/L 的氢氧化钾无水乙醇溶液加热皂化时，只需几分钟就能完全皂化，产生碳酸钾结晶。过滤出结晶，并酸化使之释放出二氧化碳，二氧化碳可通过与氢氧化钡溶液或石灰水反应产生白色沉淀而检测，由此对聚碳酸酯进行鉴别。

4. 聚酰胺

(1) 定性鉴别

① 根据熔点不同区别不同品种的尼龙。主要的尼龙共混物的熔点有较明显的差别，可见表 4-8。

表 4-8　不同品种尼龙的熔点

品　　种	熔点/℃	品　　种	熔点/℃
尼龙 46	300	尼龙 11	184~186
尼龙 66	250~260	尼龙 66(60%)和尼龙 6(40%)的共混物	180~185
尼龙 6	215~220	尼龙 66 和尼龙 6(33%)和聚己二酸对二氨基环己烷	175~185
尼龙 610	210~215	(67%)的共混物	
尼龙 1010	195~210	尼龙 12	175~180

② 盐酸溶解试验。见表 4-9。

表 4-9　尼龙在盐酸中的溶解性

尼龙品种	14%盐酸	30%盐酸
尼龙 6	溶	溶
尼龙 66	不溶	溶
尼龙 11	不溶	不溶

(2) 定量分析　酸解和电位滴定：该方法适用于尼龙 6、尼龙 66 或尼龙 610，以及尼龙与其他高分子的共混物，但不适用于共缩聚的尼龙以及不同尼龙的混合物。

用过量盐酸酸解试样，然后用碱溶液进行电位滴定。

5. 苯酚-甲醛树脂

(1) 定性鉴别

① 酚类。取 1g 试样放在瓷蒸发皿中，加入等量邻苯二甲酸酐和 3 滴浓硫酸一起加热，直至出现深棕色熔融物。冷却后，用水稀释熔融物，并用质量浓度为 100g/L 的氢氧化钠溶液调节成碱性，呈现特征的红色表明是酚醛树脂。若有柏油状物质掩盖了颜色，可再用水稀释溶液并逐滴加入 1mol/L 酸溶液，到达中和点时即出现明显的红色。

② 苯酚树脂和甲酚树脂的区别。用氢氧化钾在乙二醇单乙醚中回流皂化试样。然后将 2 滴溶液加入到 10mL 水、10mL 质量浓度为 100g/L 的氢氧化钠和 10mL 甲醇的混合液中，加 1 滴苯胺，振摇，加 6 滴 3%过氧化氢，再振摇，最后加几滴次氯酸钠溶液，5min 后呈现

十分稳定的红棕色表明有苯酚，而蓝色到蓝绿色表明为甲酚。

③ 甲醛。取 1～2mL 树脂的裂解液，加入 0.5mL 质量浓度为 1g/L 的均苯三酚溶液，再加入 1～2 滴稀氢氧化钠溶液，红色出现表明有甲醛，乙醛呈橙黄色，且过片刻颜色加深。

（2）定量分析

① 游离苯酚测定。称取 2～10g 试样放入 1000mL 烧瓶，加入 100mL 浓度为 10% 的醋酸，用水蒸气蒸馏，准确蒸馏出 500mL 于 500mL 容量瓶中。移取 50mL 馏出液到 300mL 锥形瓶中，加入 50.0mL 0.05mol/L 溴的溴化钾溶液和 10mL 浓盐酸，塞好，静置 20min。然后，再加入 10mL 质量浓度为 200g/L 的碘化钾溶液，用 0.05mol/L 硫代硫酸钠溶液滴定游离碘，临近终点时加少许淀粉溶液作为指示剂。

$$游离苯酚的质量分数(w)=94\times\frac{10\times c(50.0-V)}{1000m}\times100\% \qquad (4-17)$$

式中，V 为滴定所需硫代硫酸钠溶液的体积，mL；c 为硫代硫酸钠溶液的浓度，mol/L；m 为试样质量，g。

② 总羟基含量的测定。准确称取 0.5～3g 试样放入 250mL 锥形瓶中，准确加入 20.0mL 乙酰化试剂（无水醋酸酐与无水吡啶按 1：3 的体积比混合而成），装上冷凝管在沸腾的水浴上回流 30min。如果试样难溶，应预先加入 20mL 另一溶剂（如苯或氯乙烷）以帮助溶解，或将试样很好地分散开。冷至室温后通过冷凝管加入 50mL 蒸馏水，然后在剧烈振摇下，以酚酞为指示剂，用 1mol/L 氢氧化钾滴至刚出现粉红色，并至少保持 1min 不褪色。同时做一空白试验。

$$羟值(w)=17.0\times\frac{c(V_0-V)}{1000m}\times100\% \qquad (4-18)$$

式中，V_0 滴定空白所需的氢氧化钾溶液的体积，mL；V 为滴定试样所需的氢氧化钾溶液的体积，mL；c 为氢氧化钾溶液的浓度，mol/L；m 为试样的质量，g。

6. 环氧树脂

（1）定性鉴别

① 乙醛试验。将固化或未固化的环氧树脂在小试管中于 240～250℃下加热，都会分解出乙醛。在试管口盖一张浸过新制备的质量浓度为 50g/L 的硝酸钠和质量浓度为 50g/L 的吗啉的滤纸，滤纸变蓝色表明有环氧树脂。

② 间二硝基苯磺酸试验。将几毫克试样溶于 0.5mL 二氧杂环己烷中，加入 0.5mL 质量浓度为 5g/L 的 2-甲基-3,5-二硝基苯磺酸的二氧杂环己烷溶液，30min 后加入 2mL 质量浓度为 50g/L 的正丁胺的二甲基甲酰胺溶液，如立即出现蓝绿色，表明有游离环氧基存在。这个反应非常灵敏，能检验出 0.001% 的环氧基团。

（2）定量分析

① 环氧树脂和改性环氧树脂的浓度测定。称取 0.5g 试样溶解于少量甲乙酮中，然后装入 100mL 容量瓶中并稀释到刻度。取 3mL 此溶液（含 15mg 试样）于 25mL 锥形瓶中，在 105～110℃下蒸发，冷却后加入 3mL 浓硫酸，用带氯化钙干燥管的塞子盖好，在 40℃下加热 30min，直至全部溶解。溶解后再加入 2mL 新配溶液（0.15g 多聚甲醛 ＋ 9mL 浓硫酸＋1mL 水），进一步在 40℃加热 30min。在剧烈搅拌下将该热溶液倒入约 150mL 水中，再转移到 200mL 容量瓶里，用水稀释到刻度，静置 2h。在 650nm 下测量其吸光度值，通过标准工作曲线查出其浓度。

② 环氧基团的测定。准确称取约含 2～4mmol 环氧基的试样于 250mL 锥形瓶中，加入 25mL 纯化二氧杂环己烷，温热到 40℃，并振摇使试样完全溶解。冷却后准确加入 25mL 0.2mol/L 盐酸二氧杂环己烷，盖好瓶塞，摇匀并静置 15min。加入 25mL 中和过的甲酚红指示剂溶液，用 0.1mol/L 氢氧化钠甲醇溶液滴至出现紫色为终点。同时做一空白试验。

$$环氧基团的质量分数(w) = 16 \times \frac{Vc}{1000m} \times 100\% \tag{4-19}$$

式中，V 为滴定所需氢氧化钾溶液的体积，mL；c 为氢氧化钾溶液的浓度，mol/L；m 为试样的质量，g。

环氧值＝0.0625×环氧基团的质量分数

③ 羟基的测定。称取 2.5～3.0g 试样，加入足量的吡啶高氯酸盐（约 0.3g，取决于环氧值，制备方法是：将 144g 70%高氯酸滴加到 120g 吡啶中，用水重结晶两次），在 300mL 锥形瓶中混匀，加入 25.0mL 乙酰化试剂（12g 醋酸酸酐＋88g 吡啶），在水浴上缓慢加热到完全溶解，然后煮沸回流 30min。用 2mL 水处理反应液，用 10～15mL 吡啶淋洗冷凝管，冷却后以酚酞为指示剂，用 1mol/L 氢氧化钾甲醇溶液回滴到浅粉红色。同时做一空白试验。

$$羟基含量(mol/100g\ 试样) = \frac{5.569m_1 + c(V_0 - V)}{10m} - 2 \times 环氧基团的质量分数 \tag{4-20}$$

式中，V_0 为滴定空白所需氢氧化钾标准溶液的体积，mL；V 为滴定试样所需氢氧化钾标准溶液的体积，mL；c 为氢氧化钾标准溶液的浓度，mo/L；m 为试样的质量，g；m_1 为吡啶高氯酸盐的质量，g。

7. 聚氨酯

(1) 定性鉴别

① 亚硝酸钠试验。在试管中加热试样，将裂解气导入无水丙酮中，加 1 滴质量浓度为 100g/L 的亚硝酸钠溶液，出现橙至红棕色表明是聚氨酯。

② 对二甲氨基苯甲醛试验。将 0.5g 试样溶于 5～10mL 冰醋酸中（若不溶解可加热，或加适当溶剂后再加冰醋酸），加入 0.1g 对二甲氨基苯甲醛，有异氰酸酯存在时，几分钟溶液就变为黄色。

③ 区分聚醚型聚氨酯和聚酯型聚氨酯的试验。在聚氨酯制品表面滴几滴 2mol/L 氢氧化钾甲醇溶液（用酚酞使之带色），在同一区域内加几滴饱和的盐酸羟胺甲醇溶液，不要使酚酞褪色。待至少 10s 后（生成了羟肟酸），用几滴 1mol/L 盐酸酸化至粉红色消失，加几滴质量浓度为 30g/L 的氯化铁水溶液。聚酯型聚氨酯应有紫色（络合盐）出现（由蓖麻油或二聚的脂肪酸合成的聚酯型聚氨酯应为棕色或紫棕色），聚醚型聚氨酯则只有黄色（$FeCl_3$ 的颜色）。

(2) 定量分析 预聚物中异氰酸酯基的测定：准确称取约含 1：1mmol 异氰酸酯基的预聚物试样于 250mL 锥形瓶中，加 25mL 干燥的甲苯（或二氧杂环己烷），塞好，摇动约 15min，然后加入 80mL 异丙醇和 4～6 滴溴酚蓝指示剂，用盐酸标准溶液滴定至出现黄色为终点。同时做一空白试验。

$$异氰酸酯基的质量分数(w) = 42 \times \frac{c(V_0 - V)}{1000m} \times 100\% \tag{4-21}$$

式中，V_0 为滴定空白所用盐酸溶液的体积，mL；V 为滴定试样所用盐酸溶液的体积，mL；c 为盐酸溶液的浓度，mol/L；m 为试样的质量，g。

第五节 橡胶的鉴别和分析

一、定性鉴别

1. 双键的测定

大多数橡胶都含不饱和键，可以用 Wijs 试剂鉴定。将试样溶解于四氯化碳或熔融的对二氯苯（熔点 50℃）中，滴加试剂（6～7mL 纯氯化碘溶于 1L 冰醋酸中，保存于暗处），试剂褪色表明存在双键。

2. 天然橡胶

天然橡胶可用 Weber 试剂进行试验，该法是基于溴化的橡胶与苯酚能形成有色化合物。

取约 0.05g 用丙酮萃取过的试样放在试管中，加入 5mL 浓度为 10%的溴的四氯化碳溶液，在水浴上缓慢升温至沸点，继续加热直至不留痕量的溴。然后再加入 5～6mL 浓度为 10%苯酚的四氯化碳溶液，进一步加热 10～15min，几分钟内出现紫色说明是天然橡胶。当天然橡胶与其他橡胶的混合物中天然橡胶含量不多时，紫色出现较慢。

其他橡胶也显示不同颜色。如果进一步将几滴反应混合物滴入各种不同的有机溶剂，根据一系列颜色的差异可鉴别其他多种橡胶。表 4-10 列出不同橡胶的 Weber 效应。

表 4-10　不同橡胶的 Weber 效应

橡胶品种	苯酚溶液中的颜色	接着滴入其他溶剂中的颜色			
		氯仿	醋酐	醚	醇
烟片	紫色	浅紫色	浅紫色	浅紫色	浅紫色
绉片	紫色	浅紫色	浅紫色	灰棕色	浅紫色
天然胶乳	棕紫色	红橙色	灰黄色	黄棕色	橙黄色
巴拉塔树胶	深红色	浅紫色	红紫色	灰棕色	黑棕色
聚硫橡胶	灰草黄色	灰黄色	灰黄色	浅黄色	灰草黄色
丁腈橡胶（Hycar）	橙棕色	黄色	黄橙色	无色	柠檬黄色
丁腈橡胶（Perbunan）	黄棕色	暗黄色	黄色带白色沉淀	黄色带白色沉淀	黄色带棕色沉淀
氯丁橡胶	红棕色	红紫色	白色带棕色沉淀	棕色带黑色沉淀	白色带棕色沉淀
丁苯橡胶	绿灰色	几乎无色，略带浑浊			

注：美国 Goodrich 化学公司丁腈橡胶品种牌号由商品名 Hycar 后缀四位数字组成；德国 Bayer 公司商品名 Perbunan 后缀四位数字组成。

3. 丁苯橡胶

可参见第四章第四节中"聚苯乙烯、ABS 和丁二烯-苯乙烯共聚物鉴别"中的偶氮染料试验鉴别法。

4. 丁基橡胶

可采用汞化试验。具体操作如下。

用浸润过氧化汞硫酸溶液的滤纸（0.5g HgO 溶于 1.5mL 浓硫酸和 8mL 水中）试验裂解气体，产生金黄色斑点表明是丁基橡胶。聚异丁烯和聚丙烯有正反应，乙丙橡胶只有很淡的黄色，而二烯烃则产生棕色。

若有疑问，可进一步试验，将裂解气通往另一支用冰冷却的试管，试管内预先装 0.5g 醋酸汞溶在 10～15mL 甲醇形成的溶液，以吸收裂解气，然后在水浴中蒸干甲醇。加入 25mL 轻石油（沸点为 40～60℃），与残渣同煮沸，过滤掉不溶物，蒸发浓缩滤液，用冰冷却并摩擦器壁以产生结晶。在 30～40℃下烘干结晶，测定熔点（约 55℃）。该结晶是甲氧基异丁基醋酸汞，有毒。

5. 氯磺化聚乙烯

取约 10mg 经粉碎的试样与 3mL 吡啶一起加热，使试样至少能部分溶解，加入 25mg 2-氨基芴（致癌物！）。在 1h 内生成微红色表明有—SO_2Cl 基团。

二、定量分析

1. 丁二烯共聚物中丁二烯含量的测定

取 0.06g 试样放入 500mL 锥形瓶中与 50g 纯对二氯苯一起加热沸腾（约 175℃），直至试样溶解（约需 20～180min）。试样冷却后加 50mL 氯仿，然后加 25mL Wijs 溶液（以四氯化碳为溶剂），塞好瓶塞，令其在暗处静置 1h，最后加入 25mL 质量浓度为 150g/L 的碘化钾溶液和 50mL 蒸馏水。以淀粉为指示剂，用 0.05mol/L 硫代硫酸钠溶液滴定游离碘。临近终点时，加入 25mL 乙醇以消除乳液。同时做一空白试验。注意试样中不能有除丁二烯外的其他不饱和基团。

$$\text{丁二烯的质量分数}(w) = 54.1 \times \frac{c(V_0 - V)}{1000m} \times 100\% \tag{4-22}$$

式中，V_0 为滴定空白所需硫代硫酸钠溶液的体积，mL；V 为滴定试样所需硫代硫酸钠溶液的体积，mL；c 为硫代硫酸钠溶液的浓度，mol/L；m 为试样的质量，g。

2. 氧化法测定聚异丁烯的含量

准确称取约 0.25g 试样，用丙酮萃取 16h，若怀疑存在沥青或油膏，应继续用氯仿萃取 4h。将萃取过的试样放在 100mL 烧杯中，加入 25mL 试剂（由 20g 三氧化铬、50mL 水和 15mL 浓硫酸组成），煮沸至试样完全分解。水蒸气蒸馏出 15.0mL 液体，冷却后以 30mL/s 的速度向馏出液通空气 30min。然后用酚酞作指示剂，以 0.1mol/L 的氢氧化钠标准溶液滴定异丁烯氧化形成的醋酸。计算聚异丁烯含量时，必须注意实际生成的醋酸只能达到其理论收率的 70%。

第六节　添　加　剂

高聚物中所使用的添加剂种类繁多，往往一个产品内同时含有多种添加剂，所以分析添加剂时应先对高分子材料进行分离，以防止其他物质的干扰。

一、增塑剂

增塑剂主要是酯类化合物，最常用的酯类是邻苯二甲酸、磷酸、己二酸、癸二酸、壬二酸或脂肪酸的酯。一般来说，醇的碳原子数为 8～10 的酯适合做聚氯乙烯的增塑剂，而较小的醇适合于做纤维素酯、丙烯酸类树脂和丁腈橡胶的增塑剂。非极性的高分子如天然橡胶、丁苯橡胶等要用矿物油做增塑剂。另外，目前越来越多地使用高分子化合物，如聚脂肪二酸的乙二醇酯等作增塑剂。

1. 增塑剂的化学分析

（1）混合增塑剂的鉴别方法　因为塑料的增塑剂经常混合应用，因而用萃取或其他方法分离出的增塑剂不一定就是单纯化合物，可能是混合物，所以在鉴别之前，有必要将其进一步分离。

初步判别的方法是将萃取物溶于四氯化碳，在一根硅胶/色谱柱中用质量浓度分别为 15 g/L、20 g/L、30 g/L 和 40 g/L 的异丙醚洗提，收集级分。将每个级分的溶剂除掉，然后测量各级分的密度、折射率、沸点以及用紫外光谱测定。若各级分的测定结果一样，则说明是一种成分，否则为混合物。另一种方法是真空分馏萃取液，在判别的同时就进行了分离工作。

经萃取得到的增塑剂最好进行一次精馏，然后测定其密度、折射率和沸点，然后根据文献值进行初步鉴定，一般试样只需几滴即可。

表 4-11 列出了常用四类增塑剂的密度折射率和沸点。

表 4-11 四类增塑剂的密度、折射率和沸点

增塑剂		密度/(g/cm³) (温度/℃)	折射率(温度/℃)	沸点或沸程/℃ (压力/Pa)
邻苯二甲酸酯类	二甲酯	1.189(25)	1.514(25)	282～285(1×10⁵)
		1.195(15.5)	1.517(20)	
	二乙酯	1.120(25)	1.500(25)	290～300(1×10⁵)
	二正丁酯	1.045(25)	1.491(25)	340(1×10⁵)
	二戊酯	1.024(15.5)	1.487	336～340(1×10⁵)
	二己酯	1.0085(20)	1.487(20)	340～350(1×10⁵)
	二正辛酯	0.966(25)	1.480(25)	229(6×10²)
	二(2-甲基庚)酯	0.986(20)	1.486(20)	228～237(5.3×10²)
	二(2-乙基己)酯	0.986(20)	1.486(20)	230(6.7×10²)
磷酸酯类	辛-二苯酯	1.090(25)	1.508(25)	375
	三甲苯酯	1.162(25)	1.553(25)	260～275(1.3×10³)
		1.180(15.5)	1.560(25)	
	三(2-乙基己)酯	0.926(20)	1.443(20)	216(6.7×10²)
	三苯酯	1.25(15)	—	熔点45℃
己二酸酯类	二异丁酯	0.957(20)	1.428(25)	145～163(5.3×10²)
	二正己酯	0.929～0.936(25)	1.439(25)	143～183(4×10²)
	二正辛酯	0.915(20)	1.440(25)	211～217(5.3×10²)
	二(2-甲基庚)酯	0.928(20)	1.448(25)	213～223(5.3×10²)
	二(2-乙基己)酯	0.927(20)	1.446(25)	208～218(5.3×10²)
	二壬酯	0.914(25)	1.445(25)	230(6.7×10²)
癸二酸酯类	二正辛酯	0.907(20)	1.444(25)	230～240(5.3×10²)
	二(2-甲基庚)酯	0.917(20)	1.447(25)	248～255(5.3×10²)
	二(2-乙基己)酯	0.911(25)	1.451(25)	256(6.7×10²)
		0.913(20)	1.450(20)	264(8×10²)

（2）增塑剂酸值和皂化值的测定

① 酸值的测定。酸值指中和 1g 增塑剂所需氢氧化钾的质量（mg）。酸值的测定如下。

取 100mL 石油醚-乙醇混合液，加 1mL 溴甲酚紫指示剂，用 0.05mol/L 氢氧化钾标准溶液中和至绿色。称取试样 5～10g（准确至 0.01g），置于具有磨口塞锥形瓶中，然后分别加 50mL 已经中和的石油醚-乙醇混合液，待试样完全溶解后，以 0.05mol/L 氢氧化钾乙醇标准溶液滴定至与标准颜色相同（滴定需在 30s 内完成），保持 15s 不褪色即为终点，同时用不加试样的石油醚-乙醇混合液作为终点的比色标准。

$$酸值 = \frac{56.11 \times Vc}{m} \tag{4-23}$$

式中，V 为滴定试样所消耗的氢氧化钾乙醇标准溶液的体积，mL；c 为氢氧化钾乙醇标准溶液的浓度，mol/L；m 为试样的质量，g。

② 皂化值的测定。皂化 1g 增塑剂所需氢氧化钾的质量（mg）称为增塑剂的皂化值。增塑剂的皂化值可用下法测定：称取 0.5～1g 试样（准确至 0.0002g），置于锥形瓶中，加 50mL 0.5mol/L 的氢氧化钾乙醇溶液，然后于沸水浴中回流 30min～2h，用少量无二氧化碳蒸馏水（约 10mL）冲洗冷凝管壁，趁热取下皂化瓶，加 2～4 滴酚酞指示剂，以 0.5mol/L 的盐酸标准溶液滴定至红色消失为终点。同时做一空白试验。

$$皂化值 = \frac{56.11c(V_0 - V)}{m} - 酸值 \tag{4-24}$$

式中，V_0 为滴定空白所用盐酸标准溶液的体积，mL；V 为滴定试样所用盐酸标准溶液的体积，mL；c 为盐酸标准溶液的浓度，mol/L；m 为试样的质量，g。

$$酯的质量分数(w) = \frac{c(V_0 - V) \times \dfrac{M}{n}}{10m} - 酸值 \tag{4-25}$$

式中，M 为试样分子量；n 为酯的价数。

2. 元素分析

根据元素分析的方法对增塑剂进行检测，确定除 C、H、O 外，是否还有 N、S、P、Cl 等元素，若有，则可以判断增塑剂的类别。

① 测得大量的氮，表明存在氯化石蜡。

② 同时测得硫和氮，存在磺酰胺。

③ 同时测得硫和少量氯，说明存在烷基磺酸芳香酯。

④ 检测到痕量的硫，可能存在脂肪烃或芳烃类增塑剂。

⑤ 检测到磷，存在磷酸酯类。

3. 几类主要增塑剂的定性定量分析

(1) 邻苯二甲酸酯类

① 定性鉴别。取约 0.05g 间苯二酚和苯酚分别放入两支试管，在每一试管中分别加入 3 滴增塑剂和 1 滴浓硫酸。将试管浸入 160℃油浴中 3min，冷却后，加入 2mL 水和 2mL 质量浓度为 100g/L 的氢氧化钠溶液，混匀。若有邻苯二甲酸酯类存在，间苯二酚试验应呈现显著的绿色荧光，而苯酚试验则出现酚酞的红色。

② 定量分析。取 2g 试样与 50mL 1mol/L 氢氧化钾的绝对乙醇溶液一起回流 2h，回流冷凝管上应装有氯化钙干燥管。过滤邻苯二甲酸二钾盐沉淀，用 50mL 沸腾的乙醇洗涤，操作要快速，以避免沉淀受碳酸钾的污染，沉淀连同坩埚一起在 150℃下干燥 4h，再次称重，计算在增塑剂中邻苯二甲酸酯所占的百分比。该法适用于单独存在的邻苯二甲酸酯的定量分析，以及与磷酸三甲苯酯、乙酰蓖麻油酸丁酯或烷基磺酸芳香酯混合使用的邻苯二甲酸酯的定量分析。

(2) 酚类增塑剂的定性鉴别　溶解 10mg 试样于 5mL 0.5mol/L 氢氧化钾乙醇溶液中。将烧杯浸入沸水浴中 10min 以挥发大部分乙醇，加入 2mL 水溶解并加入 2.5mL 1mol/L 盐酸中和。移取 1mL 此溶液到试管中，加入 2mL 硼酸盐缓冲溶液（取 23.4g $Na_2B_4O_7 \cdot 10H_2O$ 溶于 900mL 温水中，加入 3.27g 氢氧化钾，冷却后加水至 1L）和 5 滴新配的指示剂溶液（0.1g 2,6-二溴苯醌-4-氯亚胺溶解于 25mL 乙醇中），若立即出现靛酚蓝色，表明存在酚类增塑剂。

(3) 环氧增塑剂的定性鉴别　取 1 滴试样，加入 4 滴葡萄糖的水溶液和 6 滴浓硫酸，缓慢旋摇，出现紫色，表明有环氧化合物。

二、抗氧剂

抗氧剂都是小分子化合物，很容易溶于普通有机溶剂中，所以可用萃取法进行分离后再测定。聚烯烃中的抗氧剂的分离，也常用甲苯溶解后再用乙醇沉淀聚合物的方法来进行。

1. 定性鉴别

(1) 酚类　向萃取液中加几滴稀氢氧化钠溶液，再加几滴质量浓度为 10g/L 的氟硼酸的 4-硝基苯重氮盐甲醇溶液，若有酚类抗氧剂会出现有色偶氮染料。当邻位或对位取代的酚没有反应时，可按下法进行，加入等体积的 Millon 试剂（将 10g 汞溶于 10mL $\rho = 1.42$ g/cm³ 的硝酸中，并温和加热，随后用 15mL 蒸馏水稀释）到溶于甲醇的萃取液中，酚类将呈现黄到橙色。

（2）对苯二胺　向萃取液中加少许新配的质量浓度为 10g/L 的氟硼酸的 4-硝基苯重氮盐的甲醇溶液（含几滴浓盐酸），芳香胺呈现出红、紫或蓝色。或向萃取液中加少许质量浓度为 40g/L 的过氧化苯甲酰的苯溶液，芳香取代的对苯二胺呈现出黄色到橙黄色，加入氯化亚锡后变为红紫到蓝色。

2. 定量分析

（1）受阻酚类抗氧剂含量的可见光谱分析　称取 2.00g 粉末试样，用 95％乙醇或甲醇萃取 16h。萃取液转移到 100mL 容量瓶中，用萃取溶剂调至刻度。取其中 10mL 放入 100mL 容量瓶中，加入 2mL 偶合试剂，再加入 3mL 4mol/L 氢氧化钠溶液，混匀后加萃取溶剂到刻度。颜色稳定需 2h 左右，在 400～700nm 下测定吸光度，从相应标准工作曲线上查出抗氧剂含量。

某些酚类抗氧剂的最大吸收波长分别为：对苯二酚苄醚，565nm；抗氧剂 2246，578nm；α-萘酚，598nm；β-萘酚：540nm；三（壬基苯基）磷酸酯，565nm；4,4′-硫二（6-叔丁基-2-甲基苯酚），565nm。

偶合试剂的配制：将 2.800g 对硝基苯胺溶于 10mL 热浓盐酸中，用水稀释至 250mL，冷却后用水调至刚好 250mL，得到甲液；取 1.44g 亚硝酸钠溶于水调至刚好 250mL，得乙液；各取甲、乙液 25mL，用冰冷至 10℃以下，混合两液。通入氮气鼓泡，令其回到室温，最后加入 10mg 尿素以消除过剩的亚硝酸，该试剂要现用现配。

（2）聚乙烯中抗氧剂 N,N'-二（β-萘基）对苯二胺的测定　配制过氧化氢的硫酸溶液：加 25mL 浓度为 20％的硫酸到 4mL 浓度为 30％的过氧化氢中，用水稀释到 100mL。

准确称取约 1g 聚乙烯试样于 50mL 烧瓶内，加入 2g 碎玻璃，再加入 10mL 甲苯。水浴回流，时而摇晃烧瓶直至溶解，整个过程约需 1～1.5h。用 15～20mL 乙醇洗冷凝管，取出烧瓶塞好，然后剧烈摇动，令聚合物沉淀。冷却后过滤，滤液放入 100mL 容量瓶，以乙醇定容。取 20mL 该溶液到试管中，加入 2mL 过氧化氢的硫酸溶液，混匀后静置。在 430nm 下测定吸光度，将 25～40min 后达到的最大读数作为测定值，从标准工作曲线上查出抗氧剂的含量。做工作曲线时，所用标准试样［N,N'-二（β-萘基）对苯二胺］的浓度范围在 0～0.0008g/20mL。

三、填料

填料是与高聚物性质完全不同的不相容的固体物质，因此一般采用较简单的方法就可以分离出来。如果是单一填料，分离后称重直接就得到其含量；如果是混合物，再根据化学性质的差别予以进一步分离。

表 4-12、表 4-13 分别给出了常见填料的形态和密度。

表 4-12　填料颗粒的形态

形态	填料
长纤维	木粉、果壳纤维、棉纤维、麻纤维、玻璃纤维、碳纤维、石墨纤维、硼纤维、氧化铝等陶瓷纤维、石英纤维、金属纤维、合成纤维
针状或短纤维	玻璃纤维、碳纤维、石棉、硅灰石、晶须纤维、炉渣纤维、纤维（结晶硫酸钙）
片状	云母、石墨、滑石粉、高岭土、三水合氧化铝
球状或块状	碳酸钙、炭黑、砂、石英粉、合成 SiO_2 粉、玻璃球、微玻璃珠、大多数石粉

表 4-13　某些填料和增强材料的密度

填料	密度/(g/cm³)	填料	密度/(g/cm³)
碳纤维	1.3～1.8	碳酸钙	2.7
石墨纤维	1.4～2.6	赤泥	2.7～2.9
碳晶须	1.66	云母	2.8
炭黑	1.8～2.1	白云石	2.80～2.90
硼晶须	1.83	滑石	2.9
硅藻土	2.3	硅灰石	2.9
氢氧化铝	2.4	碳酸镁	3.0～3.1
玻璃纤维、玻璃球	2.5～2.9	碳化硅晶须	3.19
碳化硼晶须	2.52	三氧化二铝	3.96
高岭土	2.58	重晶石	4.3～4.6
长石(白花岗岩)	2.6	铁晶须	7.85
方解石	2.60～2.75	铜晶须	8.92
砂、石英、SiO₂	2.65	镍晶须	9.95

填料分离和定量分析的方法主要有灰化法和溶解法。

1. 灰化法

将含填料的高聚物在高温下焙烧，高聚物被烧掉，剩下无机填料。但有机填料就不可用这种方法分离了。灰化时最好在裂解管中进行，样品装在小舟里，裂解管通有惰性气体。加热温度一般应控制在 500℃ 左右，因为在高温下填料会因分解或失去结晶水而有质量损失，而低温下高聚物材料分解不完全，所以加热温度要严格控制。对热塑性高聚物加热温度可低些，对热固性高聚物则要适当高一些，在加热会导致高聚物交联的情况下，则要在更高的温度下才可以使交联产物分解。

另外炭黑在 500℃ 的空气中燃烧会完全变成二氧化碳，而在氮气中燃烧时质量损失小于 1%，所以，测量炭黑必须在氮气氛下灰化。但一般填料的测定则应在空气中灼烧，因为高聚物在加热裂解后首先会产生不同大小的碎片，有的不能挥发而成为残渣，它们在较高温度下炭化，形成的炭黑在空气中才能灼烧完全而不至于影响测定。

2. 溶解法

对未交联高聚物材料，常能选择适当的溶剂将高聚物溶解，而留下填料。对交联高聚物或其他难溶高聚物，则可用化学分解的方法如水解、酸解等使高聚物分解而溶于溶剂。

四、防老剂

常用的防老剂大都是抗氧剂，并且多数兼有其他方面的防护作用，能有效防止橡胶老化。常用的防老剂可分为胺类、酚类和杂环类等几大类。其中胺类防老剂的防护效果最为突出，也是发现最早、品种最多的一类。它的主要作用是抗热氧老化、抗臭氧老化，并对铜离子、光和屈挠等老化的防护也有显著的效果。这是酚类防老剂、杂环类防老剂及其他类型的防老剂所无法比拟的。本节主要介绍 N-苯基-α-萘胺（俗称防老剂 A）的分析。

防老剂 A 对热、氧、屈挠及天候老化等老化作用均有良好的防护效果，为天然橡胶、合成橡胶及再生胶的通用防老剂。

1. 凝固点的测定

将试样倒入凝固点测定器中，加热熔化（在 60℃ 左右熔融，熔化后的体积约为凝固点测定器体积的 4/5），插入分度值为 0.1℃ 的温度计，温度计不得触及测定器的壁和底，不断搅拌，使试样自然冷却，同时仔细观察渐渐冷却的防老剂 A，当液体开始浑浊并成糊状时，微微搅动试样，当温度上升到最高点并保持一定时间，此最高温度即为防老剂 A 的凝固点。平行测定两次，凝固点的差数不应超过 0.2℃，用平行测定两次结果的算术平均值作为试样的凝固点。

2. 游离胺含量的测定

称取样品 10g（准确至 0.01g），放入 300mL 烧杯中，加入 150mL 蒸馏水，在 60~70℃ 的水浴上加热 30min 并充分搅拌，使游离胺溶解，放置冷却到 15~20℃ 冷凝后取出防老剂 A，并以少量水洗涤之，滤液和洗液并入 400mL 烧杯中，加入 4mL 盐酸溶液（1+1）❶，及 5mL 质量浓度为 100g/L 的溴化钾溶液，以 0.1mol/L 亚硝酸钠标准溶液滴定之，以淀粉-碘化钾试纸为指示剂，滴至保持 5min 后仍对淀粉-碘化钾试纸显微蓝色为终点。同时做一空白试验。

游离胺质量分数 X（以苯胺计）按下式计算：

$$X = \frac{c(V-V_0) \times 93.13}{1000m} \times 100\% \tag{4-26}$$

式中，V 为试样所消耗亚硝酸钠标准溶液的体积，mL；V_0 为空白所消耗亚硝酸钠标准溶液的体积，mL；c 为亚硝酸钠标准溶液的浓度，mol/L；m 为试样的质量，g；93.13 为苯胺的摩尔质量，g/mol。

五、硫化剂

在橡胶硫化的过程中，常采用的传统硫化剂是硫黄，主要用于硫化不饱和橡胶，对于饱和橡胶则采用其他非硫硫化体系，其中最常用的就是氧化锌。下面即对氧化锌的含量测定作介绍。

1. EDTA 标准溶液的配制与标定

称取 19g 分析纯的 EDTA 溶于 1000mL 热水中，冷却后过滤，用精锌标定。称取经过表面处理干净的精锌 0.12g（准确至 0.0001g），放入 500mL 锥形瓶中，加少量水润湿，加盐酸溶液（1+1）3mL，加热溶解，冷却后加水至 200mL，用氨水溶液（1+1）中和至 pH 为 7~8，再加 NH_3-NH_4Cl 缓冲溶液 10mL 和铬黑 T 指示剂 5 滴，以 0.05mol/L 的 EDTA 标准溶液滴定，溶液由葡萄紫色变为正蓝色即为终点；同时做空白试验。

EDTA 标准溶液对锌的滴定度按下式计算：

$$T = \frac{m}{V-V_0} \tag{4-27}$$

式中，T 为 EDTA 标准溶液对金属锌的滴定度，g/mL；m 为金属锌的质量，g；V 为滴定锌所消耗 EDTA 标准溶液的体积，mL；V_0 为空白试验所消耗 EDTA 标准溶液的体积，mL。

2. 试样的测定

---

❶ （1+1）表示盐酸与水的体积比为 1:1。

称取烘去水分的氧化锌试样 0.13~0.15g（准确至 0.0001g），置于锥形瓶中，加少量水润湿，加盐酸溶液（1＋1）3mL，加热溶解后，加水至 200mL，用氨水溶液（1＋1）中和至 pH 为 7~8（有氢氧化锌沉淀生成），再加 NH_3-NH_4Cl 缓冲溶液 10mL 和铬黑 T 指示剂 5 滴，以 0.05mol/L 的 EDTA 标准溶液滴定，溶液由葡萄紫色变为正蓝色即为终点。

氧化锌的质量分数按下式计算：

$$w(ZnO) = \frac{TV \times 1.2447}{m} \times 100\%$$ (4-28)

式中，T 为 EDTA 标准溶液对金属锌的滴定度，g/mL；V 为试样消耗 EDTA 标准溶液的体积，mL；m 为试样的质量，g；1.2447 为锌换算成氧化锌的系数。

阅读材料

中国科学院院士林尚安教授

林尚安先生（1924.6.8—2009.3.17），福建省永定县人，教授，中国科学院院士，博士生导师，在国内外高分子学术界享有盛誉。林先生 1946 年毕业于厦门大学化学系，1950 年获岭南大学化学硕士学位，此后一直在中山大学任教，1993 年 11 月当选为中国科学院院士。林先生历任中山大学化学系主任、高分子研究所所长；曾兼任广东省化学学会理事长，中国化学会常务理事，国务院学位委员会化学评议组成员和国家教委科技委化学学部委员。

林尚安教授在中山大学先后担任化学系副主任、主任，中山大学高分子研究所所长，校务委员会副主任，校学术委员会和学位评定委员会委员。曾担任中国化学会常务理事兼高分子委员会副主任委员，广东省化学会理事长，国务院学位委员会、国家自然科学基金委员会、中国科学院科学基金委员会、国家教委科技委员会化学评审组成员，国家教委《高等学校化学学报》《高分子学报》编委，《中国大百科全书》高分子化学组副主编，全国自然科学名词审定委员会高分子学科组成员。他在 50 多年的教学工作中，主讲过"有机化学""有机结构理论""高分子化学""高分子专论""高分子合成与聚合原理""高分子合成与功能高分子"等课程。

林尚安教授对有机化学和高分子化学的理论基础有很深的造诣。先后主编过 4 本专著和教材，在教育和学术界颇具影响。1960 年和 1982 年先后编著大学教科书《高分子化学》两种版本，后一种代表我国参加了德国法兰克福国际书展，获得好评，并于 1989 年获国家教委优秀教材奖。1984 年、1988 年还主编了《高分子化学与物理专论》和《配位聚合》等专著。

20 世纪五六十年代，林尚安教授主要从事有机硅高分子缩聚研究，所研制的有机硅新材料曾被应用于国防及尖端装置中，获国防工委奖及全国科学大会奖。70 年代以后，他对烯烃高效催化聚合、共聚合与聚合理论与各种聚烯烃合成进行了系统、深入的研究，极大地丰富了配位聚合理论，美、日、德等国际著名高分子专家盛赞他的基础研究已达到国际前沿水平。

他研制成功的多种新型高效催化剂，用于合成超高分子量聚乙烯、高中低密度聚乙烯、无规聚丙烯、等规聚丁烯及多种烯烃共聚物，效果甚佳，所研制的"苯乙烯定向聚合高活性催化剂"处于国际领先地位；超高分子量聚乙烯工程塑料、乙烯气相高效率聚合催化剂和各种烯烃共聚合催化剂，以及茂金属催化剂合成间规聚苯乙烯及其嵌段共聚物的研究成果，均达到国际前沿水平；在聚烯烃的化学改性、功能高分子膜材料的研究方面，提出了合成有发展前景的功能高分子富氧膜的新构思。他还研制成醇-水透过蒸发膜材料和"人工种子的高分子种皮研究"的成果，均为有新颖性、创造性研究成果。

　　林尚安教授教学和科研成绩突出，为我国高分子学科建设和发展作出了重要的贡献。他在国内外重要刊物上发表具有高水平的论文 150 多篇；先后荣获国家自然科学奖 1 项，国家教委科技进步奖 4 项，广东省自然科学奖 1 项，国家发明专利 7 项。他热心促进我国学者对外学术交流，20 世纪 80 年代以来，应邀赴美、英、日、韩等国及台、港地区参加国际会议并在大学及研究机构进行学术访问。林教授先后荣获"全国高校国家级优秀教学成果特等奖"，国家教委、人事部、全国总工会联合授予的"全国优秀教师"称号，并获"全国优秀教师奖章"，广东省委和省人民政府授予的"优秀园丁奖""南粤杰出教师奖"和"广东省职工先进工作者"称号以及中山大学授予"特别贡献奖"。

　　材料引自：中国科学院院士林尚安教授 ［J］. 中山大学研究生学刊（自然科学版），2001（04）：70-71.

　　何宜. 博士生导师林尚安教授 ［J］. 中山大学学报（自然科学版），1987（04）：3.

复 习 题

　　1. 在进行显色试验时，为什么先进行分离提纯后再进行显色效果更好？

　　2. 为什么在 Liebermann Storch-Morawski 显色试验中要求试剂的温度和浓度必须稳定？

　　3. 有一未知试样可能是聚乙烯或聚氯乙烯，请采用显色试验进行判断。

　　4. 一未知热塑性塑料试样，外观不透明，燃烧时产生黑烟，无熔滴，密度大于水，请判断该试样可能是什么。

　　5. 如何挑选在溶解-沉淀法提纯中所用的溶剂？

　　6. 对萃取法提纯中所用的萃取剂的要求是什么？

　　7. 钠熔法的原理是什么？

　　8. 请设计一实验流程对某聚氯化醋酸乙烯中的氯、氧元素进行定性定量测定。

　　9. 有一试样大概是环氧树脂，现在需对其进行必要的定性定量分析，请设计相应最简洁方便的实验方案。

　　10. 通过对本章的学习后，请自行设计整理出一套你认为能较全面并很方便对高聚物材料进行全方面分析鉴定的鉴定流程方案。

性能测试篇

第五章

物理性能测试

第一节　塑料的吸水性及含水量测定

塑料吸水后会引起许多性能变化，例如会使塑料的电绝缘性能降低、模量减小、尺寸增大等机械物理性能的变化。塑料吸水性大小决定于自身的化学组成。分子主链仅有碳、氢元素组成的塑料，例如聚乙烯、聚丙烯、聚苯乙烯等，吸水性很小。分子主链上含有氧、羟基、酰氨基等亲水基团的塑料，吸水性较大。

一、塑料的吸水性

1. 定义及原理

塑料吸水的性能叫吸水性，是指塑料吸收水分的能力。塑料吸水试验的原理为：将试样浸入保持一定温度（通常温度为23℃）的蒸馏水中经过一定时间后（24h）或浸泡到沸水中一定时间（30min）后，测定浸水后或再干燥除水后试样质量的变化，求出其吸水量。通常以试样原质量与试样失水后的质量之差与原质量之比的百分比来表示；也可用单位面积的试样吸收水分的量来表示；还可以直接用吸收的水分量来表示其吸收水分的能力。可参照GB/T 1034—2008 塑料吸水性试验方法。

2. 试验步骤及计算

（1）试验步骤

① 将试样放入（50±2）℃烘箱中干燥（24±1)h，然后在干燥室内冷却到室温，称量每个试样质量，表示为 m_1，精确至1mg。

② 将试样浸入蒸馏水中，水温控制在（23±0.5)℃；浸水（24±1)h后，取出试样，用清洁、干燥的布或滤纸迅速擦去试样表面的水，再次称量试样质量，表示为 m_2。

③ 或将试样浸入沸腾蒸馏水中经（30±1)min后，取出试样浸入处于室温的蒸馏水中，冷却（15±1)min，从水中取出试样，同样用清洁、干燥的布或滤纸擦去试样表面的水，再次称量试样质量，精确至1mg，试样从水中取出到称量完毕必须在1min之内完成，也表示为 m_2。

④ 若要考虑抽取出的水溶性物质，完成上述②或③后，可将浸水后的试样，再放入

(50 ± 2)℃烘箱中再次干燥（24 ± 1）h；将试样放入干燥器内冷却到室温，再次称量试样，表示为 m_3，精确至 1mg。

（2）试样的吸水量

① 用吸水率来表示，试样的吸水率为 W_m。

$$W_m = \frac{m_2 - m_1}{m_1} \tag{5-1}$$

或

$$W_m = \frac{m_2 - m_3}{m_3} \tag{5-1a}$$

② 用单位表面积的吸水量来表示，单位面积的吸水量为 W_s（mg/mm^2）。

$$W_s = \frac{m_2 - m_1}{A} \tag{5-2}$$

或

$$W_s = \frac{m_2 - m_3}{A} \tag{5-2a}$$

③ 用吸水量表示，试样的吸水量为 W_a（mg）。

$$W_a = m_2 - m_1 \tag{5-3}$$

或

$$W_a = m_2 - m_3 \tag{5-3a}$$

式中，A 为试样原始表面积 mm^2；m_1 为试样干燥处理后，浸水前的质量，mg；m_2 为试样浸水后的质量，mg；m_3 为含水溶性物质试样浸水后，第二次干燥后的质量，mg。

3. 试样

表 5-1 列出了试样的具体尺寸。

表 5-1　试样尺寸

试样类型	试样尺寸
模塑料	长、宽 60mm±2mm，厚度 1.0mm±0.1mm 或者 2.0mm±0.1mm 的方形试样
管材	直径≤76mm 时，沿径向切取 25mm±1mm 长的一段； 直径>76mm 时，沿径向切取 76mm±1mm 长，25mm±1mm 宽的样片
棒材	直径≤26mm 时，切取 25mm±1mm 长的一段； 直径>26mm 时，切取 13mm±1mm 长的一段
片或板材	边长为 61mm±1mm 的正方形，厚度为 1.0mm±0.1mm
成品、挤出物、薄片或层压片	长、宽 60mm±2mm，厚度 1.0mm±0.1mm 或者 2.0mm±0.1mm 的方形试样；或被测材料的长、宽 61 mm±1mm，一组试样有相同的形状（厚度和曲面）
各向异性的增强塑料	边长≤100×厚度

4. 试验设备及影响因素

（1）试验设备

① 天平，感量 0.1mg。

② 烘箱，常温到 200℃，温控精度为±2℃。

③ 干燥器，内装无水 CaCl$_2$。

④ 恒温水浴，控制精度为±0.1℃。

⑤ 量具，精度为 0.02mm。

（2）影响因素

① 试样尺寸　试样尺寸不同，吸水量则不同。因此标准规定每一类型的材料的统一尺寸。尺寸不同，质量吸水率也不同，只有尺寸相同时，才能相互比较。

② 材质均匀性　对均质材料可以进行比较，对非均质材料，无论是吸水量或吸水率或单位面积吸水量，只有在试样尺寸相同时才可作比较。

③ 试验的环境条件　试验环境有一定要求，要求尽可能在标准环境下进行，因为试样

浸水后擦干再称量，如果环境温度高、湿度低，则在称量时就一边称一边在减轻，使结果偏低，反之结果就偏高。

④ 试验温度 试验温度要严格按照标准规定，太高太低都会给结果带来影响。

二、塑料的水分测定

塑料中含有一定量的水分，通常以试样原质量与试样失水后的质量之差与原质量之比的百分比来表示。一般水分的存在对塑料的性能及成型加工会产生有害的影响，而且水在高温下会汽化，使制品产生气泡。目前广泛使用的测定水分含量的方法有：干燥恒重法、汽化测压法和卡尔·费休试剂滴定法。

1. 干燥恒重法

是将试样放在一定温度下干燥到恒重，根据试样前后的质量变化，计算水分含量。

2. 汽化测压法

是利用水的挥发性。在一个专门设计的真空系统中，加热试样，试样内部和表面的水蒸发出来，使系统压力增高，由系统压力的增加，求得试样的含水量。

3. 卡尔·费休试剂滴定法

用专门配制的试剂（卡尔·费休试剂），利用碘氧化二氧化硫时，需要定量的水这一原理来测量水分含量。以甲醇为例，卡尔·费休试剂与水的反应式如下：

$$C_5H_5N \cdot I_2 + C_5H_5N \cdot SO_2 + C_5H_5N + H_2O + CH_3OH \longrightarrow$$
$$2C_5H_5N \cdot HI + C_5H_5N \cdot HSO_4CH_3$$

（1）卡尔·费休试剂的配制 在 1000mL 干燥棕色磨口瓶中溶解（133±1）g 碘于（425±2）mL 无水吡啶中，摇匀。再加入（425±2）mL 无水甲醇，摇匀后在冰浴中冷至 4℃ 以下。缓缓通入二氧化硫，使其增重 102～105g，盖紧瓶塞，摇匀，于暗处放置 24h 备用。使用前用同体积无水甲醇稀释。每毫升该试剂约相当于 3mg 水。

（2）滴定终点 用卡尔·费休水分测定仪滴定，在浸入溶液的两铂电极间加上适当的电压，因溶液中存在着水而使阴极极化，电极间无电流通过。当滴定至终点时，阴极去极化，电流突然增加至一最大值，并保持 1min 左右，即为滴定终点。

（3）含水量计算

$$W_s = \frac{(V_1 - V_2)T}{m} \times 100\% \tag{5-4}$$

或

$$W_s = \frac{TV_2}{m_2} \times 100\% \tag{5-4a}$$

式中，W_s 为含水量；V_1 为滴定试样用卡尔·费休试剂体积，mL；V_2 为滴定空白用卡尔·费休试剂体积，mL；m 为试样量，g；m_2 为试样质量，g。

第二节 密度和相对密度的测定

密度和相对密度是塑料不可缺少的物理参数之一，可作为橡塑材料的产品鉴别、分类、命名、划分牌号和质量控制的重要依据，为科研及产品加工应用提供基本性能指标。

一、概念

1. 密度

密度是规定温度下单位体积内所含物质的质量数，用符号 ρ 表示。由于密度随温度的变化，故引用密度时必须指明温度，温度 t℃时的密度用 ρ_t 表示。一般塑料密度都在 $0.80\sim$ $2.30\mathrm{g/cm^3}$ 之间。

2. 相对密度

相对密度指一定体积物质的质量与同温度情况下等体积的参比物质质量之比（常用的参比物为水）。温度 t/t℃时的相对密度用 d_t^t 表示。

$$d_t^t = \rho_t / K \tag{5-5}$$

式中，ρ_t 为 t℃时物质的密度；K 为 t℃时水的密度。

3. 表观密度

对于粉状、片状、颗粒状、纤维状等模塑料的表观密度是指单位体积中的质量，用 D_a 表示；对于泡沫塑料的表观密度是指单位体积的泡沫塑料在规定温度和相对湿度时的质量。故又称体积密度或视密度。用 ρ_a 表示，单位为 $\mathrm{g/cm^3}$。

二、塑料和橡胶的密度及相对密度的测定

泡沫塑料以外的塑料密度及相对密度的测定可以参考国家标准 GB 1033.1～1033.3《塑料 非泡沫塑料密度的测定》。

浸渍法是基于阿基米德定律，将体积的测量转换为浮力的测量，即只要测得该物体全浸没在已知密度的浸渍液中的浮力大小，就能计算出该物体的体积，进而计算出测量物体的密度。浸渍法测试塑料密度被普遍使用，并收录于现行国家标准 GB/T 1033.1—2008《塑料 非泡沫塑料密度的测 第 1 部分 浸渍法、液体比重瓶法和滴定法》中。

1. A 法——浸渍法

（1）测试原理 试样在规定温度的浸渍液中，所受到浮力的大小，等于试样排开浸渍液的体积与浸渍液密度的乘积。而浮力的大小可以通过测量试样的质量与试样在浸渍液中的表观质量求得。

浸渍法测定
原理

$$\text{由} \qquad m - m_1 = V\rho_0 \quad \text{得} \ V = \frac{m - m_1}{\rho_0} \tag{5-6}$$

式中，V 为试样的体积，$\mathrm{cm^3}$；m 为试样的质量，g；m_1 为试样在浸渍液中的表观质量，g；ρ_0 为浸渍液的密度，$\mathrm{g/cm^3}$。

试样的体积和质量均可测得，则试样的密度即可求出。

$$\rho = \frac{m}{V} = \frac{m\rho_0}{m - m_1} \tag{5-7}$$

利用公式(5-6)可求其相对密度。

（2）方法要求

① 标准环境温度下，准备好试样，试样表面应平整、清洁、无裂缝、无气泡等缺陷，尺寸适宜，在空气中称量 1～3g，并称量金属丝质量，试样上端距液面不小于 10mm，试样表面不能黏附空气泡。

② 用直径小于 0.13mm 的金属丝悬挂着试样，试样全部浸入浸渍液中，金属丝挂在天平上进行称量。

③ 浸渍液放在固定支架的烧杯或容器里，浸渍液的温度控制在（23±1）℃。

④ 若试样密度小于 1g/cm³ 时，需加一小铜锤或不锈钢锤，使试样能浸没于浸渍液中。

⑤ 称量金属丝与重锤在浸渍液中的质量。

⑥ 浸渍液选用新鲜蒸馏水或其他不与试样作用的液体，必要时可加入几滴湿润剂，以便除去气泡。

（3）试验设备

① 天平，感量 0.1mg，最大称量 200g。

② 金属丝，直径小于 0.13mm。

③ 玻璃容器及固定支架。

④ 恒温水浴，温度波动不大于±0.1℃。

⑤ 温度计，分度为 0.1℃。

2. C 法——浮沉法

（1）测试原理　用两种轻重不同密度的浸渍液配制而成的混合浸渍液，将试样剪成 5mm×5mm 的小块，然后放入混合浸渍液中，不要使试样附有气泡，观察试样沉浮，若浮起来，则加轻浸渍液；若沉下去，则加重浸渍液，每次加完，轻摇几下三角瓶，直至试样长久漂浮在混合浸渍液中，不浮起来也不沉下去，测定的混合浸渍液的密度就是试样的密度。

其密度的计算式按下式计算：

$$\rho = \frac{m}{V} \tag{5-8}$$

式中，m 为容量瓶中装满混合浸渍液的质量，g；V 为容量瓶的体积，cm³；ρ 为试样（混合浸渍液）的密度，g/cm³。

滴定法测定
塑料密度原理

（2）方法要求

① 试样表面应平整、清洁、无裂缝、无气泡等缺陷，尺寸以 5mm×5mm 的小块最为适宜。

② 试样上不能吸附气泡，试样上有气泡，会增加试样的浮力，导致结果偏高。

③ 称量已干燥的 25mL 的容量瓶 m_1，将配好的混合浸渍液装入容量瓶中，在规定温度下恒温 40min，擦净恒温好的容量瓶，并称其质量 m_2。则 $m = m_2 - m_1$。

④ 轻重两种浸渍液的选择，轻浸渍液密度一定要比试样密度小，重浸渍液一定要比试样密度大。

⑤ 混合浸渍液的配制用 100mL 的磨口三角瓶来配制。

（3）试验设备

① 天平，感量 0.1mg，最大称量 200g。

② 容量瓶，25mL，带塞。

③ 磨口三角瓶，100mL。

④ 恒温水浴，温度波动不大于±0.1℃。

⑤ 温度计，分度为 0.1℃。

⑥ 密度计，能直接测出轻重浸渍液的密度。

3. 密度柱法测定密度

（1）试样及浸渍液　试样可以是片状、粒状或容易鉴别的形状，但应使操作者精确测量试样体积中心位置。试样表面应平整、清洁、无裂缝、气泡、凹陷等，一般厚度不低于 0.13mm。根据试样密度值的范围，选择与试样不起作用的溶液体系，或其他适用的混合物作为浸渍液。

（2）玻璃浮标的制备　制备直径为 3～8mm、近似球形，经过充分退火的玻璃球。选择适当的溶液体系，注入容积为 100mL 的量筒中，将此量筒置于温度为（23±1）℃的恒温水浴中恒温。装入被校准的玻璃浮球，搅拌均匀，如果浮标下沉，则加入密度较大的液体，反之，加入密度较小的液体，再充分搅拌均匀，待浮标在溶液中悬浮静止不动至少 30min，测定浮标保持平衡状态的液体密度，即为该浮标的密度。精确到 0.0001g/mL。对每一个浮标依次这样校正。

（3）密度柱的配制　用两个尺寸相同的玻璃容器，如图 5-1 所示，选择适当的溶液体系，将选用的两种液体用缓慢加热或抽真空等方法除去气泡，玻璃容器 A 中是密度较小的液体，B 中是密度较大的液体，容器 B 中所需液体的体积应大于所配梯度管总体积的一半。打开旋塞 a 和 b，立即启动电磁搅拌器，液面不能波动太大，使 B 中混合液缓慢沿着梯度管壁流入管中，直至所需液位。选用 5 个以上的玻璃浮标，用容器 A 中轻液浸渍后沿壁轻轻放入梯度柱中。将配制好的密度梯度柱放在温度为（23±1）℃下静置不少于 8h，恒温浴的液面应高于梯度柱的液面，待浮标位置稳定后，测量每个浮标的几何中心高度，精确到 1mm。绘制密度（ρ)-浮标高度（H）的工作函数曲线图。

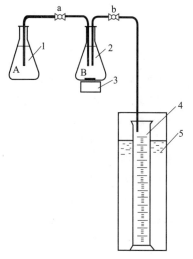

图 5-1　配制密度柱配管装置
1—轻液容器；2—重液容器；3—电磁
搅拌器；4—梯度管；5—恒温水浴

图 5-2　天平法测定相对密度
1—天平盘；2—架子；3—坠子；
4—试样；5—烧杯；6—毛发；7—天平架臂

（4）测定试样密度　测定三个试样，用容器 A 中的轻液浸湿后，轻轻放入梯度柱中，一般试样放入 30min，其高度位置处于稳定平衡，测量其几何中心高度，在所绘制的浮标密度（ρ)-浮标高度（H）的工作函数曲线图上，读取试样位于梯度柱中的高度所对应的密度值，即为该试样的密度。或用内插法计算如下：

$$\rho = a + \frac{(x-y)(b-a)}{z-y} \qquad (5-9)$$

式中，ρ 为试样的密度，g/cm³；x 为试样的高度，mm；y 和 z 为试样上下相邻两个标准玻璃浮标的高度，mm；a 和 b 分别为两个标准玻璃浮标的密度，g/cm³。

4. 天平法测相对密度

天平法测相对密度是利用试样在水中减轻的重量以测定橡胶的密度（图 5-2）。称取表面光滑无气孔的试样 1～2g（准确至 0.001g），将一小架跨放在天平盘上，将盛有蒸馏水的烧杯放置在小架上。用毛发系住试样,并挂在天平钩上,试样浸没于烧杯的蒸馏水中,稳定后称量。测量蒸馏水的温度,求得水的密度。计算式如下:

$$\rho = \frac{m d_4^t}{m - m_1}$$ (5-10)

式中,ρ 为试样的相对密度,g/cm^3;m 为试样在空气中的质量,g;d_4^t 为试验时水的密度,g/cm^3;m_1 为试样在水中的质量,g。

若试样的相对密度小于 1 时,要加坠子,使之浸没于水中,加坠子试样的相对密度可按下式计算:

$$\rho = \frac{m d_4^t}{m + m_2 - m_3}$$ (5-11)

式中,m_2 为坠子在水中的质量,g;m_3 为坠子和试样在水中的质量,g;其他符号同前。

第三节　溶解性和黏度的测定

一、溶解性

高分子材料的溶解性除了与化学组成有关外,很大程度上还受分子量、等规度和结晶度等结构因素的影响。一般来说,分子量、等规度和结晶度越大,溶解性越差。分子链的形状对溶解性也有显著影响,例如交联的高分子一般不能溶解,只能溶胀。材料中的添加成分也会影响其溶解性。此外,一种高分子能否溶解于某种溶剂往往与温度有决定性关系,比如非极性结晶聚乙烯,要在 120℃ 以上结晶熔化后才能溶于四氢萘、对二甲苯等非极性溶剂中。因此,说一种高分子材料能否溶于某种溶剂往往比较困难,因为高分子化合物的溶解速度远比小分子化合物小得多。由于高分子不易运动,溶解的第一步先是溶剂分子渗入高分子内部,使高分子体积膨胀,称为溶胀,然后才是高分子均匀分散到溶剂中而溶解。然而溶解性试验易于操作,因此,判断其高分子材料的溶解性还是方便可行的。

高分子溶解性

溶解性一般操作是取大约 100g 粉碎了的试样于试管中,加入 10mL 溶剂,不断振动,观察数小时或更长时间,必要时可用酒精灯或水浴加热。注意的是当含有不溶的无机填料、玻璃纤维等时,不易观察到是否易于溶解,可进一步试验过滤溶液或静止过夜后倾去上层清液,在表面皿上滴几滴溶液,观察其干燥后是否有残留物,如有,则说明能溶解。

二、黏度的表示

黏度是流体黏性的表现,溶液的黏度一方面与聚合物的分子量有关,同时黏度能提供黏性液体性质、组成和结构方面的许多信息,是评定塑料和橡胶的重要指标,也是塑料、合成树脂聚合度控制的一种方法,为塑料、合成树脂和橡胶的成型加工提供工艺参数。

1. 黏度(又称绝对黏度或动力黏度)

表示流体在流动过程中,单位速度梯度下所受的剪切应力的大小,公式表示为:

$$\sigma = \mu \cdot \frac{d\gamma}{dt}$$ (5-12)

式中,σ 为剪切应力;γ 为剪切速率;t 为时间;μ 为黏度,SI 制中的单位为 Pa·s。

2. 运动黏度

液体的绝对黏度与其密度之比值。用 ν 表示，SI 制中的单位为 $\mathrm{m^2/s}$。

3. 黏度比（又称溶液溶剂黏度比或相对黏度）

指在相同温度下，溶液黏度 η 与纯溶剂黏度 η_0 的比值；在溶液较稀，$\rho \approx \rho_0$ 时，可近似地看成溶液的流出时间 t 与纯溶剂流出时间 t_0 的比值（t，t_0 分别为一定体积的稀溶液及纯溶液用同一黏度计在同一温度下测得的流出时间）。用 μ_r 表示，是一个无量纲的量。

$$\mu_r = \frac{\eta}{\eta_0} = \frac{t}{t_0} \tag{5-13}$$

4. 特性黏度

在黏度法测定聚合物的分子量时，还要用到下面的几个黏度名称。

（1）增比黏度 η_{sp}　表示溶液黏度比纯溶剂黏度增加的倍数，也是无量纲量。

$$\eta_{sp} = \frac{\eta - \eta_0}{\eta_0} = \eta_r - 1 \tag{5-14}$$

（2）比浓黏度 η_{sp}/c　表示单位浓度的溶质所引起的黏度增大值。比浓黏度的量纲是浓度的倒数。

（3）比浓对数黏度 $(\ln\eta_r)/c$　其中 c 表示聚合物溶液的浓度。比浓对数黏度的量纲也是浓度的倒数。

特性黏度的定义为溶液浓度无限稀释情况下的比浓黏度 (η_{sp}/c) 或比浓对数黏度 $\ln\eta_r/c$。

$$[\eta] = \lim_{c \to 0} \frac{\eta_{sp}}{c} = \lim_{c \to 0} \frac{\ln\eta_r}{c} \tag{5-15}$$

特性黏度 $[\eta]$ 表示单位质量聚合物在溶液中所占流体力学体积的大小，其值与浓度无关，其量纲是浓度的倒数。

三、黏度的测定

1. 毛细管法

（1）测量原理及计算　在规定温度和环境压力的条件下，在同一黏度计内测定给定体积的溶液和溶剂流出时间，求得黏度。

相对黏度 μ_r：

$$\mu_r = t/t_0 \tag{5-16}$$

式中，μ_r 为相对黏度；t 为溶液流经黏度计的时间，s；t_0 为溶剂流经黏度计的时间，s。

毛细管测定
相对黏度

（2）方法要求

① 测量不同待测试样的黏度时，注意溶液的配制。

② 将黏度计安装在恒温浴中，恒温浴的温度波动为（工业测量）$\pm 0.1\,^{\circ}\mathrm{C}$ 或（精密测量）$\pm 0.01\,^{\circ}\mathrm{C}$，恒温时间隔 10min，液面高过 D 球 5cm。

③ 使毛细管保持垂直，同时待气泡消失。

④ 将约 10mL 的溶液和溶剂分别装入黏度计内，在恒温下测量其流过黏度计的时间 t_0 和 t。其中溶剂要测量三次，取其平均值。

（3）试验设备

① 黏度计，见图 5-3 所示。

② 恒温槽一套，恒温温度波动为 $\pm 0.05\,^{\circ}\mathrm{C}$。

③ 秒表，分度值为 0.1s。

④ 容量瓶，25mL。

⑤ 分度吸管和无分度吸管，10mL。

⑥ 针筒，50mL 或 20mL。

⑦ 玻璃砂芯漏斗，溶剂储存管。

⑧ 分析天平，分度值为 0.1mg。

⑨ 洗耳球、水泵、吸滤瓶、乳胶管和铁架等。

⑩ 相应的试剂及稳定剂。

乌氏黏度计在测定高分子溶液的黏度时以测定液体在毛细管内流出速度的黏度计法最为

乌氏黏度计
测试原理

方便。常用的黏度计有二种：奥氏黏度计与乌氏黏度计。采用乌氏黏度计时，当把液体吸到 G 球后，放开 C 管，使其通大气，因而 D 球内液体下降。形成毛细管内为气承悬液柱，使液体流出毛细管时沿管壁流下，避免产生湍流的可能，同时毛细管中的流动压力与 A 管中液面高度无关。因而不像奥氏黏度计那样，每次测定，溶液体积必须严格相同。乌氏黏度计由于不小心被倾斜所引起的误差也不如奥氏黏度计大，

故能在黏度计内多次稀释，进行不同浓度的溶液黏度的测定，所以又称为乌氏稀释黏度计。

乌氏黏度计 3 条管中，B、C 管较细，极易折断，拿黏度计时不能拿着它们，应拿 A 管。同理，固定黏度计于恒温槽时，铁夹也只许夹着 A 管。特别是把黏度计放于恒温槽中或从恒温槽中取出时，由于水的浮力，此时若拿 B、C 管，就很容易折断。由于玻璃管弯曲处应力大，任何时候不应同时夹持两支管。套上或拆除 B、C 上的胶管时，也应只拿住 A 管，以免损坏黏度计。

2. 落球法及落球黏度

（1）落球黏度 是根据测定已知质量和体积的小球在被测液体中通过一定高度的液体柱所需要的时间，从而测定黏液的黏度。落球黏度用落球黏度计测定，操作方便，适用于牛顿流体。

（2）测量原理及计算 图 5-4 是最简单的落球式黏度计，测定钢球通过刻度所需要的时间，如果在使用前用一种已知黏度的液体进行同样的测定，二者比较即可知道被测溶液的黏度 μ。其数学表达式如下：

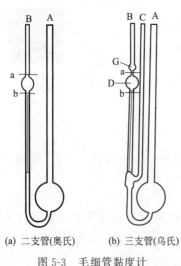

(a) 二支管(奥氏)　　(b) 三支管(乌氏)

图 5-3　毛细管黏度计

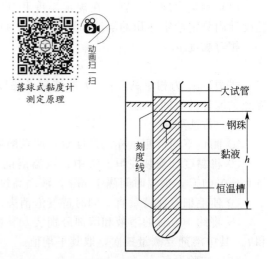

落球式黏度计
测定原理

图 5-4　落球式黏度计

$$\mu = K(\rho_1 - \rho_2)t \qquad (5\text{-}17)$$

式中，μ 为液体的黏度，Pa·s；K 为黏度计常数，Pa·s·m³/(kg·s)；ρ_1 为钢球的密度，kg/m³；ρ_2 为液体的密度，kg/m³；t 为流经时间，s。

（3）方法要求

① 液体倒入试管内，放入适当的球，注意球上不应黏附任何气泡。

② 黏液需在恒温槽内恒温 15min。不同的球测量的精度是不同的。

③ 测天然乳胶黏度时，用 0.8% 氨水调胶乳至总固体为 55%，其胶乳温度控制为 (25±1)℃。

（4）试验设备

① 试管。

② 恒温槽，恒温温度波动为 ±0.05℃。

③ 钢球。

④ 温度计，最小分刻度值为 0.2℃。

⑤ 秒表，分度值为 0.1s。

3. 旋转法

旋转黏度计测量黏度的基本原理是基于浸于流体中的物体（如圆筒、圆锥、圆板、球及其它形状的刚性体）旋转，或这些物体静止而使周围的流体旋转时，这些物体将受到流体的黏性力矩的作用，黏性力矩的大小与流体的黏度成正比，通过测量黏性力矩及旋转体的转速求得黏度。

基于旋转法测定液体黏度的黏度计有同轴圆筒内旋式黏度计、单圆筒旋转式黏度计、外筒旋转式黏度计、锥/板式黏度计等多种。其中，同轴圆筒内旋式黏度计是测量低黏度流体黏度的一种基本仪器，测量元件由刻度盘、电机可动框架（电机壳体）、弹性元件（游丝）组成。在同轴安装的内筒（转子）、外筒间隙中加入一定量的液体，当电机带动内筒恒速转动时，液体受剪切产生的黏性力矩使电机可动框架偏转，弹性元件产生扭矩，当弹性力矩与黏性力矩平衡时，指针在刻度盘上指出一定的值，用该值计算被测液的黏度和转子常数。目前世界各国的同轴圆筒旋转黏度计大多采用的是内筒旋转式的，称为 Searle 系统，参见图 5-5。其优点是在外圆筒体不转动的情况下，采用夹套或其他方法比较容易控制测定时的温度，其不足之处是不能用于高转速下低黏度的样品测定，因作用在液体上的离心力能使层流最终转为湍流，影响了动力黏度的测定。我国的 RV 型、NXS-11 型、QNX 型、NDJ-79 型旋转黏度计等均属于此类。

（1）测量原理　同步电机以稳定的速度旋转，连接刻度圆盘，再通过游丝和转轴带动转子旋转。如果转子未受到液体的阻力，则游丝、指针与刻度圆盘同速旋转，指针在刻度盘上指出的读数为"0"。反之，如果转子受到液体的黏滞阻力，则游丝产生扭矩，与黏滞阻力抗衡最后达到平衡，这时与游丝连接的指针在刻度圆盘上指示一定的读数（即游丝的扭转角）。将读数乘上特定的系数即得到液体的黏度（mPa·s）。

（2）基本操作

① 准备被测样品，置于直径不小于 70mm 的烧杯或容器中，准确控制液体的温度，准备测定；

② 将选配好的转子旋入连接螺杆上，旋转升降钮。使仪器缓慢下降，转子逐渐浸没待测液中，直到转子液面标志和液面平齐，开启开关调节适当转速，进行测定；

③ 当指针趋于稳定，按下指针控制开关，读数；

④ 根据旋转系数等计算公式得到结果。

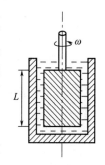

图 5-5　内筒旋转式结构示意图

（3）影响因素

① 温度对测定值有十分重要的影响。温度升高，黏度下降，当温度偏差 0.5℃时，有些液体黏度值偏差超过 5%，对于精确测量，最好不要超过 0.1℃。

② 连接螺杆和转子处应该保持干净，转子每次用完要及时清洗；

③ 正确选择转子，或调整转速；

④ 转子放入样品中时要避免产生气泡，否则测量出的黏度值会降低。

第四节　透气性和透湿性的测定

透气性是聚合物重要的物理性能之一。没有一种聚合物材料能阻挡住气体和蒸汽分子的渗透。用高分子聚合物制作的薄膜或薄片，有时要求对水蒸气和各种气体有良好的阻隔性，有时又要求有良好的气体透过性。例如：塑料薄膜在用于农作物的保湿时，对水蒸气就需要有好的阻隔性，而对氧气和二氧化碳又需要有良好的透过性能；在用于食品包装时对水蒸气和氧气需要良好的阻隔性，既可防腐、防潮，又可保湿；充气轮胎的内胎、输送气体的胶管和某些密封制品，均要求透气性低，气体难以通过。各种高分子材料的阻隔性能相差很大，从透气性较好的硅橡胶到阻隔性较好的聚偏氯乙烯，气体透过系数相差 100 万倍。因此对高分子材料的透气性和透湿性的测定是十分重要的。

气体和蒸汽的渗透一般要经过溶解、扩散、蒸发三个过程。第一阶段是气体或蒸汽被聚合物表面层吸附（溶解），通常用溶解度 S 表示；第二阶段是被吸收或溶解的气体在聚合物内部进行扩散，通常用扩散系数 D 表示；第三阶段是穿过聚合物的气体或蒸汽在另一侧解吸出来。而透过聚合物的总能力通常用透气系数 P 表示，三者关系符合公式：$P = SD$。

一、透气性及其测定

塑料薄膜透气系数或透气量的测定，参照国标 GB/T 1038—2000《塑料薄膜和薄片气体透过性试验方法　压差法》进行的。

1. 定义

（1）气体透过量　标准状态下，单位透过面积、单位压差内在 24h 透过的气体量，用 Q_g 表示，单位为 $m^3/(m^2 \cdot Pa \cdot 24h)$。

（2）透气系数　标准状态下，在单位时间内，单位压差下，透过单位面积、单位厚度薄膜的透气量。用 P_g 表示，单位为 $m^3 \cdot m/(m^2 \cdot Pa \cdot s)$。

2. 测定原理

气体通过薄膜的透过过程，从热力学的观点来看，是单分子扩散过程。其透气量或透气系数的测定，是在一定温度下，让试样两侧保持一定的气体压差，即在试样的一侧施加一定压力的测试气体；而另一侧真空减压，使试验气体在试样中溶解及扩散，气体透过试样，测量试样低压侧的气体压力变化，计算透气系数。在透气性试验中，由于气体透过，低压侧压力徐徐上升，压力与时间成直线变化时，透过稳定后，$\Delta p/t$ 是稳定的，根据斜率可计算出透气系数和透气量。计算公式如下：

透气性测定
基本原理

$$P_g = \frac{\Delta p}{\Delta t} \times \frac{V}{A} \times \frac{IT_0}{p_0 T} \times \frac{1}{(p_1 - p_2)} \tag{5-18}$$

$$Q_g = \frac{\Delta p}{\Delta t} \times \frac{V}{A} \times \frac{T_0}{p_0 T} \times \frac{24}{(p_1 - p_2)} \tag{5-19}$$

式中，P_g 为透气系数，$m^3 \cdot m/(m^2 \cdot Pa \cdot s)$；$Q_g$ 为透气量，$m^3/(m^2 \cdot Pa \cdot 24h)$；

$\Delta p / \Delta t$ 为稳定渗透时，单位时间内低压侧气体压力变化的算术平均值，Pa/s；A 为薄膜面积，m^2；I 为薄膜厚度，m；T 为试验温度，K；V 为低压侧体积，m^3；$(p_1 - p_2)$ 为试样两侧压差，Pa；T_0、p_0 为标准状态下的温度（K）和压力（Pa）。

3. 测定方法及设备

测量聚合物透气性的方法很多，有真空法、恒压法、恒容法，还有近年来发展起来的 MC3 型气体透过率测试仪等。

(1) 真空法　见图 5-6，在低压侧抽真空，高压侧为 101.325kPa 的试验气体，通过测量低压侧的压力、浓度的变化或流量的大小来测量流速。

① 测试步骤

a. 测量试样厚度　试样直径为 75mm，无皱褶、表面清洁，在无水氯化钙干燥器中干燥 24h，每组试样三个。测量试样厚度，至少测量五点，取算术平均值。将试样装置于透气室中，并使试样高压侧与低压侧能密封好。

b. 开启透气仪真空泵　使试样高、低压侧均抽真空，当两侧均达到大约 1.33Pa 时，关闭高、低压侧真空活塞阀。

c. 通气　将所测气体通入高侧，使高压侧达到所需压力，关闭通气口，气体开始透过。

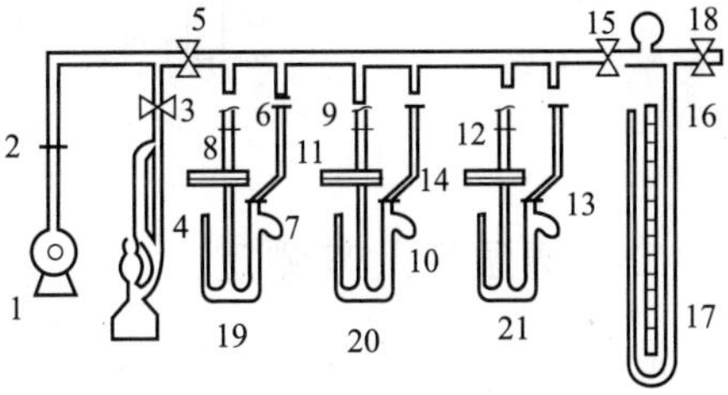

图 5-6　透气仪结构

1—真空泵；2,3,5,15,16—真空活塞；4—麦氏压力计；6,9,12—高压侧真空活塞；7,10,13—低压侧真空活塞；8,11,14—透气室；17—U形压力计；18—储气槽；19～21—透气室压力计

d. 当气体透过达到稳定时，每隔一定时间记录透气室低压侧的压力值，至少连续记录三次，计算其平均值 $\Delta p / \Delta t$。

e. 依据公式(5-14)、式(5-15)可计算出其透气系数与透气量。

② 试验设备　见图 5-5。

a. 真空泵。

b. 麦氏真空计（或其他真空计），可测量至 1×10^{-3} mmHg（1mmHg＝133.322Pa）。

c. 封闭式 U 形压差计，量程 760mmHg 以上，准确度为 mmHg。

d. 储气瓶，体积 2L 以上。

e. 透气室和透气室压力计。

f. 量具，准确度为 0.002mm。

g. 高频真空检漏计。

h. 吹风机。

③ 试验条件　温度为 (25±2)℃或按产品标准规定；高压侧压力为 760mmHg 或按产品标准规定，低压侧的压力 $p = (1 \times 10^{-2} \sim 1 \times 10^{-3})$ mmHg；气体种类按使用要求选择，并需干燥。

(2) MC3 型气体透过率测试仪　见图 5-7，其原理也是基于试样两侧形成压差，压力与时间成直线关系，将其转变为电气信号，从而计算出气体透过率：

$$R = \frac{T_0 V}{p_0 T} \times \frac{1}{A} \times \frac{1}{p_d} \times \frac{dp}{dt} [m^3/(m^2 \cdot Pa \cdot h)] \tag{5-20}$$

式中，T_0、p_0 为理想状态下的温度、压力；T、V 为测定时的温度、体积；dp/dt 为气体透过成定态的低压侧压力斜率；A 为透过面积；p_d 为在试样上施加的压力差。

透过系数的计算如下。

$$P = 1.15 \times 10^{-20} eR [cm^3 \cdot cm/(cm^2 \cdot Pa \cdot s)] \tag{5-21}$$

式中，R 为气体透过率；e 为试样厚度，μm。

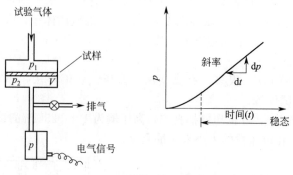

图 5-7　MC3 型气体透过率测定仪原理

二、透湿性及其测定

液体及其蒸气对聚合物材料的透过性，一般采用测定透过物浓度变化的方法来测量透过性。试验结果一般表示为透过速度，而不采用渗透系数。塑料薄膜和片材透水性的测定，参照国标 GB 1037—88《塑料薄膜和片材透水蒸气性试验方法　杯式法》进行。

1. 定义

（1）透湿量　即水蒸气透过量，薄膜两侧水蒸气压差和薄膜厚度一定、温度一定、相对湿度一定的条件下，$1m^2$ 聚合物材料在 24h 内所透过的水蒸气量，用 Q_V 来表示，单位为 $kg/(m^2 \cdot 24h)$。

（2）透湿系数　水蒸气透过系数，在一定的温度和相对湿度以及单位水蒸气压差下，单位时间内透过单位面积单位厚度的水蒸气量，用 P_V 来表示，单位为 $kg \cdot m/(m^2 \cdot Pa \cdot s)$。

2. 测试原理

透湿性测定
基本原理

水蒸气对薄膜的透过跟气体相似，水蒸气分子先溶解于薄膜中，然后在薄膜中向低浓度处扩散，最后在薄膜的另一侧蒸发。在规定温度和相对湿度及试样两侧保持一定蒸气压差条件下，测定透过试样的水蒸气量，计算出透湿量及透湿系数。

$$Q_V = \frac{24\Delta m}{At} \tag{5-22}$$

$$P_V = \frac{\Delta m I}{tA\Delta p} \tag{5-23}$$

式中，Q_V 为水蒸气透过量，$kg/(m^2 \cdot 24h)$；P_V 为水蒸气透过系数，$kg \cdot m/(m^2 \cdot Pa \cdot s)$；$t$ 为质量增量稳定后的两次间隔时间，h；Δm 为 t 时间内的质量增量，kg；Δp 为试验两侧水蒸气压差；A 为薄膜面积，m^2；I 为薄膜厚度，m。

3. 测试方法及设备

测定液体及蒸气对聚合物的透过性，有"杯"法、"盘"法、静水压法等。"杯"法的测试如下。

（1）试验步骤

① 制样　将薄膜切成与透湿杯相应大小的尺寸，并检查有无缺欠，如针眼、皱褶、划伤、孔洞等，每一组至少取三个试样。对于表面材质不相同的样品，在正反两面各取一组试样；对于透湿量低或精确度要求高的样品，应取一个或两个试样进行空白试验。

② 装样　先将已烘好的干燥剂装入清洁的玻璃皿中，使干燥剂距试样表面约 3mm。将盛有干燥剂的玻璃皿放入透湿杯中，将杯子放在杯台上，再将试样放在杯子正中，加上杯环后，用导正环固定好试样的位置，再加上压盖，小心地取出导正环，将熔融好的密封蜡浇灌

在透湿杯的凹槽中，使玻璃皿中干燥剂由薄膜密封在透湿杯中，密封蜡凝固后，不允许产生裂纹及气泡。

③ 待透湿杯达到室温后，称量其质量。

④ 将透湿杯放入已调好温度与相对湿度的恒温恒湿箱中，通常 16h 后，从箱中取出，放入处于 (23±2)℃ 环境中的干燥器中，放置约 40min，称其质量，称量后重新放入恒温恒湿箱中，以后每隔 12h、14h、48h 或 96h 取出，同样处理后再称量，称量后，再放入恒温恒湿箱中，如此待相邻间隔两次增量之差不大于 5% 时，可以认为稳定透过，再重复一次，可以终止试验。

（2）测试仪器和试剂

① 恒温恒湿箱，能提供稳定的温度和相对湿度，其温度精度为 ±0.6℃，相对湿度精度为 ±2%，风速为 0.5～2.5m/s。

② 透湿杯，见图 5-8。

③ 分析天平，感量为 0.1mg。

④ 干燥器。

⑤ 量具，测量薄膜厚度精度为 0.001mm，测量片材厚度精度为 0.01mm。

⑥ 密封蜡，密封蜡在温度 38℃、相对湿度 90% 条件下暴露不会软化变形；可用 85% 的石蜡（熔点为 50～52℃）加上 15% 蜂蜡，或 80% 石蜡（熔点为 50～52℃）加上 20% 黏稠聚异丁烯（低聚合度）。

⑦ 干燥剂，无水氯化钙，粒度为 0.60～2.36mm，使用前在 (200±2)℃ 干燥 2h。

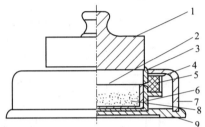

图 5-8 透湿杯组装图
1—压盖（黄铜）；2—试样；3—杯环（铝）；
4—密封蜡；5—杯子（铝）；6—杯皿（玻璃）；
7—导正环（黄铜）；8—干燥剂；9—杯台（黄铜）

（3）试验条件

① 条件 A：温度 (38±0.6)℃，相对湿度 (90±2)%；

② 条件 B：温度 (23±0.6)℃，相对湿度 (90±2)%。

4. 影响因素

影响气体和各种蒸气透过性的主要因素有以下几个方面。

（1）膜暴露面积的大小和厚度　在恒定状态下，气体透过速率与膜暴露的面积成正比，与膜的厚度成反比。

（2）影响扩散常数和溶解度的因素　包括压力、温度、薄膜材料的性质及扩散气体的性质等，如气体和蒸气与膜无作用，则透过性与压力无关；如与膜材料发生强烈相互作用，则透过常数与压力有关。多数气体的透过常数 P 是随着温度的升高而迅速增大的。

（3）成膜材料的性质　聚合物的品种不同，结构不同，性质也不同，因而对气体的阻隔性也不同。扩散系数可以认为是聚合物疏松度的量度，结构紧密，分子的对称性好，对气体的扩散常数也比较小；在聚合物材料中加入颜料或填料，会使结构紧密度降低，透气性增加；结晶度增加，会使材料的紧密度增加，因而结晶度高的聚合物比结晶度低的聚合物对气体的阻隔性要好。

（4）扩散气体和蒸气的性质　气体在膜中的溶解度取决于两者之间的相溶性。气体与蒸气的区别与冷凝的难易程度有关，容易冷凝的气体更容易溶解于聚合物中，对膜的渗透性也就越强。如果混合气体中有一种气体与膜材料发生强烈的相互作用，那么两者的透过率将发生变化，这是因为与膜发生相互作用的气体起到了增塑剂的作用，增加了膜的疏松度。

（5）材料的分子结构影响　材料的分子结构对材料的透过性的影响是不可忽略的。一般而言，分子极性小的，或分子中含有极性基团少的材料，其亲水倾向小，吸湿性能也比较低；含有极性基团如—COO—、—CO—NH—和—OH 多的高分子材料吸水性也强。极性强的聚合物通常吸水性也强，材料的水蒸气透过率和透气率也较大。

第五节 未硫化橡胶硫化性能的测定

一般认为，橡胶是黏弹体，兼有液体和固体的某些性能。影响橡胶加工性能的流变性质主要是黏度和弹性。橡胶在加工过程中的流动状态属于黏流态，橡胶的黏流态有三个特点：第一是脉态流动；第二是黏度大，流动困难而且有流变性；第三是流动时发生构象变化，产生高弹变形，当外力除去后会产生回缩现象。

一、门尼黏度试验

门尼黏度计是用于判断未硫化胶加工性能等最早的试验机之一，其结构如图 5-9 所示。

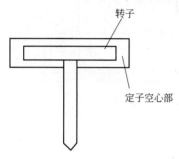

图 5-9　门尼黏度计结构

门尼黏度计的转子转速为 2r/min，根据此时施加于转轴的转矩求出门尼黏度。门尼黏度计通常使用 L 形转子，装上试样预热 1min 后转子开始旋转，将 4min 后的值作为门尼黏度 $ML_{(1+4)}$ 值。一般标准规定，转矩在 8.3N·m 时的门尼黏度为 100。黏度即黏性系数的单位是帕斯卡·秒（Pa·s），而门尼黏度值通常为无量纲的数。

门尼黏度随时间延长会降低，其原因是：①在 1min 的预热中试样温度达不到测定温度；②将橡胶试样填充于空腔时的永久变形引起弹性效应；③从转子转动开始到橡胶达到稳定流动状态需要时间；④测定中橡胶分子链和填充材料等的定向作用等。因此，门尼黏度计的测定是涉及弹性论和流体力学方面各种因素的试验，对其解析时必须注意所包含的各种因素。此外，最近研制开发了一种无转子门尼黏度计，黏度测定方法在各方面得到了改进。

二、门尼焦烧试验

门尼焦烧试验广义上是硫化试验。该试验使用与门尼黏度试验相同的装置，试验温度低于试样的硫化温度，根据门尼黏度的上升程度判断加工稳定性等。测定温度通常为 125℃，门尼焦烧时间太长时，需适当提高温度再进行测定。图 5-10 为用模式图表示的门尼焦烧试验结果。

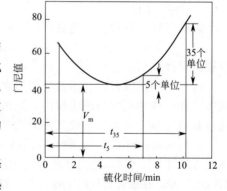

图 5-10　门尼焦烧模式图

该试验和硫化试验机试验一样，开始时门尼值降低，而后硫化反应开始，门尼值逐步上升。开始预热后，将门尼值从最低值 V_m 到上升至 5 个门尼单位所需的时间 t_5 确定为门尼焦烧时间。同样，对门尼值从最低值 V_m 到上升至 35 个门尼单位的时间 t_{35} 也进行了测定，由下式求出作为硫化速率的大致标准，即：

$$\Delta t = t_{35} - t_5$$

(5-24)

三、硫化性能试验

作为研究硫化性能的试验机一般使用振荡式硫化仪。振荡式硫化仪有几种，其测定原理是，首先将添加硫化剂的未硫化胶置于图 5-11 所示的试验槽内，从一侧施加进行旋转振动的强迫位移，而在另一侧检测转矩。

因为施加的位移是振动形式，所以实际测定值也是波动的。通常取所得转矩的包络线来研究硫化进行的情况等。用振荡式硫化仪测定的硫化曲线如图 5-12 所示。

由图可见，由于试样温度上升引起软化，致使初始转矩

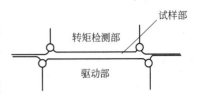

图 5-11 振荡式硫化仪工作示意

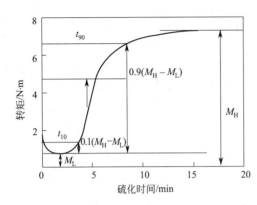

图 5-12 用振荡式硫化仪测定的硫化曲线

下降，而通过转矩最小值 M_L 后转矩又开始上升。一般情况下，转矩最小值用 M_L 表示，转矩最大值用 M_H 表示。M_L 为试样流动容易程度的大致标准，M_H 为硫化程度的大致标准。此外，将（$M_H - M_L$）的 10％和 90％从 M_L 起上升至测定开始的时间分别用 t_{10} 和 t_{90} 表示，以此作为与硫化速度相对应的大致标准时间。但是，当转矩值在测定时间内不稳定而继续上升时，将测定终结时的转矩值作为 M_H 进行计算。

转矩上升曲线的图形按所用的硫化体系（硫黄硫化系还是过氧化物）的不同而各异。例如，典型的硫黄硫化体系在某时间内，可得到转矩从最小值 M_L 起上升幅度不太大，而后急剧上升，在短时间内完成硫化的硫化曲线。这种成型前时间充裕，硫化时间缩短的硫化体系比较理想。

阅读材料

著名的化学家和教育家——徐光宪院士

徐光宪先生（1920.11.7—2015.4.28），浙江省绍兴人，中国共产党党员，我国著名的化学家和教育家，1980 年当选为中国科学院学部委员（院士）。

徐先生 1944 年毕业于上海交通大学化学系，1949 年和 1951 年在美国哥伦比亚大学先后获得理学硕士和哲学博士学位，被选为美国 Phi Lambda Upsilon 荣誉化学会员及 Sigma Xi 荣誉科学会员。抗美援朝开始后，他冲破重重阻碍，毅然回国投身于新中国的建设。

徐先生历任北京大学化学系副教授、教授，先后创立了稀土化学研究中心和稀土材料化学及应用国家重点实验室，担任主任、学术委员会主任、名誉主任。1980 年与老一辈稀土科学家发起成立了中国稀土学会。他长期担任《中国科学》《科学通报》《高等学校化学学报》副主编，2002~2007 年任《中国科学：化学》中、英文辑执行主编；创立《中国稀土学报》（中、英文版）并担任主编，他还曾是第三届全国人大代表、第五至第八届全国政协委员。

徐先生始终坚持"立足基础研究，面向国家目标"的研究理念，将国家重大需求和学科发展前沿紧密结合，在稀土分离理论及其应用、稀土理论和配位化学、核燃料化学等方面做出了重要的科学贡献。

徐先生有关稀土研究的成果已在我国稀土分离工业中得到普遍的应用，彻底改变了我国稀土分离工业的落后面貌；在量子化学和化学键理论研究方面，徐先生及其课题组在国际上首先提出正弦型同系能级线性规律公式，建立了适用于稀土化合物量子化学计算的方法和程序，并对多种类型稀土化合物的电子结构进行研究；在配位化学研究方面，徐先生及其领导的团队在国际上最早发现钠钾等碱金属离子具有络合配位能力，在固体配合物研究的基础上开拓了分子

基功能材料研究的新领域；在萃取化学研究方面，徐先生通过分析大量萃取机理实验结果，提出新的萃取体系分类方法，指导建立了萃取体系的两相滴定法，首先提出协同萃取体系的概念，并运用于核燃料的萃取分离研究中；徐先生及其课题组 1980 年在国际上率先提出在某些萃取体系中外观清亮透明的有机相不是真溶液，而是油包纳米尺度水滴的微乳液的新观点，这一研究开创了微乳萃取研究领域；在分子光谱的研究方面，徐先生指导应用振动光谱方法，系统研究了多种化学问题，发展了从光谱中提取分子结构信息的方法。

作为一名著名的教育家，徐先生倾心教育事业，为党育人、为国育才，培养了一大批化学科学和稀土科技及产业领军人才。徐先生编写的《物质结构》作为高等学校教材，培养了我国第二、三代的物质结构方面的教学和科研骨干人才，为此获得了全国优秀教材特等奖；他主持编写的《量子化学》，对我国量子化学人才的培养起到重要作用。他为国家培养了大批放射化学、萃取化学、核燃料化学、量子化学和稀土化学的人才，培养硕士、博士研究生近百人，后来成为相关学科的学术带头人和技术骨干。

徐先生晚年仍坚持躬身教学和科学研究工作。在 2003 年 SARS 抗疫期间，他不仅捐款支持，还利用网络媒体，发表了两篇与青年学子谈读书治学、讲做人哲理的文章。他还基于长期的科学研究和哲学思考，在分子周期律的研究中提出了一系列创新的学术思想，并始终参与制定和指导我国化学和稀土科学及产业的发展规划。

由于徐先生的杰出教育和科学贡献，他曾先后获得国家自然科学二等奖（1987）和三等奖（1987）、全国高等学校优秀教材特等奖（1988）、国家科技进步二等奖（1998）和三等奖（1991）、何梁何利基金科技进步奖（1994）和科技成就奖（2005）等多种奖励，并荣获 2008 年度国家最高科学技术奖。

材料引自：严纯华 . 纪念徐光宪院士诞辰一百周年［J］中国科学：化学，2020，50（11）：1469-1472.

复 习 题

1. 塑料和橡胶材料的吸水性可用什么来表示？受哪些因素的影响？
2. 密度的表示方式有哪几种？如何来测定？
3. 浸渍法测量密度的原理是什么？
4. 塑料和橡胶的黏度的概念？
5. 叙述毛细管法和门尼黏度计测量黏度的原理。
6. 说明温度对塑料和橡胶材料黏度的影响。
7. 何谓溶胀与溶解？
8. 塑料薄膜的透气性用什么来表示？叙述其测试原理。

第六章

力学性能测试

学习目标

掌握橡塑材料的力学性能的一般规律和特点，掌握其力学性能的测试，了解其力学性能的影响因素，并能正确地选择和使用橡塑材料。

塑料是轻而强的材料，橡胶是兼有黏性和弹性的黏弹材料，作为高分子材料使用时总是要求它们具有必要的力学性能。塑料和橡胶具有所有已知材料中可变范围最宽的力学性质，与金属材料相比，其力学性能对温度和时间的依赖性要强烈得多，这是由于其分子结构的特点所决定的。例如：聚苯乙烯制品很脆，一敲就碎；而尼龙制品却很坚韧，不易变形，也不易破碎。

随着高分子材料的大量应用，人们只有了解和掌握其力学性质的一般规律和特点，才能选择所需的高分子材料，正确地控制加工条件以获得所需要的力学性能，并合理地使用。

第一节　拉伸性能

塑料和橡胶的拉伸性能是力学性能中最重要、最基本的性能之一。几乎所有的塑料和橡胶都要考核拉伸性能的各项指标，这些指标的大小很大程度上决定了该种塑料和橡胶的使用场合。拉伸性能的好坏，通过拉伸试验来检验。塑料拉伸试验参照的标准为 GB/T 1040.1～1040.5—2008 塑料拉伸性能的测定；橡胶拉伸试验参照的标准为 GB/T 528—2009。

一、定义

（1）应变　当材料受到外力作用时，它的几何形状和尺寸将发生变化，这种变化就称为应变（用 ε 表示）。

（2）应力　为试样在外作用力下在计量标距范围内，单位初始横截面上承受的拉伸力（用 σ 表示）。

（3）拉伸强度　在拉伸试验中，保持这种受力状态至最终，就是测量拉伸力直至材料断裂为止，所承受的最大拉伸应力称为拉伸强度（极限拉伸应力，用 σ_t 表示）。

（4）极限伸长率或断裂伸长率　断裂时伸长的长度 $l-l_0$ 与原始长度 l_0 之比的百分数来表示（用 ε_t 来表示）。

（5）弹性模量　在负荷-伸长曲线的初始直线部分，材料所承受的应力与产生相应的应变之比（用 E 来表示）。

（6）屈服点　应力-应变曲线上应力不随应变增加的初始点。

二、应力-应变曲线

用一定速度拉伸，由应力-应变相应值对应地绘出的曲线。通常用
应力值 σ 作为纵坐标，应变值 ε 作为横坐标，如图6-1所示。应力-应变一般分为弹性变形区
和塑性变形区两个部分。在弹性变形区域，材料发生可完全恢复的弹性变形，应力-应变成
正比例关系。曲线中直线部分的斜率即是拉伸弹性模量值，它代表材料的刚性，弹性模量越
大刚性越好。在塑性变形区，应力和应变增加不再成正比关系，最后出现断裂。图6-2为硫
化胶的应力-应变曲线。根据应力-应变曲线的形状，有时可得到如图6-2中曲线2和曲线3
所示的屈服应力和最大应力等。由此可知，橡胶的应力-应变曲线一般不成直线关系。

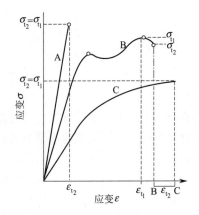

图6-1　典型拉伸应力-应变曲线
A—脆性材料；B—具有屈服点的韧性
材料；C—无屈服点的韧性材料

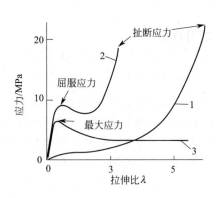

图6-2　硫化胶的应力-应变曲线

三、原理和试样

1. 原理

拉伸试验是对试样沿纵轴方向施加静态拉伸负荷，使其破坏。通过测定试样的屈服力、
破坏力和试样标距间的伸长来求得试样的屈服强度、拉伸强度和伸长率。施加的拉伸应力，
对于一段均匀的横截面积为 A_0，可用如下公式计算：

$$\sigma = \frac{F}{A_0} \tag{6-1}$$

式中，F 为拉伸力，N；σ 为拉伸应力，N/m²。

如果此拉伸应力使材料拉伸至长度 l_1，则拉伸应变 ε 为：

$$\varepsilon = \frac{l_1 - l_0}{l_0} \tag{6-2}$$

在拉伸试验中，保持这种受力状态至最终，也就是测量拉伸力直至材料断裂为止，所承
受的最大拉伸应力称为拉伸强度（极限拉伸应力）。

$$\sigma = \frac{F}{A} = \frac{F}{bd} \tag{6-3}$$

式中，A 为断裂时的横截面积，mm²；b 为试样宽度，mm；d 为试样厚度，mm；F
为断裂时的最大负荷，N；σ 为拉伸强度或拉伸断裂应力，MPa。

由于材料受拉，所以垂直于加力轴线的尺寸减小，因而横截面积也减小，然而，为了实
验方便，大部分拉伸强度是以原始的横截面积（A_0）计算的，因为这在实验开始之前很容

易测量。

极限伸长率或断裂伸长率：
$$\varepsilon_t = \frac{l_1 - l_0}{l_0} \times 100\%$$
(6-4)

式中，l_1 为断裂时的长度。

2. 试样

（1）塑料试样 塑料拉伸试验共有四种类型的试样（图 6-3）：Ⅰ型试样（双铲形），试样尺寸及公差见表 6-1；Ⅱ型试样（哑铃形），试样尺寸及公差见表 6-2；Ⅲ型试样（8字形），试样尺寸及公差见表 6-3；Ⅳ型试样（长条形），试样尺寸及公差见表 6-4。Ⅲ型试样仅用于测定拉伸强度。

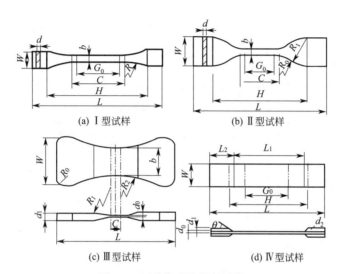

(a) Ⅰ型试样　　(b) Ⅱ型试样

(c) Ⅲ型试样　　(d) Ⅳ型试样

图 6-3 四种类型的塑料试样

表 6-1　Ⅰ型试样尺寸及公差

符号	名　称	尺寸/mm	公差/mm	符号	名　称	尺寸/mm	公差/mm
L	总长（最小）	150	—	W	端部宽度	20	±0.2
H	夹具间距离	115	±5.0	d	厚度	4	—
C	中间平行部分长度	60	±0.5	b	中间平行部分宽度	10	±0.2
G_0	标距（或有效部分）	50	±0.5	R	半径（最小）	60	—

表 6-2　Ⅱ型试样尺寸及公差

符号	名　称	尺寸/mm	公差/mm	符号	名　称	尺寸/mm	公差/mm
L	总长（最小）	115	—	d	厚度	2	—
H	夹具间距离	80	±5	b	中间平行部分宽度	6	±0.4
C	中间平行部分长度	33	±2	R_0	小半径	14	±1
G_0	标距（或有效部分）	25	±1	R_1	大半径	25	±2
W	端部宽度	25	±1				

表 6-3　Ⅲ型试样尺寸及公差

符号	名　称	尺寸/mm	符号	名　称	尺寸/mm
L	总长	110	b	中间平行部分宽度	25
C	中间平行部分长度	9.5	R_0	端部半径	6.5
D_0	中间平行部分厚度	3.2	R_1	表面半径	75
D_1	端部厚度	6.5	R_2	侧面半径	75
W	端部宽度	45			

表 6-4　Ⅳ型试样尺寸及公差

符号	名　　　称	尺寸/mm	公差/mm	符号	名　　　称	尺寸/mm	公差/mm
L	总长(最小)	250	—	L_1	加强片间长度	150	±5
H	夹具间距离	170	±5	d_0	厚度	2～10	—
G_0	标距(或有效部分)	100	±0.5	d_1	加强片厚度	3～10	—
W	宽度	25 或 50	±0.5	θ	加强片角度	5°～30°	—
L_2	加强片最小长度	50	—	D_2	加强片	—	—

（2）橡胶试样　橡胶的拉伸试验中，所用的试样有哑铃形试样（图 6-4）和环状试样。一般均采用哑铃形试样。哑铃形试样的裁刀尺寸见表 6-5，试验长度见表 6-6。

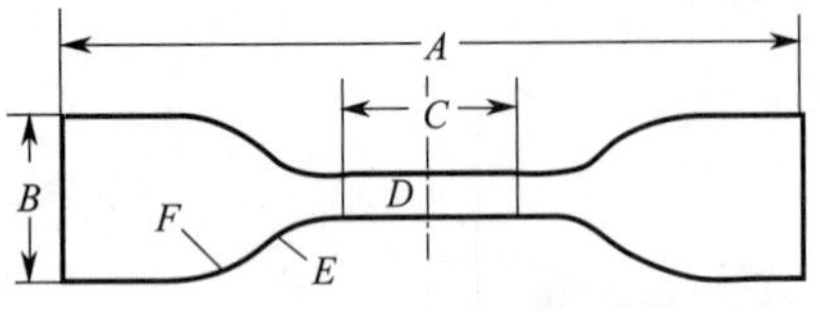

图 6-4　橡胶的哑铃形试样

试样应从厚度为 (2.0±0.3)mm 的胶片上用标准裁刀切取，成品试验按标准规定在成品上切取适当宽度的、平坦的胶层。并在标准室温中进行调节，时间不得低于 2h，然后再切取哑铃试样。

（3）不同塑料对试样类型及相关条件的选择　见表 6-7。

表 6-5　哑铃形试样的裁刀尺寸

尺　　寸	Ⅰ型/mm	Ⅱ型/mm	Ⅲ型/mm	Ⅳ型/mm
A 总长度(最短)	115	75	50	35
B 端部宽度	25.0±1.0	12.5±1.0	8.5±0.5	6.0±0.5
C 狭小平行部分长度	33.0±2.0	25.0±1.0	16.0±1.0	12.0±0.5
D 狭小平行部分拉伸试验宽度	$6.0^{+0.4}_{0.0}$	4.0±0.1	4.0±0.1	2.0±0.1
E 外过渡边半径	14.0±0.1	8.0±0.5	7.5±0.5	3.0±0.1
F 内过渡边半径	25.0±2.0	12.5±1.0	10.0±0.5	3.0±0.1

表 6-6　哑铃形试样的试验长度

试样类型	Ⅰ型/mm	Ⅱ型/mm	Ⅲ型/mm	Ⅳ型/mm
试验长度	25.0±0.5	20.0±0.5	10.0±0.5	10.0±0.5
狭窄部分的标准厚度	2.0±0.2	2.0±0.2	2.0±0.2	1.0±0.1

拉伸试验方法国家标准规定的试验速度范围为 1～500mm/min，分为 9 种速度。不同品种的塑料和橡胶可在此范围内选择适合的拉伸速度进行试验。该试验速度应为使试样能在 0.5～5min 试验时间内断裂的最低速度。

速度 A，1mm/min±50%；速度 B，2mm/min±20%；速度 C，5mm/min±20%；速度 D，10mm/min±20%；速度 E，20mm/min±10%；速度 F，50mm/min±10%；速度 G，100mm/min±10%；速度 H，200mm/min±10%；速度 I，500mm/min±10%。

3. 操作要点

① 在试样中间平行部分作标线，示明标距。此标线应对测试结果没有影响。

表 6-7　不同塑料优选的试样类型及相关条件

试样材料	试样类型	试样制备方法	试样最佳厚度	试验速度
硬质热塑性塑料 热塑性增强塑料	Ⅰ型	注塑模压	4	B、C、D、E、F
硬质热塑性塑料板 热固性塑料板 (包括层压板)		机械加工	4	A、B、C、D、E、F、G

续表

试样材料	试样类型	试样制备方法	试样最佳厚度	试验速度
软质热塑性塑料 软质热塑性塑料板	Ⅱ型	注塑 模压 板材机械加工 板材冲切加工	2	F、G、H、I
热固性塑料(包括填充、增强塑料)	Ⅲ型	注塑模压	—	C
热固性增强塑料板	Ⅳ型	机械加工	—	B、C、D

② 测量试样中间平行部分的宽度和厚度，每个试样测量 3 点，取算术平均值。

③ 试验速度应根据受试材料和试样类型进行选择。也可按被测材料的产品标准或双方协商决定。

④ 夹具夹持试样时，要使试样纵轴与上、下夹具中心连线重合，且松紧要适宜。防止试样滑脱或断在夹具内。

⑤ 根据材料强度的高低选用不同吨位的试验机，使示值在表盘满刻度 10%～90% 范围内，示值误差应在±1% 之内，并进行定期校准。

⑥ 试样断裂在中间平行部分之外时，此试验作废，应另取试样补做。各种试样拉伸后的形貌如图 6-5 所示。

(a) 韧性材料　　(b) 弹性材料　　(c) 脆性材料

图 6-5　各种试样拉伸后的形貌

四、试验设备

拉伸试验使用一种恒速运动的拉力试验机。按载荷测定方式的不同，拉力试验机大体可分为两类：一类是由杠杆和摆锤组合的测力系统测定载荷的试验机，称为摆锤式拉力试验机；另一类是用换能器将载荷转变为电信号的测力系统测定载荷的试验机，称为电子拉力试验机。

1. 摆锤式拉力试验机

通常是由加荷机构、测力机构、记录装置、测伸长装置、缓冲装置和力传动机构等部分组成，其结构原理见图 6-6。

当下夹持器向下移动时，试样被拉伸。试样所受的拉力 P 通过杠杆 OA 及转轴 O 使摆锤扬起一个角度 α，同时摆杆上 B 点推动一个齿杆，齿杆带动一个与测力指针同轴的齿轮转动，使测力指针转动一个角度 θ，并在测力盘上指示出某一数值。在测力过程中，当 A 点移到 A' 时，O 点所受的顺时针方向转矩为：$M_1 = Pm\cos\alpha$，其中 P 为 $GL \times \tan\alpha/m$，而 $\tan\alpha = x/h$，可见 P 与齿轮移动距离 x 成正比，齿杆移动引起齿轮转动，从而带动指针转动，指针转动的角度为 θ：$\theta = x/r$，则 P 可表示为：$P = GLr\theta/hm$，由此可见，拉力 P 的大小可由指针转动角 θ 指示，测力盘上的分度是均匀的，从而指示出拉力 P。

2. 电子拉力试验机

电子拉力试验机（如图 6-7 所示）有一个固定的或基本固定的元件，上面装夹头，还有一个可移动元件，上面装有另一个夹头。为了保证两夹头对中，一般在固定元件和可移动元件之间用自动校直夹头夹持试样。同时，还采用了一种

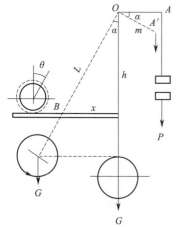

图 6-6　摆锤式拉力
试验机结构原理

速度可调的驱动机构。一些市售的拉力试验机还采用了闭路伺服控制驱动机构以保证高度的速度精确度。并采用一种负载指示机构，使其精确度能达到所指示的总拉伸负荷的±1%或以上。还有一种伸长指示器，通常叫做伸长计，用于测定试样伸长时标距长度中两个标记点位置间的距离。

目前，已倾向于用数字式的负荷指示器来代替偏转指针式的指示器，这种指示器比模拟型指示器容易读数。该试验机摆脱耗时的手工计算，使应力、伸长、模量、能量和统计上的计算都实现了自动化，并在试验结束时给出一个直观的显示结果或打印出结果。

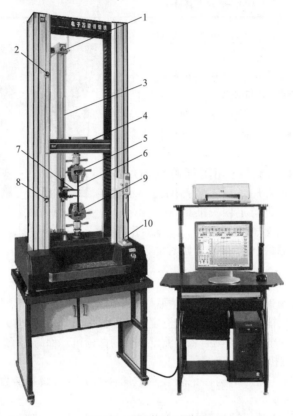

图 6-7　电子拉力试验机
1—伸长计；2—固定上限位；3—伸长计导杆；4—中横梁；5—上夹具；
6—样条；7—下夹具；8—传感器；9—下限位；10—急停开关

五、影响因素

应力-应变曲线是高分子材料力学性能的重要标志，试验是在标准化状态下测定塑料和橡胶的拉伸性能。标准化状态包括：试样制备、状态调节、试验环境和试验条件等。

1. 成型条件

制品的成型条件就是制作制品的过程，所受的热、分子取向作用等都影响其力学性能。对于热塑性树脂：加热熔融和混炼时，受到连续或者间歇过热，由于分子热分解，因此力学性能下降；成型压力、模具设计、温度等条件不好时，制品内分子排列偏移，成型后放置中引起变形；定型后，因急剧冷却或缓慢冷却，残余应力的保留程度、结晶度、结晶粒子大小等方面不同，力学性能也不同；由于进行辊压延、拉伸处理，使分子取向时引起各向异性，例如，单向拉伸聚乙烯扁丝，在长度方向上强，横向易拉开；成型后热处理的制品易除去残余应力，相应强度有所减弱，例如，聚碳酸酯的成品经退火处理，成品的耐环境应力开裂改善，弯曲强度增加，但是冲击强度稍稍下降。

2. 温度与湿度

热固性树脂不会因温度不同而得到不同的曲线。热塑性树脂，伴随着温度上升，曲线从硬脆性向黏弹性转移。尤其是要注意玻璃化温度的存在，塑料在 T_g 以下是坚硬的状态，一超过 T_g 急速变软，即使在 T_g 附近，结晶性高分子弹性模量下降到 1/10，无定形高分子弹性模量下降到 1/1000。结晶性高分子随温度变化伸长率在 1%～1000% 范围内有很大的变化，拉伸强度在 10 倍以内变化。温度对硫化橡胶的物理性能有较大的影响，一般来说，橡胶的拉伸强度和拉伸应力是随温度的升高而逐渐下降，扯断伸长率则有所增加，对于结晶速度不同的胶种则更明显。

湿度即水分的影响，对于一般吸水率小的塑料，受湿度的影响不显著。而对聚酰胺那样吸水性强的材料，由于吸水，应力-应变曲线显著不同，这些水分子起到了聚酰胺分子增塑剂的作用，使材料软化，T_g 下降。

3. 变形速度

变形速度改变，塑料和橡胶的力学行为也就改变，由于改变拉伸速度而改变了它的性能。一般情况下拉伸速度快，拉伸强度增大，伸长率减少。

4. 其他

硫化橡胶在进行拉伸试验时，随着试样厚度的增加，拉伸强度降低。此外，硫化橡胶在进行拉伸试验时，试样必须在室温下停放一定时间后方能进行试验，停放时间不能少于16h，最多不得超过15d。而塑料材料在加工过程中，会产生不同程度的应力集中，需要经过一定时间来消除内应力后，才能进行测试。

第二节 弯 曲 性 能

弯曲试验主要是用来检验材料在经受弯曲负荷作用时的性能，生产上常用弯曲试验来评定材料的弯曲强度和塑性变形的大小。塑料的弯曲性能试验参照的标准为 GB/T 9341—2008《塑料 弯曲性能的测定》；橡胶的弯曲性能试验参照的标准为 HG/T 3844—2008《橡胶 弯曲强度的测定》。

一、概念及原理

1. 基本概念

弯曲应力-应变
概念

（1）挠度 弯曲试验过程中，试样跨度中心的顶面或底面偏离原始位置距离（用 D 来表示）。

（2）弯曲应力 试样在弯曲过程中的任意时刻，试样跨度中心外表面的正应力（用 σ 来表示）。

（3）弯曲强度 试样在弯曲过程中在达到规定挠度值时或之前承受的最大弯曲应力（用 σ_f 来表示）。

（4）弯矩 在施加弯曲负荷时，材料的各部受到的力矩，其大小由荷重 P 与力的作用距 L 的乘积表示（用 M_f 来表示）。

（5）弯曲弹性模量 比例极限内应力与应变比值（用 E_f 来表示）。

2. 测试原理

三点式简支梁
弯曲原理

弯曲试验有两种加载方法，一种为三点式加载方法，另一种为四点式加载法。

三点式加载方法在试验时将规定形状和尺寸的试样置于两支座上，并在两支座的中点施加一集中负荷，使试样产生弯曲应力和变形。四点式加载法使弯矩均匀地分布在试样上，试验时试样会在该长度上的任何薄弱处破坏，试样的中间部分为纯弯曲，且没有剪力的影响。一般采用三点加载简支梁，其弯曲强度为：

$$\sigma_f = \frac{3FL}{2bd^2} \tag{6-5}$$

式中，σ_f 为弯曲应力或弯曲强度，MPa；F 为最大载荷或断裂弯曲载荷或定挠度弯曲载荷，N；L 为试验时试样的跨度，mm；b 为试样宽度，mm；d 为试样厚度，mm。

若考虑支座反力的垂直分力和水平分力，其修正公式如下：

$$\sigma_f = \frac{3FL}{2bd^2}\left(1 + \frac{4D^2}{L^2}\right) \tag{6-5a}$$

式中，D 为挠度，mm；其余符号同前。

弹性模量为：
$$E_f = \frac{L^3 \Delta F}{4bd^3 \Delta D} = \frac{L^3 K}{4bd^3} \tag{6-6}$$

式中，E_f 为弯曲弹性模量，MPa；ΔF 为载荷-挠度曲线上初始直线部分的负荷增量，N；ΔD 为载荷-挠度曲线上与 ΔF 对应的挠度增量，mm；K 为载荷-挠度曲线上直线段的斜率，N/mm。

挠度：
$$D = \frac{\gamma L^3}{6d} \tag{6-7}$$

式中，γ 为最大应变值，1/mm；其余符号同前。

二、试样

弯曲性能测试试样为长方体，试样的正面和侧面必须进行机械加工，加工面要求平滑光洁，不应有裂纹或其他缺陷，每组试样不少于三个。塑料弯曲试样和橡胶弯曲试样的标准试样尺寸分别见表 6-8 和表 6-9。

表 6-8 塑料弯曲试样尺寸

标准试样	厚度 d/mm	宽度 b/mm	长度 L/mm
模塑材料大试样	10±0.2	15±0.2	120±2
模塑材料小试样	4±0.2	6±0.2	55±1
板材试样	h	15±0.2	$10h$±20

表 6-9 橡胶弯曲试样尺寸

标准试样	厚度 d/mm	宽度 b/mm	跨度 L/mm	长度 l/mm
橡胶	6.3±0.3	15±0.2	100±0.2	120

其加载上压头圆柱面半径 $r_1 = (5±0.1)$mm，支柱圆角半径 $r_2 = (2±0.2)$mm（当 $h \leqslant 3$mm 时）和 $r_2 = (5±0.2)$mm（当 $h > 3$mm 时），若试样出现明显支座压痕，r 应改为 2mm。

其加载上压头圆柱面半径 $r_1 = (3.15±0.2)$mm，支柱圆角半径 $r_2 = (3.15±0.2)$mm。

1. 加载速度

仲裁试验时（跨厚比 $l/h = 16±1$ 时），速度为 $v = h/2$(mm/min)，常规试验时 $v = 10$mm/min，测定弯曲弹性模量及弯曲载荷-挠度曲线时 $v = 2$mm/min。

2. 规定挠度

取试样厚度的 1.5 倍。

3. 跨厚比

一般取 16±1。对很厚的试样，为避免层间剪切破坏，可取大于 16，如 32 或 40；对很薄的试样，为了使其载荷落在试验机许可的量程范围内，可取小于 16。

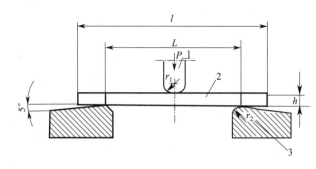

图 6-8　弯曲试验装置原理

1—加荷压头；2—试样；3—试样支柱；r_1—加荷压头半径；r_2—支柱圆弧半径；

l—试样长度；P—弯曲负荷；L—跨度；h—试样厚度

三、弯曲试验装置

试验装置由两个支座和一个压头构成，见图 6-8。支座是由两个坚固的截面三角状的金属支座构成，支座间距离为（100±0.2）mm，支座宽度应大于试样的宽度。压头安装在两支架之间中心点的范围内，支座与压头平行并与试样垂直。

四、试验步骤

测量试样中部受力部分的宽度和厚度，分别测量三点，取中位数，精确到 0.02mm。将弯曲试验的试验装置安装在试验机上（图 6-9），调整试验机指针的零点，试验前压头刃口应高出两支点平面 15～20mm。将试样宽面放在两支座上，使两端伸出部分的长度大约相等。开动试验机，调节试验机的速度，使试样在（30±15）s 发生破坏或达到最大值。使用力值在满量程 15%～85% 的范围内。当压头与试样接触的瞬间开始计时，试验结束记录试验机指示的力值。观察试样断面，确定试样内部是否有气孔、杂质等内部缺陷，如有缺陷，试样作废，重新补做。

图 6-9　弯曲试验装置

五、影响因素

1. 跨厚比

弯曲试验是采用对试样施加三点式弯曲负荷的测定方法，试样除上、下表面和中间层外，任何一个横截面上都同时既有剪力，也有正应力，且分别与弯矩的大小有关。随着跨厚比的增加，剪应力逐步减小，可见合理地选择跨厚比可以减少剪力的影响，但当跨厚比过大时，压头在试样上的压痕也较明显，此时由于挠度的增大，支座反力所引起的水平分力的影响将是不可忽略的。因此选择跨厚比时必须综合考虑剪力、支座水平推力以及压头压痕等综合影响因素。

2. 应变速率

试样受力弯曲变形时，横截面上部边缘处有最大的压缩变形，下部边缘处有最大的拉伸变形，应变速率与试样厚度 h、跨度 L 和试验速度 v 有关。在测试过程中，应变速率无法直接控制，通常是通过控制试验速度来达到控制应变速率的目的。例如在 ISO 178 中规定试验速度应为 (2 ± 0.4)mm/min，在 ГОСТ 4648 中规定试验速度应为 (2 ± 0.5)mm/min。总之，各国标准对试验速度都有统一的规定，且试验速度一般都比较低。因为只有在较慢速度下，才能使试样在外力作用下近似地反映其试样材料自身存在的不均匀或其他缺陷的客观真实性。

3. 加载压头圆弧和支座圆弧半径

如果加载压头圆弧半径过小，则容易在试样上产生明显的压痕，造成压头与试样之间不是线接触，而是面接触；若压头半径过大，对于大跨度就会增加剪力的影响，容易产生剪切断裂。因此，标准试验中加载压头圆弧半径为 (5 ± 0.1)mm。而支座圆弧半径的大小，是保证支座与试样接触为一条线，若表面接触过宽，则不能保证试样跨度的准确。

4. 温度

弯曲强度也与温度有关，试样在弯曲负荷作用下，由于上半部分受压，下半部分受拉，其弯曲强度与温度的关系和拉伸试验一样具有同样的影响。弯曲强度随着试验温度的增加而下降。

5. 操作影响

试样尺寸的测量、试样跨度的调整、压头与试样的线接触和垂直状况以及挠度值零点的调整等，都会对测试结果造成误差。

第三节 压 缩 性 能

和前述的拉伸、弯曲性能一样，高分子材料的压缩性能也是基本的力学性能，广泛应用于生产过程的质量控制和工程设计依据。

一、测试原理

1. 定义

（1）压缩应力 指在压缩试验过程中的任何时刻，单位试样的原始横截面上所承受的压缩负荷（用 σ 表示）。

（2）压缩变形 指试样在压缩负荷作用下高度的改变量（用 Δh 表示）。

（3）压缩应变 指试样的压缩变形除以试样的原始高度（用 ε 表示）。

（4）压缩强度 指在压缩试验中试样所承受的最大压缩应力。它可能是也可能不是试样破裂的瞬间所承受的压缩应力（用 σ_c 表示）。

压缩性能
测试原理

（5）压缩模量 指在应力-应变曲线的线性范围内压缩应力与压缩应变的比值。由于直线与横坐标的交点一般不通过原点，因此可用直线上两点的应力差与对应的应变差之比来表示（用 E_c 表示）。

（6）细长比 指试样的高度与试样横截面的最小回转半径之比（用 λ 表示）。

2. 测试原理

压缩性能试验是把试样置于试验机的两压板之间，并在沿试样两个端表面的主轴方向，以恒定速度施加一个可以测量的大小相等而方向相反的力，使试样沿轴向方向缩短，而径向方向增大，产生压缩变形，直至试样破裂或形变达到预先规定的数值为止。施加的压缩负荷由试验机上直接读取。其压缩应力为：

$$\sigma = \frac{F}{A}$$

(6-8)

式中，σ 为压缩应力，MPa；F 为压缩负荷，N；A 为试样原始横截面积，mm^2。压缩应变和压缩屈服应力时的压缩应变可用下式计算：

$$\varepsilon = \frac{\Delta h}{h_0} \qquad\qquad (6-9)$$

式中，ε 为应变值；Δh 为试样的高度变化，mm；h_0 为试样的原始高度，mm。

压缩模量可按下式计算：

$$E_e = \frac{\Delta \sigma}{\Delta \varepsilon} \qquad\qquad (6-10)$$

式中，E_e 为压缩模量，MPa；$\Delta \sigma$ 为应力-应变曲线上初始直线部分任意两点的应力差，MPa；$\Delta \varepsilon$ 为与应力差对应的应变值。

二、试验设备

1. 试验设备

压缩试验装置的示意图见 6-10。压缩试验的夹具由压缩板、限制器、紧固件等组成。压缩板由上下两块平行的钢板组成；限制器是根据试样的型号、高度和压缩率的要求，选用不同的高度；试验机的加载压头应平整光滑，并具有可调整上下平板平行度的球形支座；其负荷指示器在规定的试验速度内没有惯性滞后，指示负荷的精度为指示值±1%或更高；变形指示器在规定的负荷速度下也不应有滞后，其精确度为指示值±1%或更高；测量试样尺寸的测微计，要求精度为 0.01mm。

2. 试验条件与步骤

测量试样尺寸时，沿试样高度方向测量三处横截面尺寸计算

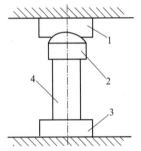

图 6-10　压缩试验装置
1—上压板；2—球座；
3—下压板；4—试样

平均值。将试样放在试验机的两压板之间，使试样的中心线与两压板表面中心线重合，调整压板表面与试样的端面相接触，并确保试样端面与压板表面相平行，此时作为测定压缩变形的零点。根据材料的规定调整好试验速度，测定压缩强度时为 1.5～6mm/min，测定压缩弹性模量时为 2mm/min，硫化橡胶的压缩试验速度为 10mm/min。开动试验机，记录压缩变形和试样破坏的瞬间所承受的负荷、屈服负荷或偏置屈服负荷和达到应变值为 25% 时的负荷等，求其压缩强度等量。测定压缩弹性模量时，在试样高度中间位置安放测量变形仪表，施加约 5% 破坏载荷的初载，检查并调整试样及变形测量系统，使其处于正常工作状态以及使试样两侧压缩变形比较一致；然后以一定的间隔加载荷，记录相应变形值，至少分五级加载，施加载荷不宜超过破坏载荷的 50%，至少重复三次，取其稳定的变形增量，并以负荷为纵坐标，形变为横坐标绘出负荷-形变曲线，求其压缩模量。

三、试样

1. 塑料试样

塑料试样通常用注射、模压成型制作或机械加工制备。其试样的形状有正方形、矩形、圆形或圆管形截面柱体，见表 6-10 试样两端面应与加荷方向垂直，其平行度就小于试样高度的 0.1%；试样的高度变化范围为 10～40mm，推荐试样高度为 30mm，试样的细长比为 10，但当试验过程中试样出现扭曲现象时，细长比应降低为 6；推荐管形试样壁厚为 2mm，管内径为 8mm。

表 6-10　塑料试样形状

项目＼试样	正方棱柱体	矩形棱柱体	直圆柱体	直圆管试样
试样				
横截面积 S	a^2	ab	$\frac{1}{4}\pi d^2$	$\frac{\pi}{4}(D^2-d_1^2)$
高度 h	$\frac{a}{3.46}\lambda$	$\frac{b}{3.46}\lambda$	$\frac{d}{4}\lambda$	$\frac{\lambda}{4}\sqrt{D^2+d_1^2}$
细长比 λ	$\frac{3.46h}{a}$	$\frac{3.46h}{b}$	$\frac{4h}{d}$	$\frac{4h}{\sqrt{D^2+d_1^2}}$

2. 橡胶试样

橡胶试样有模型硫化的试样或按规定从制品上制取的试样。其试样的形状为圆柱形，也有横截面为矩形的试样。用模型硫化的试样规格有 A 型和 B 型两种，具体尺寸如表 6-11 和表 6-12 所示。

表 6-11　恒定形变压缩永久变形试验（圆柱形）

型号	高度/mm	圆面直径/mm
A	12.5±0.5	29±0.5
B	6.3±0.3	13±0.5

表 6-12　静压缩试验（圆柱形）

型号	高度/mm	圆面直径/mm
A	12.5±0.5	29±0.5
B	32.0±1.0	38.0±1.0

橡胶压缩试验基本上如同由拉伸试验求取应力值那样，是为求得压缩状态下的应力值的试验。压缩试验的示意图见图 6-11。

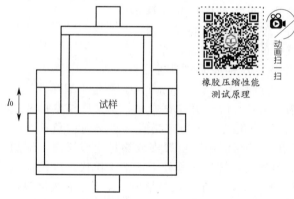

拉伸试验系采用光学读取标线间数值以求取变形的方法，而压缩变形多数根据十字头的移动量来求取变形。压缩试验时一般位移量较小而负荷较大，所以要求试样的夹具和十字头的伸长计等要有适宜的精度。此外，使用圆柱形试样时，试样需稍呈鼓状变形。夹持试样的夹具与橡胶间的摩擦过大时，与拉伸试验一样，会变成不能满足力学变形的状态，因此需要注意。

图 6-11　橡胶压缩试验原理

橡胶压缩性能测试原理

动画扫一扫

四、影响因素

1. 试样尺寸

无论是热塑性塑料还是热固性塑料，均随试样高度的增加，其总形变值增加而压缩强度和相对应变值减小。这是由于试样受压时，其上下端面与压机压板之间产生较大的摩擦力，从而阻碍试样上下两端面间的横向变形。为此标准试验中规定了细长比来减少这种影响。

2. 温度和时间

温度是影响压缩变形的重要因素。在高温和氧的作用下，橡胶材料将发生化学松弛，因此产生的形变不易恢复。温度越高，压缩永久变形越大。橡胶材料在一定温度、压缩状态下放置的时间不同，其压缩永久变形也不相同，放置时间越长，压缩永久变形值越大。

3. 摩擦力

为了能反映出摩擦力对压缩强度的影响，在试样的端面上涂上润滑剂，并与不涂润滑剂的试样作比较，可以看出：涂润滑剂的试样由于减少了试样端面与压机压板间的摩擦力，压缩强度有所下降。涂润滑剂的试样在接近破坏负荷时才出现裂纹，而未涂润滑剂的试样在距破坏负荷较远时就已出现裂纹。

4. 试验速度

随着试验速度的增加，压缩强度与压缩应变值均有所增加。其中试验速度在 $1\sim5$mm/min 之间时变化较小；速度大于 10mm/min 变化较大。因此同一试样必须在同一试验速度下进行，否则会得到不同的结果。大多数国家都规定选用较低的试验速度，这是因为高分子材料属黏弹性材料，只有在较低的试验速度下均匀加载，才能更有利于反映材料的真实性能，有利于提高变形测量的准确性。

5. 试样平行度

当试样两端面不平行时，试验过程中将不能使试样沿轴线均匀受压，形成局部应力过大而使试样过早产生裂纹和破坏，压缩强度必将降低。

第四节　冲　击　性　能

冲击性能试验是在冲击负荷作用下测定材料的冲击强度。是用来衡量高分子材料在经受高速冲击状态下的韧性或对断裂的抵抗能力，因此，冲击强度也称冲击韧性。一般的冲击试验可分为以下三种：摆锤式冲击试验（包括简支梁冲击和悬臂梁冲击），落球式冲击试验，高速拉伸冲击试验。按试验温度可分为常温冲击、低温冲击和高温冲击三种；按受力状态可分为弯曲冲击、拉伸冲击、扭转冲击和剪切冲击；按采用的能量和冲击次数可分为大能量的一次冲击和小能量的多次冲击。不同材料或不同用途可选择不同的冲击试验方法。塑料冲击性能测试参照标准为 GB/T 1043.1—2008《塑料　简支梁冲击性能的测定　第 1 部分：非仪器化冲击试验》和 GB/T 1843—2008《塑料　悬臂梁冲击强度的测定》；橡胶冲击性能测试参照标准为 HG/T 3845—2008《硬质橡胶　冲击强度的测定》。

一、摆锤式冲击试验

1. 测试原理

摆锤式冲击
试验原理

它包括简支梁冲击和悬臂梁冲击。这两种方法都是将试样放在冲击机上规定位置，简支梁冲击试验是摆锤打击简支梁试样的中央；悬臂梁则是用摆锤打击有缺口的悬臂梁的自由端。使试样受到冲击而断裂，试样断裂时单位面积或单位宽度所消耗的冲击功即为冲击强度。摆锤式冲击试验试样破坏所需的能量实际上无法测定，试验所测得的除了产生裂缝所需的能量及使裂缝扩展到整个试样所需的能量以外，还要加上使材料发生永久变形的能量和把断裂的试样碎片抛出去的能量。

2. 基本概念

（1）无缺口试样冲击强度　无缺口试样在冲击负荷作用下，试样破坏时吸收的冲击能量与试样原始横截面积之比。单位为 J/m^2。

（2）缺口试样冲击强度　缺口试样在冲击负荷作用下，试样破坏时吸收的冲击能量与试样原始横截面积之比。单位为 J/m^2。

（3）相对冲击强度　缺口试样的冲击强度与无缺口试样的冲击强度之比，或同类型试样 A 型缺口冲击强度与 B 型缺口冲击强度之比。

（4）完全破坏　指经过一次冲击使试样分成两段或几段。

（5）简支梁冲击试验中的部分破坏　指一种不完全破坏，即无缺口试样或缺口试样的横断面断开面至少断开 90% 的破坏。

(6) 简支梁冲击试验中的无破坏　指一种不完全性破坏，即无缺口试样或缺口试样的横断面断开面断开部分小于 90% 的破坏。

(7) 悬臂梁冲击实验中的部分破坏　指除铰链破坏以外的不完全破坏。

(8) 悬臂梁冲击实验中的无破坏　指试样未破坏，只产生弯曲变形并有应力发白现象产生。

3. 结果表示

① 塑料无缺口试样简支梁冲击强度按下式计算：

$$\sigma_W = \frac{A}{bd} \times 10^3 \tag{6-11}$$

式中，σ_W 为无缺口试样冲击强度；kJ/m^2；A 为试样吸收的冲击能量，J；b 为试样宽度，mm；d 为试样厚度，mm。

② 塑料缺口试样简支梁冲击强度按下式计算：

$$\sigma_K = \frac{A_K}{bd_K} \times 10^3 \tag{6-12}$$

式中，σ_K 为缺口试样冲击强度，kJ/m^2；A_K 为试样吸收的冲击能量，J；d_K 为缺口试样的缺口处剩余厚度，mm；b 为试样宽度，mm。

③ 塑料无缺口试样悬臂梁冲击强度按下式计算：

$$\sigma_{iv} = \frac{W}{bd} \times 10^3 \tag{6-13}$$

式中，σ_{iv} 为悬臂梁冲击强度，kJ/m^2；W 为破坏试样所吸收并经修正后的能量，J；b 为试样宽度，mm；d 为试样厚度，mm。

④ 塑料缺口试样悬臂梁冲击强度按下式计算：

$$\sigma_{in} = \frac{W}{b_n d} \times 10^3 \tag{6-14}$$

式中，σ_{in} 为缺口试样悬臂梁冲击强度，kJ/m^2；W 为破坏试样所吸收并经修正后的能量，J；b_n 为试样缺口底部的剩余宽度，mm；d 为试样厚度，mm。

⑤ 橡胶的冲击强度按下式计算

$$\gamma = \frac{A}{bdL} \times 10^6 \tag{6-15}$$

式中，γ 为试样的冲击强度，kJ/m^3；A 为试样吸收的冲击能量，J；b 为试样宽度，mm；d 为试样厚度，mm；L 为支点间的距离，mm。

4. 试验设备

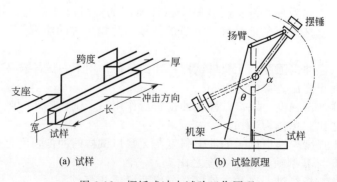

(a) 试样　　　　　　(b) 试验原理

图 6-12　摆锤式冲击试验工作原理

摆锤式冲击试验机的工作原理见图 6-12，其基本构造主要有机架部分、摆锤部分和指示系统部分。试验时把摆锤抬高，置挂于机架的扬臂上，摆锤杆的中心线与通过摆锤杆轴中心的铅垂线成一角度为 α 的扬角，此时摆锤具有一定的位能，然后让摆锤自由落下，在它摆到最低点的瞬间其位能转变为动能。随着试样断裂成两部分，消耗了摆锤的冲击能并使其大大减速；摆锤的剩余能量使摆锤又升到某一高度，升角为 β。如以 m 表示摆锤的质量，l 为摆锤杆的长度，则摆所做的功为：

$$A = ml(\cos\beta - \cos\alpha) \tag{6-16}$$

在摆锤的摆动过程中，若无能量消耗，则 $\alpha = \beta$。材料的韧性不同，β 角的大小也不同，因此，根据摆锤冲断试样后升角 β 的大小，由读数盘可直接读出冲断试样时消耗功的数值。

5. 试验条件及步骤

摆锤式冲击试验机见图 6-13，其具体试验条件及步骤如下。测量试样中部受负荷作用部分的宽度和厚度，精确到 0.02mm。使试验机的摆锤扬起，同时空击试验，放下摆锤冲击三次，观察指针是否指示为零。调整零点后扬起摆锤，将试样紧密地横放在试验机的支点上，并释放摆锤，使其冲击试样的宽面。为了保证试样可以在摆锤最小位能时被折断，试样中心对摆锤锤头的安装误差不应大于 0.5mm。冲击时摆锤的锤头应与试样的整个宽度相接触，接触线应与试样纵轴垂直，误差不大于 1.8 弧度。摆锤冲击后回摆时，使摆锤停止摆动，并立即记下刻度盘上的指示值。试样被击断后，观察其断面，如因有缺陷而被击穿的试样应作废。每个试样只能受一次冲击，如试样未断时，可更换试样再用较大能量的摆锤重新进行试验。试验机须有各种不同冲击能量的摆锤，用以试验各种不同材质的试样。在选择摆锤时，其冲击能使试样破坏时，能量消耗应在 $10\% \sim 80\%$ 之间，在几种摆锤进行选择时，应选择能量大

图 6-13　摆锤式冲击试验机

的，不同冲击能量的摆锤，测得结果不能比较。国家标准中规定冲击速度为 2.9m/s 和 3.8m/s。

6. 试样

① 塑料简支梁和悬臂梁冲击试验的试样为矩形截面的长条形，分无缺口试样和缺口试样，有 3 种不同的缺口类型（见图 6-14）和 4 种不同的尺寸类型。试样用模具直接经压缩或注塑成型。也可用压缩或注塑成型的板材加工制得。不同试样类型的尺寸见表 6-13，缺口尺寸见表 6-14。

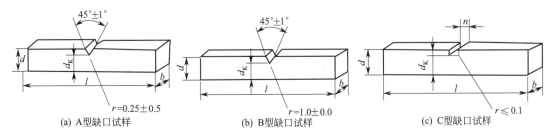

(a) A型缺口试样　　　(b) B型缺口试样　　　(c) C型缺口试样

图 6-14　A、B、C 型缺口试样

n—缺口宽度；l—试样长度；d—试样厚度；r—缺口底部半径；b—试样宽度；d_K—试样缺口剩余厚度

② 橡胶摆锤冲击试验试样为长方形，长为 120mm，宽 (15.0 ± 0.2)mm，厚为 $(10.0 \pm$

0.2)mm，同一试样宽度变化不应大于 0.1mm，厚度变化不应大于 0.05mm。此外，试样必须平滑光洁，不应有裂纹或其他缺陷。具体橡胶试样类型的尺寸见表 6-15，缺口尺寸见表 6-16。

7. 影响因素

（1）冲击过程的能量消耗　冲击过程实际上是一个能量吸收过程，当能量达到产生裂纹和裂纹扩展所需要的能量时，试样便开始破裂直到完全断裂。在冲击试验过程中有以下几种能量消耗。

表 6-13　不同试样类型的尺寸（简支梁）

试样类型	长度 l/mm	宽度 b/mm	厚度 h/mm
1	80±2	10±0.5	4±0.2
2	50±1	6±0.2	4±0.2
3	120±2	15±0.5	10±0.5
4	125±2	13±0.5	13±0.5

表 6-14　缺口类型与缺口尺寸（简支梁）

试样类型	缺口类型	缺口剩余厚度 d_K/mm	缺口底部圆弧半径 r/mm	缺口宽度 n/mm
1~4	A	0.8d	0.25±0.05	—
	B		1.0±0.05	
1,2,3	C	2/3d	≤0.1	2±0.2
	C			0.8±0.1

表 6-15　不同试样类型的尺寸（悬臂梁）

试样类型	长度 l/mm	宽度 b/mm	厚度 h/mm
1	80±2	10±0.2	4±0.2
2			12.7±0.2
3	6.35±2	12.7±0.2	6.4±0.2
4			3.2±0.2

表 6-16　缺口类型与缺口尺寸（悬臂梁）

试样类型	缺口类型	缺口底部剩余厚度 b_n/mm	缺口底部半径 r_n/mm
1	无缺口	—	—
	A	0.25±0.05	8.0±0.2
	B	1.0±0.05	8.0±0.2

① 试样发生弹性和塑性形变所需的能量。
② 使试样产生裂纹和裂纹扩展断裂所需的能量。
③ 试样断裂后飞出所需的能量。
④ 摆锤和支架轴、摆锤刀口和试样相互摩擦损失的能量。
⑤ 摆锤运动时，试验机固有的能量损失。

其中①②两项是试验中所需要测得的，④、⑤项属于系统误差，只要对试验机做很好的维护和校正，工程试验中可以忽略。第③项，这部分能量反映在最后的刻度盘上，有时占相当大的比例，因此，常要对这部分能量进行修正。

（2）温度和湿度　材料的冲击性能测试依赖于温度。在低温下，冲击强度急剧降低，在接近玻璃化温度时，冲击强度的降低则更为明显；相反，在较高的测试温度下，冲击强度有明显的提高，其冲击强度均随温度的降低而降低。湿度对材料的冲击强度也有影响，如尼龙类塑料在湿度较大时，其冲击强度大大增加，在绝对干燥的状态下冲击强度很低。

（3）试样尺寸　使用同一配方和同一成型条件而厚度不同的材料做冲击试验时，所得的冲击强度不同。可以看出，同一试样的厚度越大，冲击强度值越高，而在相同的试样厚度下，试验跨度越大，冲击强度值也越高。可见，只有相同厚度的试样并在大致相同跨度上做冲击试验，所得的结果才能比较。

（4）冲击速度　通常冲击试验机摆锤的冲击速度为 $3 \sim 5 m/s$，对变形速度敏感的材料如 PVC 等，摆锤的冲击速度高时冲击强度的数值反而降低。因此，国家标准中规定了冲击速度。

二、落锤式冲击试验

1. 测试原理

落锤式冲击试验是把球、标准的重锤或投掷枪由已知高度自由落下对试样进行冲击，测定使试样刚刚够破裂所需能量的一种方法，是更符合实际情况的一种测定冲击强度的方法，如图 6-15 所示。

落锤式冲击性能测试常用一种叫梯度法来进行测试。首先用 10 个试样进行预测试，以估计 50％的冲击破坏能，在预测试的基础上，选择一个接近于使试样冲击破坏的能量，对第一个试样进行冲击，观察试样是否破坏，如已破坏，则降低一个能量增值 ΔE，对第二个试样进行冲击，如果第二个试样未破坏，则又增大一个 ΔE。如此反复测试，并且至少对 20 个试样进行冲击测试。其中能量增值 ΔE，可根据预测试的破坏能的 5％～15％来确定。每个试样受冲击后，观察是否破坏，用"○"表示试样没破坏，用"×"表示试样已破坏。例如，在一定高度下，改变落锤的质量对 20 个试样进行冲击试验，其结果用图 6-16 的形式表示出来，可计算出试样 50％破坏时的破坏能 E_{50}。

图 6-15　落锤式冲击试验机

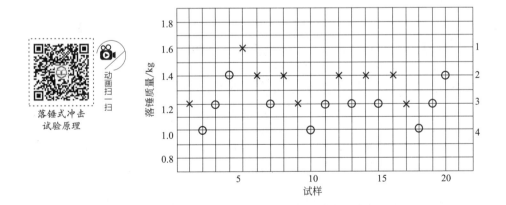

图 6-16　落锤冲击试验记录

$$E_{50} = HgM_{50} \tag{6-17}$$

若固定落锤质量，则：

$$E_{50} = H_{50}gM \tag{6-18}$$

式中，E_{50} 为试样 50％破坏时的破坏能，J；H 为落锤的下落高度，m；g 为自由落体加速度，$9.81 m/s^2$；M 为固定的落锤质量，kg。

其中：

$$M_{50} = M_0 + \Delta M(A/N \pm 0.5) \qquad (6\text{-}19)$$

$$H_{50} = H_0 + \Delta H(A/N \pm 0.5) \qquad (6\text{-}20)$$

式中，M_0 为试验中试样破坏或不破坏的最小的质量，kg；ΔM 为落锤的质量增值，kg；N 为破坏或不破坏的试样总数，取两者中较小者；H_0 为试验中试样破坏或不破坏的最低高度，m。

$$A = \sum_{i=1}^{K} n_i \cdot Z_i \qquad (6\text{-}21)$$

式中，i 为落锤质量或下落高度等级顺序号；n_i 为分别在落锤质量为 M_i 或高度为 H_i 破坏或不破坏的试样数；Z_i 为从 M_0 开始质量增加的次数。

2. 试样

用直径为（60±2）mm 的圆片或（60±2）mm 的方片。模塑或挤塑材料，厚度最好为（2±0.1）mm。对于片材，试样厚度选需测试材料的原厚度，但不小于 1mm 或不大于 4mm。要求试样表面光洁，不得有微小的裂纹或划伤等缺陷。如果是求取其破坏能，则至少需 20 个以上的试样，但如果是在某一规定的能量级上测取是否合格的通过法，则只需 10 个试样。

3. 影响因素

落锤冲击试验是以重锤直接冲击试样，因此除了落锤的下落高度及质量大小之外，重锤冲头的形状尺寸对结果影响很大，一般冲击头都用半球状，冲头直径小则冲击破坏能低，反之则高。因此测试时应按标准的规定选取合适的冲头，注意冲头表面是否光整，如有机械损伤，则应更换。

落锤冲击试验的试样是制品，而制品的表面状况是不同的，因此冲击点的选取对其测试结果有很大的影响，特别是管材，其冲击点须是在其管子外径圆周的法向位置上，否则其测试结果数值偏高。

三、其他冲击试验方法

1. 高速拉伸冲击试验

高速拉伸冲击试验是用拉伸设备进行的，不过拉伸速率很高，应大于 500mm/min。根据试验过程中仪器记录的载荷-时间曲线，试样的尺寸和所选的拉伸速度，得出应力-应变曲线。由于应力-应变曲线下的面积正比于材料断裂所需的能量，因此，若曲线是在足够高的速度下得到的，则曲线下的面积也直接正比于材料的冲击强度。

2. 仪器化冲击试验

普通的冲击试验方法只能给出总冲击能量，不能提供关于延性、动态韧性、断裂和屈服载荷等信息及整个冲击过程中试样的行为，因而不能区分冲击能量中弹性部分和塑性部分，也不能揭示材料在冲击破坏机理上的差异，给正确评价材料冲击性能带来很大困难。若将普通的冲击试验用仪器装备起来，并在撞锤上安装力传感器，即可进行仪器化冲击试验，实现冲击过程中的动态检测。在试验过程中，系统检测并精确地记录了整个冲击情况，即从加速作用开始到开始冲击，塑料开始弯曲，裂纹引发、扩展、一直到完全损坏，并给出在整个破坏过程中作用于试样上的载荷变化，从而得到试样在一个完整历程中的力-时间、力-形变和能量-时间曲线，并通过微处理技术，计算出许多有用的数据，如冲击速率、屈服力和位移、断裂、屈服和损坏能量等。

3. 跌落冲击试验（坠落冲击试验）

坠落试验是直接测定制品实用强度的最好的方法之一。它常用于包装袋（薄膜袋、编织袋)、中空容器(油罐、塑料桶、塑料瓶)和箱壳内制品(周转箱、塑料船体、浴缸)。试验时,在制品中封入与内袋材料质量相当的重物(视制品不同,可选用实际盛装物品、水、砂或砂袋或其他重物),从规定的高度坠落在混凝土地板上,检查破损情况,测出导致破损的坠落次数或者通过改变坠落高度,测出导致破坏的最低高度。坠落方向可为各种角度,但通常采用水平坠落与角向坠落两种方式。

第五节　剪切试验

剪切性能也是高分子材料力学性能的重要特性。有许多塑料和橡胶零部件是在承受剪切力的情况下工作的,掌握材料的剪切性能对于正确选择和合理使用高分子材料具有重要意义。剪切性能试验的类型较多,按受力形式分为单面拉伸剪切、单面压缩剪切、双面压缩剪切和纯剪切等;按试样方向分为平行板面剪切和垂直板面剪切;对胶接材料有单搭接剪切和双搭接剪切;而对复合材料又有短梁剪切等。其中,拉伸剪切都适用于胶接材料;单面和双面压缩剪切适用于层压材料和取向材料;短梁剪切适用于各种纤维材料和层压材料;而纯剪切则多适用于 POM(聚甲醛)、PC(聚碳酸酯)、PMMA(聚甲基丙烯酸甲酯)和 PA(聚酰胺)等均质材料和层压材料。

一、概念及原理

1. 测试原理

试样在受剪切力的作用时,作用在试样两侧面上外力的合力大小相等,方向相反,作用线相隔较远,并将各自推着所作用的试样部分沿着与合力作用线平行的受剪面发生位移,直至试样破坏为止。剪切力 F 作用于矩形试样的面积 A,产生位移为 ΔL,则剪切应力与应变的关系表示如下:

$$\tau = F/A \tag{6-22}$$

$$\varepsilon = \Delta L/d \tag{6-23}$$

式中,F 为剪切力,N;A 为试样的面积,m^2;τ 为剪切应力,N/m^2;ε 为剪切应变,ΔL 为受剪面所产生的位移,m,d 为试样厚度,mm。

其剪切弹性模量为:

$$G = \tau/\varepsilon \tag{6-24}$$

2. 概念

(1) 剪切应力　试验过程中任一时刻试样单位面积上所承受的剪切负荷。

(2) 剪切强度　试样在剪切力作用下破坏时单位面积上所能承受的负荷值。

(3) 层间剪切强度　在层间材料中沿层间单位面积上能承受的最大剪切负荷。

(4) 断纹剪切强度　沿垂直于板面的方向剪断的剪切强度。

(5) 屈服剪切强度　在剪切负荷-变形曲线上,负荷不随变形增加的第一个点的剪切应力。

(6) 剪切弹性模量　指材料在比例极限内剪应力与剪应变之比。

二、塑料的剪切试验

塑料的剪切试验方法不同,测得的结果有很大的不同。HG/T 3839—2006《塑料剪切强度试验方法　穿孔法》规定了采用圆形穿孔器,以压缩穿孔方式测定塑料剪切强度的试验方法。该标准适用于硬质热塑性塑料和热固性塑料，包括填充塑料和纤维增强复合材料，不适用于泡沫塑料。GB/T 10007—2008 规定了硬质泡沫塑料剪切强度试验方法。

1. 试验样品和试验装置

试样是边长为 50mm 的正方形或直径为 50mm 的板，厚度为 1.0～12.5mm，中心有一直径为 11mm 的孔（见图 6-17）。试样厚度应均匀，表面光洁、平整、无机械损伤及杂质。可按有关标准或双方协议采用注塑、压制或挤出成型等方法，也可用机械加工方法从成型板材上切取。不同加工方法所测结果不能相互比较。

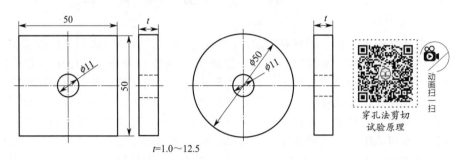

$t=1.0～12.5$

图 6-17　剪切试样

2. 测试步骤

按规定调节试验环境，将穿孔器擂入试样的回孔中，放上垫圈用螺帽固定。然后把穿孔器装在夹具中，再将夹具用四个螺栓均匀固定，以使试样在试验过程中不产生弯曲，安装夹具时，应使剪切夹具的中心线与试验机的中心线重合（见图 6-18）。启动试验机，对穿孔器施加压力，记录最大负荷（或破坏负荷、屈服负荷、定变形率负荷）。

3. 结果表示

剪切强度按下式计算：

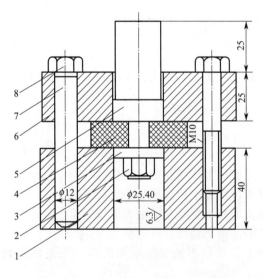

图 6-18　穿孔式剪切夹具和试验装置
1—下压模；2—螺母；3—垫圈；4—试片；
5—穿孔器；6—上模；7—模具导柱；8—螺栓

$$\sigma_t = \frac{P}{\pi D t} \tag{6-25}$$

式中，σ_t 为剪切强度，MPa；P 为剪切负荷，N；π 为圆周率；D 为穿孔器直径，mm；t 为试样厚度，mm。测定剪切强度时，P 为最大负荷；测定破坏剪切强度时，P 为破坏负荷；测定屈服剪切强度时，P 为屈服负荷，测定定变形率剪切强度时，P 为规定变形率时剪切负荷。

4. 影响因素

① 剪切速度　不同材料的穿孔式剪切试验速度对剪切强度有影响。同一种材料随着剪切试验速度的增加，其剪切强度也增大，因此在试验时必须在规定的统一试验速度下进行。由于高分子材料属于黏弹性材料，只有在较低试验速度下高分子链段才来得及运动，也只有在较低速度下材料的缺陷才易于暴露，因此试验方法选定的试验速度为 1mm/min。

② 试样厚度　相同材料的试样厚度不同，其剪切强度值也不同。像 PVC 和 PTFE 的剪切强度均随其试样厚度的增加而降低。另外，材料在其制造过程中，不可避免地会产生一些

气孔、杂质或低分子物质等缺陷，试样越厚，存在缺陷的概率也越高，因此试样越厚，其剪切强度值也越低。

③ 环境温度　随着温度的升高，剪切强度明显下降，且热塑性材料较热固性材料的影响更为明显。

④ 试样加工方法　试样加工方法不同对剪切强度也有影响，因此应按规定的标准方法和条件准备试样。

⑤ 不同受力方式　不同的剪切受力方式所测结果有很大的不同，其中单面压缩剪切和单面拉伸剪切由于其应力分布不够均匀，所得结果的极限误差较大，而穿孔式纯双面剪切因其应力分布较均匀，极限误差也较小。

三、橡胶的剪切试验

引用橡胶剪切性能试验标准 HG/T 3848—2008《硬质橡胶　抗剪切强度的测定》。

1. 试验装置

试验装置如图 6-19 所示，是用来测量硬质橡胶的剪切强度。由两个钢制拉杆构成，两个拉杆分别固定在试验机上下夹头的位置上，两拉杆的工作部分各有一方孔，高（10.30±0.05）mm，宽（10.54±0.05）mm，上拉杆工作部分宽度为30mm，下拉杆的两边工作部分的宽度均为25mm，在初始状态下，上拉杆的方形端部插入下拉杆的凹槽部分，两个拉杆的孔的边缘应对正，形成一个连通孔，剪切面之间的缝隙不应大于0.1mm。

2. 试样

试样一般为长方体，长为120mm，宽（15.0±0.2）mm，厚（10.0±0.2）mm。试样的正面和侧面用机械加工，加工面必须平滑光洁，不应有裂纹或其他缺陷，每组试样不少于三个。

3. 试验步骤

测量试样中部受剪切负荷部分的厚度和宽度，

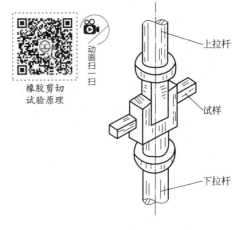

图 6-19　剪切装置

分别测量三点，取中位数，精确到0.02mm。将上拉杆和下拉杆分别安装在试验机上下夹头上，并调好试验机的零点。将试样放入上拉杆和下拉杆形成的连通孔中，并使试样两端露出部分的长度相等，放于方孔中的试样应宽面向上，以便将剪切负荷施加在试样的宽面上。开动电机，使拉力机拉杆均匀运动，剪切试样。试样剪切破坏时，记录其最大剪切力值。试验后，检查试样断面是否有气孔、杂质等内部缺陷，如有缺陷应重新补做。

4. 试验结果

$$\tau = \frac{F}{2bd} \tag{6-26}$$

式中，τ 为剪切强度，MPa；F 为最大剪切负荷，N；b 为试样宽度，mm；d 为试样厚度，mm。

5. 影响因素

（1）试样的制备　试样的制备对测试结果的影响很大，因而对不同的试样的加工必须有具体的要求，使其加工后不仅几何尺寸达到要求，而且不能改变其原来的结构。

（2）受力方式　不同的剪切受力方式所测结果有很大不同。

（3）温度和剪切速度　随着温度的升高，在温度和氧的作用下，橡胶材料发生化学松弛，其剪切强度也发生变化。不同的材料随着剪切速度的不同，其剪切强度也不相同；同一种材料其剪切速度不同，其剪切强度也不相同。因此做剪切强度测试时必须规定其测试温度和试验速度。

第六节 蠕变及应力松弛试验

在做一些高分子材料的力学试验时，就会发现，随着夹具移动速度的改变，会影响到被测试材料的强度和变形的数据。例如一条已架设的硬聚氯乙烯管线，随着时间的增加它会弯曲变形；常常挂在墙上的雨衣，由于它本身的自重也会使它沿着悬挂方向变形。这些现象都认为是材料的蠕变现象。例如将一条橡皮拉伸到一定长度并使之固定起来，橡皮内部会产生与所加外力大小相等方向相反的应力（弹力），这种弹力会随着时间的延长而逐渐减小，慢慢地松弛下来，这就是应力松弛。蠕变现象与应力松弛是一个问题的两个方面，一个是在恒定应力下形变随时间的发展过程；一个是在恒定形变下应力随时间的衰减过程。蠕变现象严重和应力松弛严重，都意味着高聚物制品的尺寸很不稳定，在选材和应用时要特别关注高聚物材料的尺寸稳定性。所以在受力产品的设计时，要了解材料的蠕变和应力松弛性能，以便合理地设计产品的尺寸和形状。

一、蠕变试验

1. 概念及原理

在一定温度和远低于该材料断裂强度的恒定外力作用下，材料的形变随时间增加而逐渐增大的现象称为蠕变现象。外力可以是拉伸、压缩和剪切，相应的应变为伸长率、压缩率和剪切应变。相应的现象称为拉伸蠕变、压缩和剪切蠕变。蠕变现象又可分为蠕变较大的高聚物类（交联或未交联橡胶、热塑性弹性体等）和蠕变较小的高聚物类（玻璃态或结晶态热塑性塑料或热固性塑料）。图 6-20 为典型的线型高聚物的蠕变曲线。

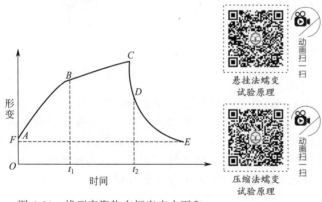

图 6-20 线型高聚物在恒定应力下和除去应力后的形变时间曲线

悬挂法蠕变试验原理

压缩法蠕变试验原理

从图 6-20 中可以看出，可以将蠕变曲线分为 4 个阶段，第一阶段为 AB 段，称为普弹形变，这是分子链内键长与键角的改变所引起的形变，这种形变是瞬时发生的，形变量很小，弹性模量很大，是可逆形变。第二阶段为 BC 段，称为高弹形变，这是由于分子链构象的改变而引起的形变，这种形变需要一个松弛时间，形变量很大，弹性模量很小，也是可逆形变，同时也进行着黏性流动。第三阶段为 CD 段，称为黏性流变，这是由于分子链之间产生了相对滑动引起的形变，这种形变是会随时间无限发展的，并且是不可逆形变。第四段为 DE 段，为永久形变，是由于黏性流动的不可逆形变造成的。像橡胶的蠕变是在很小的应力作用下，很短的时间内即发生了明显的蠕变现象，塑料中也有蠕变应变很大（>30%）的高聚物，例如醋酸纤维素。

试样在加载后单位横截面上所承受的力称为蠕变应力，常用 σ 表示。数学表达式为：

$$\sigma = \frac{F}{A} \tag{6-27}$$

式中，σ 为蠕变应力，N/m^2；F 为试样所承受的载荷，N；A 为试样的横截面积，m^2。

试样在承受外力后单位长度的形变称为蠕变应变，常用 ε 表示。数学表达式为：

$$\varepsilon = \frac{L - L_0}{L_0} \tag{6-28}$$

式中，ε 为蠕变应变（表示蠕变试验的任一时刻）；L 为蠕变试验中任一时刻试样的长度，mm；L_0 为试样的原始长度，mm。

在橡胶工业中，常用规定时间间隔后试样形变的增加量与规定时间的起点时的试样形变量之比。

把蠕变应力与蠕变应变之比称为蠕变模量，常用 E 表示。数学表达式为：

$$E = \sigma / \varepsilon \tag{6-29}$$

实际生产过程中常以蠕变柔量来衡量其形变的大小，它为蠕变模量的倒数。

$$J = 1 / E \tag{6-30}$$

在规定的温度和湿度下，在规定的时间内导致试验达到规定的形变（应变）或导致试样断裂的应力称为蠕变极限强度，用 σ_t 表示。

从加满载荷时起，直至试样断裂时所经过的时间称为蠕变断裂时间，用 τ 表示。

2. 塑料的蠕变试验

根据塑料材料在试验过程中所受力的不同，蠕变试验可分为拉伸蠕变、压缩蠕变、弯曲蠕变、剪切蠕变等。下面仅对拉伸蠕变试验加以介绍。参照国家标准为 GB 11546.1—2008。

（1）试验设备　图 6-21 所示为直接悬挂式拉伸试验装置。

① 加载荷系统　蠕变试验的加载装置，可分为恒载荷装置和变载荷装置。本图中的为恒载荷装置。对于在蠕变试验中形变小的材料，一般采用恒载荷装置，如上图的直接悬挂式装置；对于在蠕变试验中形变较大的材料，由于试样的横截面积变化较大，因此其应力变化也大，为了保持其应力恒定，就必须采用变载荷的加载装置，在杠杆上附加滑动触点机构，用调节滑动触点的位置和调节平衡锤距离的方法，来补偿试样伸长带来的试样上应力的增加。

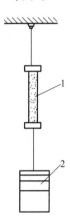

图 6-21　直接悬挂式拉伸装置
1—试样；2—砝码

② 变形测量系统　在加载后，最好有能随着加载时间的增加而自动连续地测定试样的形变，若不能连续测定，可按一定时间间隔作间歇测定，对于短期蠕变试验，一般在 1min、6min、12min、30min、1h、2h、3h、5h、10h 进行测定；对于长期蠕变试验，一般要求在 1h、2h、3h、5h、7h、10h 及其 10 倍的时间进行测定。形变的测定精度一般要求达到测定形变值的 ±1%。

③ 加热系统　是温度和湿度的控制装置，一般的蠕变试验要求在一定的温度和湿度下进行，试验时可采用恒温恒湿箱。可用电加热的方法，最好能采用在整个试验过程中自动连续地记录箱内温度和湿度的装置。

④ 夹具　设计和使用夹具时，应保证加载轴线尽可能地与试样纵向轴线相重合，升高载荷时，试样和夹具不允许有任何位移。

⑤ 计时器　任何计时器都可适用，自动计时系统更为适合。

⑥ 千分卡　千分卡的精度为 ±1%。

（2）试样　试样尺寸在标距内至少测量三点，宽度精确至 0.05mm，厚度精确至 0.01mm。图 6-22 为多用途试样的测量数据。计算应变时，试样的横截面积应是在三点测得横截面积的平均值；计算蠕变强度极限时，应使用三点测得的最小横截面积，在标距内横截面的偏差不应超过 ±2%。从板材制备试样应在一个方向切割；各向异型材料时，应在两个主方向上分别切割一组试样。每一应力水平的试样至少两个。试样表面应平整，无裂纹，试样数量不少于 5 个。

（3）试验操作　拉伸蠕变试验是对试样施加拉伸载荷，测定试样在拉伸载荷作用下，不同时间所产生的形变。在试样上标明标距，测量试样的宽度和厚度，精度同前。夹持试样，

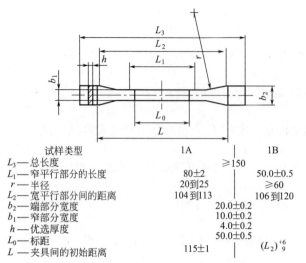

试样类型	1A	1B
L_3—总长度		≥150
L_1—窄平行部分的长度	80±2	50.0±0.5
r—半径	20到25	≥60
L_2—宽平行部分间的距离	104到113	106到120
b_2—端部分宽度	20.0±0.2	
b_1—窄部分宽度	10.0±0.2	
h—优选厚度	4.0±0.2	
L_0—标距	50.0±0.5	
L—夹具间的初始距离	115±1	$(L_2)^{+6}_{9}$

注:1A型试样为优先使用的直接模塑的多用途试样,1B型试样为机加工试样

图 6-22 多用途试样

使试样纵轴与上、下夹具中心连线相重合,要松紧适宜,以免试样滑脱。试样在加载前应预加载,为了消除传动装置的间隙,应保持预加载不影响测量的精度,若所选择的温度和湿度还未到达平衡时,不应进行预加载,进行预加载后再测量标距。试样应连续加载,每组试验中,每个试样的试验过程应该相同,并做记录,加载过程应在1～5s内完成,在任何情况下不应超过10s。在进行蠕变应变测定时,预加载荷可不计入试验载荷。在进行蠕变极限强度测定时,试验载荷应包括预加载荷。使施加在试样上的力均匀地分布在试样上,夹具的移动速度为 (5±1)mm/min。若不使用伸长仪,应在适当的时间间隔记录力值和相应的伸长。

(4) 结果处理 对上面所测得的数据进行处理,可得到应变与时间的关系,绘出 $\lg\varepsilon$-$\lg t$ 的关系曲线。在此曲线上,截取某一规定时间,如 1000h 或其他时间,求得应力和相应的蠕变应变。以若干不同水平的应力对相应的蠕变应变作图即可得到等时应力-应变曲线。可对不同材料的蠕变性能进行比较。

3. 橡胶的蠕变试验

橡胶的蠕变试验也有拉伸、压缩、弯曲、剪切等。橡胶的蠕变还包括物理蠕变和化学蠕变。物理蠕变速率随着时间的增加而减小,而化学蠕变速率与时间近似线性关系。以压缩蠕变试验为例加以说明,参照标准为 ISO 8013。

(1) 试验设备 压缩蠕变试验设备如图 6-23 所示,要求的是仪器的试验台与压缩试样的压板是两块相互平行的板,试样台是固定的,压板是可动的。试样台在压板承受压缩力时不得产生任何方向的位移。压板只能在一个方向自由地、无摩擦地移动,其移动方向与试样的轴向一致。压缩力要在 5～6s 内完全地、平稳地、无冲击地加到试样上,而且在整个试验过程中保持大小和方向不变。压缩力的方向与试样的轴向一致。测量精度是试样厚度的 0.1%。

(2) 试样 试样通常为圆柱形,分为黏钢片、不黏钢片两种。A 型尺寸直径为 (29.0±0.5)mm,高度为 (12.5±0.5)mm;B 型尺寸直径为 (13.0±0.5)mm,高度为 (6.3±0.3)mm。试样数量不少于 3 个,试样上下端面要求互相平行。有明显内部缺陷或端部挤压破坏者应予以作废。

(3) 试验操作 先将试样连同夹具一起置于恒温箱中,保持足够时间使试样达到温度平衡,然后在一定时间内 (6s) 向试样施加一定外力,使试样达到约 20% 的压缩变

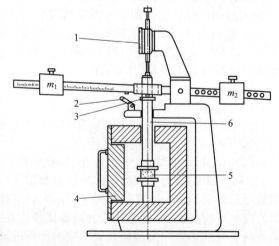

图 6-23 带恒温室的压缩蠕变仪
1—千分表;2—锁杆装置;3—固定环(调节环);
4—恒温室;5—试样;6—陶瓷杆

形。加力必须均衡、稳步进行，防止冲击式加力，所施加的力在整个试验过程中必须恒定不变，精度为±1%。加力后在（10±2）min 内测初始变形，以后在规定时间间隔内测量变形，一般时间间隔为 100min、1000min、10000min；或 1d、2d、4d、7d，从而计算其蠕变值，蠕变测量的精度要求为±0.1%。表示式为：

蠕变增量
$$\Delta\varepsilon = \frac{h_1 - h_2}{h_0} \times 100\% \tag{6-31}$$

式中，h_0 为试样的原始高度，mm；h_1 为施加全部作用力后试样的高度，mm；h_2 为任一时刻试样的高度，mm。

蠕变指数
$$\frac{\Delta\varepsilon}{\varepsilon_1} = \frac{h_1 - h_2}{h_0 - h_1} \tag{6-32}$$

式中，ε_1 为试样的初始蠕变应变；其他符号同前。

柔量增量
$$\Delta J = \frac{h_1 - h_2}{\sigma_0 h_0} \times 100\% \tag{6-33}$$

式中，σ_0 为试验时的初始应力；其他符号同前。

二、应力松弛

在恒定形变下，物体的应力随时间而逐渐衰减的现象称为应力松弛。有物理松弛和化学松弛两种，物理松弛对温度不十分敏感，与应变下分子网络结构的重排、分子链缠结的解脱和重置，以及存在于分子链之间、填充粒子之间、分子链与填充粒子之间的次价键的断裂有关；化学松弛对温度却十分敏感，与化学键的断裂有关，断裂可以发生在聚合物分子链，也可以是交联网链。例如密封用的橡胶圈在使用过程中，虽然橡胶圈的压缩

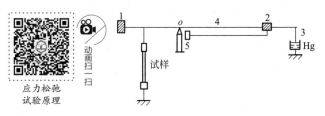

图 6-24 杠杆式拉伸应力松弛仪原理
o—支点；1—平衡重锤；2—可移动重锤；
3—触点开关；4—载荷杆；5—驱动电动机

（二维码：应力松弛试验原理 动画扫一扫）

变形未改变，但密封圈效果会随时间的增长而逐渐减小，甚至会完全失去密封作用，这正是发生应力松弛现象的结果。同样，不同高聚物材料的应力松弛差异也很大。在选材和使用时，对高聚物材料的应力松弛这一黏弹性能的要求也不同。如密封用的橡胶材料，要求应力松弛越小越好；而对于注射成型的聚碳酸酯塑料制品，则要求有一定的应力松弛，以消除制品内存在的内应力，防止制品在存放和使用过程中的变形及应力开裂等现象。

做橡胶和低模量高聚物的应力松弛试验，可以使用简单的杠杆式拉伸应力松弛仪。如图 6-24 所示，平衡重锤 1 的重量和位置是固定的，由可移动重锤 2 的位置来调节，通过载荷杆 4 加在试样上的负荷，在初始时间 t_0 时，快速施加一负荷，即可移动重锤 2 达某一位置，使试样产生一定的形变和初始的应力，且使杠杆支点"o"两边的力矩相平衡，此时触点开关 3 为开启动态。随着时间的增长，杠杆逐渐失去了平衡，由于支点"o"左侧的力矩变小，而使杠杆向右侧倾斜面落下，使触点开关 3 落下后处于闭合状态。这时驱动电动机 5 工作，驱使可移动重锤 2 向力矩减小的方向移动，直至使载荷杆 4 重新达到平衡，触点开关 3 重新开启断开电路。随着时间的延长，左侧的力矩又继续变小，重复以上的过程。试样一侧力矩逐渐变小的原因是维持试样的形变或应变不变的条件下，试样的内应力随时间延长而逐渐减小，即作用于试样上的拉力随时间延长而逐渐减小的结果。这就是应力松弛现象。记录时间 t 与可移动重锤 2 的位置，可获得应力松弛曲线。

图 6-25 是一种较准确的测量装置，其原理是利用模量比试样的模量大得多的弹簧片，通过弹簧片的形变来检测高聚物试样被拉伸时的应力松弛。试样置于恒温箱中，并且同弹簧片相连，当试样被拉杆拉长时，弹簧片同时向下弯曲，试样拉伸应变的大小由拉杆调节。拉

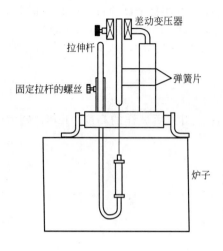

图6-25 应力松弛仪

伸力为弹簧片的弹性力，通过差动变压器或应变电阻测定弹簧片的形变量来确定。当试样发生应力松弛时弹簧片逐渐回复原状，利用差动变压器或应变电阻测定弹簧片的回复形变，然后换算成应力，即可测出高聚物试样的应力松弛情况。

三、蠕变和应力松弛试验的影响因素

1. 温度的影响

不同温度下蠕变和应力松弛的速率也不同，温度越高，蠕变和应力松弛速率越大，蠕变值和应力松弛值也越大。但对硫化橡胶这类交联高聚物，温度升高一定值时其蠕变和应力松弛速率显著降低，蠕变值和应力松弛值也变化很小。

2. 压力的影响

理论证明，增大压力可以使材料的自由体积减少，降低了分子链段的活动性，即降低了柔量，实验证明当压力达到34.47MPa时，某些高聚物的蠕变柔量下降到常压下柔量的十分之一。

3. 聚合物分子量的影响

物理蠕变和物理应力松弛的产生有一部分来自分子链的缠结而产生的黏性和弹性。当这种黏性是蠕变的决定因素时，形变与时间呈线性关系，蠕变速率恒定。这种黏性与高聚物的熔融黏度密切相关，而熔融黏度又与分子量有关。当分子量较小时，熔融黏度与分子量成正比；分子量足够大时，熔融黏度与分子量的3.4～3.5次幂成正比。

4. 交联状态的影响

不同的交联网，其蠕变和应力松弛就不相同，随着交联度的提高，蠕变速率明显下降。试验还证明，硫黄硫化的天然橡胶比用过氧化物作交联剂硫化的天然橡胶的蠕变和应力松弛速率大2～3倍。可能是因为以硫键形成的交联网的应力低于过氧化物形成的交联网应力。

5. 共聚和增塑作用的影响

共聚和增塑作用改变了高聚物的玻璃化温度，使蠕变和应力松弛曲线在温度轴方向产生平移。极性高聚物的蠕变和应力松弛曲线受环境温度的影响很大，因为水起着类似增塑剂的作用，结晶性高聚物由于增塑和共聚作用使熔点和结晶度降低，增加了蠕变和应力松弛。

6. 结晶化的影响

试验证明，即使结晶度不高也能大大减少蠕变或应力松弛。结晶度低于15%～20%的共聚物，其性能与交联的橡胶类似。此外，由于结晶度与温度有很强的依赖关系，所以结晶高聚物的松弛时间谱和推迟时间谱比无定形高聚物宽，结晶度越高，应力松弛曲线越平坦，松弛时间谱越宽。

7. 聚合物分子结构的影响

嵌段聚合物和共聚聚合物形成了两相，因此其模量常低于单纯一种高聚物的模量，同样蠕变柔量也相应增大。这类材料受到外力作用时，在屈服点附近将产生严重的裂纹，这时的蠕变速度或应力松弛速度将急剧增大。树脂分子链柔曲性和分子链间作用力大小反映出其蠕变和应力松弛性能，分子链越柔曲，分子链间作用力越小，其蠕变和应力松弛就越明显；相反，刚性分子链及链间作用力大的材料，其蠕变及应力松弛就小。像热固性塑料由于分子链间交链，抗蠕变性和抗应力松弛一般而言就优于热塑性塑料。

第七节　硬 度 试 验

一、概述

材料的硬度是表示材料抵抗其他较硬物体的压入能力，是材料软硬程度的有条件性的定量反映。它本身不是一个单纯而确定的物理量，而是由材料的弹性、塑性、韧性等一系列力学性能组成的综合指标。通过硬度测量可间接了解高分子材料的其他力学性能，如磨耗、拉伸强度等。对于纤维增强塑料，可用硬度估计热固性树脂基体的固化程度，硬度测试简单、迅速，不损坏试样，有的可在施工现场进行，所以硬度可作为质量检验和工艺指标而获得广泛应用。

测定硬度的方法很多，按测定方式来分可分为以下三类。

(1) 测定材料耐顶针（球形顶针）压入能力的硬度试验　有布氏硬度、维氏硬度、努普硬度、巴科尔硬度、邵氏硬度和球压痕硬度等。

(2) 测定材料对尖头或另一种材料的抗划痕性硬度试验　有比尔鲍姆硬度和莫斯硬度等。

(3) 测定材料回弹性的硬度试验　有洛氏硬度和邵氏硬度等。

从加载方式考虑，硬度可分为动载法和静载法两种。动载法有弹性回跳法和用冲击力把淬火钢球压入试样的方法。静载法是以一定形状的压头平稳而又逐渐加荷，将压头压入试样的方法，简称"压入法"。测量硬度测试大多采用压入法，上面提到的布氏硬度、洛氏硬度和邵氏硬度方法都以压入法的原理为基础的。

硬度的仪器和方法很多，因此硬度的数据与硬度计类型、试样的形状以及测试条件有关，为了得到可以比较的硬度值，必须使用同一类型的硬度计和相同条件下的试验方法，否则就无比较意义。

二、塑料的硬度试验

塑料材料抵抗其他硬物体压入的能力称为塑料硬度。塑料的硬度与其他力学性能有一定的关系，因此，从某种意义上，可以通过它的测量来间接了解其他力学性能。塑料硬度也可用来估计热固性塑料的固化程度，完全固化的塑料比不完全固化的塑料的硬度要高，塑料硬度远低于金属，固化后的热固性塑料硬度较高，大约相当于或略高于有色金属，但也低于碳钢与合金钢。塑料硬度随环境温度和湿度不同会有所变化，温度升高和湿度增大都会使硬度减少。

1. 球压痕硬度试验

(1) 试验原理　塑料的球压痕硬度试验是把规定直径的钢球在规定的试验负荷作用下，垂直压入试样表面保持一定时间后，在负荷下测定压痕深度，并求出压痕面积，以单位面积上承受的力来表示硬度大小的试验。其测试方法参照国标 GB/T 3398.1—2008。

(2) 试验设备　结构如图 6-26 所示，主要由机架、压头、加荷装置、压痕深度、指示仪表等组成。硬度计的机架为刚性结构，在最大负荷下，沿轴线方向的变量不大于0.05mm，机架上带有可升降的工作台，升降工作台的中心线与压头主轴线的同轴度不大于0.2mm，主轴线与升降工作台面垂直，偏差不大于 0.2%；硬度指示值准确度为±4%；压头为淬火抛光的钢球，直径为 5mm，公差±0.5% 以内，硬度 800HV；加载装置包括加荷杠杆、砝码和缓冲器，通过调整砝码可对压头施加负荷，一般来说，初负荷为 9.8N(1kg)，试验负荷为 49N(5kg)、132N(13.5kg)、358N(36.5kg)、961N(98.0kg)，各级负荷允许误差为±1%；压痕深度指示仪表为测量压头压入深度的装置，在 0～0.5mm 测量段内，精度

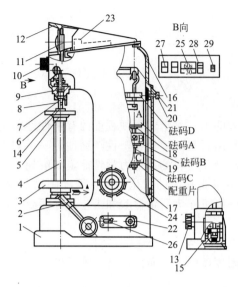

图 6-26 球压痕硬度计结构

1—机架；2—手柄；3—手轮；4—丝杆；5—工作台；6—压头；7—主轴；8—紧固螺钉；9—弹簧；10—微调旋钮；11—指示器；12—顶盖；13—加荷速度旋钮；14—试样；15—活塞；16—顶盖螺钉；17—后盖；18—托盘；19—吊杆；20—后盖钮；21—杠杆；22—0.5A熔断器；23—时间显示电路；24—变荷旋钮；25—指示灯泡；26—电源开关；27—数码管；28—保荷拔钮；29—复位按钮

为 0.005mm；计时装置指示试验负荷全部加入后读取压痕深度的时间，计时量程不小于 60s，精度为 ±5%。

（3）试样　试样厚度应均匀、表面光滑、平整、无气泡、无机械损伤及杂质等，试样厚度不应小于 4mm，试样大小保证应每个测量点中心与试样边缘距离不小于 10mm，各测量点中心之间的距离不小于 10mm。一般可采用 50mm × 50mm × 4mm 或 ϕ50mm × 4mm 的尺寸。

（4）操作

① 定期测定各级负荷下的机架变形量 h_2。测定时卸下压头，升起工作台使其与主轴接触，加上初负荷，调节深度指示仪表为零，再加上试验负荷，直接由压痕深度指示仪表中读取相应负荷下的机架变形量。

② 据材料硬度选择适宜的试验负荷。装上压头，并把试样放在工作台上，使测试表面与加荷方向垂直接触，无冲击地加上初负荷之后，把深度指示仪表调到零点。

③ 在 2～3s 内将所选择的试验负荷平稳地施加到试样上，保持负荷 30s，读取压痕深度 h_1。

④ 必须保证压痕深度在 0.15～0.35mm 的范围内。若压痕深度不在规定的范围内，则应改变试验负荷，使达到规定的深度范围。

⑤ 数量不少于 2 块，测量点数不少于 10 个。

（5）结果表示　球压痕硬度值按下式计算：

$$H = \frac{0.21F}{0.25\pi D(h-0.04)} \tag{6-34}$$

式中，H 为球压痕硬度，N/mm^2；F 为试验负荷，N；D 为钢球直径，mm；h 为校正机架变形后的压痕深度，mm；$h = h_1 - h_2$；h_1 为试验负荷下钢球的压入深度，mm；h_2 为仪器在试验负荷下机架变形量，mm。

（6）影响因素

① 硬度计的偏差产生的影响　初负荷对硬度值的影响是硬度值随着初负荷的增加而增加；在保持初负荷不变的条件下做不同试验负荷试验，其硬度值是随着试验负荷的增加而降低；机架变形量对硬度值的影响是在同一试验负荷下，如果机架变形量为 $1\mu m$，压痕深度越小，硬度的相对误差越大，而在相同压痕深度时，试验负荷越小，机架变形的影响越大；压痕深度测量装置对硬度值的影响是非常显著的，是主要的误差来源。

② 测试条件和测试操作的影响　试样厚度的影响是大多数试样材料的硬度值都随着试样厚度的增加而降低，试样太薄时硬度值不够稳定，厚度大于 4mm 后的数据较为稳定。读数时间的影响是大多数材料试样的硬度均随读数时间的增加而下降。测点距试样边缘距离的影响：试样在成型加工过程中，边缘部分与中间部分受力、受热以及表面平整度等均不相同，测点太靠近试样边缘，将导致硬度值测试偏差，称为边缘效应。测点间距离的影响：测点间的距离应有一定大小，否则会造成结果的不准确。

2. 洛氏硬度

（1）试验原理　洛氏硬度是用规定的压头对试样先施加初试验力，接着再施加主试验力，然后卸除主试验力，保留初试验力，用前后两次初试验力作用下压头压入试样的深度差计算出的硬度值。其原理如图 6-27 所示。采用金刚石圆锥或钢球作为压头，分两次对试样加荷，首先施加初试验力，压头压入试样的压痕深度为 h_1，接着再施加主试验力，压

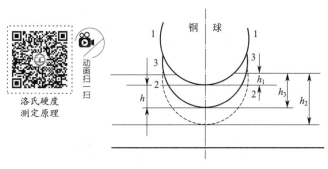

图 6-27　洛氏硬度测定原理

头在总试验力作用下的压痕深度为 h_2；然后压头在总试验力作用下保持一定时间后卸除主试验力，只保留初试验力，压痕因试样的弹性回复而最终形成的压痕深度为 h_3，从而求出其硬度值。

图 6-28　洛氏硬度计

（2）试验设备　洛氏硬度是在洛氏硬度仪上进行的，它也是由机架、压头、加力机构、硬度指示器和计时装置组成，如图 6-28 所示。机架为刚性结构，硬度计在最大试验力作用下，机架变形和试样支撑结构位移对洛氏硬度影响不得大于 0.5 洛氏硬度分度值。压头为维氏度至少是 $7MN/m^2$ 的抛光钢球，钢球在轴套孔中能自由滑动，试验时不应有变形。缓冲器应使压头对试样能平稳地施加冲击试验力，并控制施加试验力时间在 $3\sim10s$ 以内。硬度指示器能测量压头压入深度到 $0.001mm$，每一分度值等于 $0.002mm$。计时装置能指示初试验力、主试验力全部加上时及卸除主试验力后，到读取硬度值时，总试验力的保持时间，计时量程不大于 $60s$，准确度为 $\pm5\%$。

（3）试样　试样应厚度均匀、表面光滑、平整、无气泡、无机械损伤及杂质等。标准试样厚度应不小于 $6mm$，试样大小应保证能在试样的同一表面上进行 5 个点的测量，每个测点中心距以及到边缘距离均不得小于 $10mm$。一般试样尺寸为 $50mm\times50mm\times6mm$。

（4）试验操作

① 根据材料软硬程度选择适宜的标尺，尽可能使洛氏硬度值处于 $50\sim115$ 之间，少数材料不能处于此范围的不得超过 125。相同材料应选用同一标尺。

② 按试样形状、大小挑选及安装工作台，把试样置于工作台上，旋转丝杠手轮，使试样慢慢地无冲击地与压头接触，直至硬度指示器短针指于零点，长指针垂直向上指向，此时已施加了初试验力，长针偏移不得超过 ±5 分度值。

③ 调节指示器，使长针对准，再于 $10s$ 内平稳地施加主试验力并保持 $15s$，然后再平稳地卸除主试验力，经 $15s$ 时读取长指针所指的标尺数据，准确到标尺的分度值。

④ 反方向旋转升降丝杠手轮，使工作台下降，更换测试点，重复上述操作，每一个试样测试 5 点。

（5）试验结果

① 洛氏硬度值可按下式计算：

$$HR=K-\frac{h}{C} \tag{6-35}$$

式中，HR 为洛氏硬度值；h 为卸除主试验力后，在初试验力下压痕深度，mm；$h=h_3-h_1$；C 为常数，其值规定为 $0.002mm$；K 为换算常数，其值规定为 130。

② 洛氏硬度的试验结果可由数字显示式硬度计直接读取硬度值。参照图 6-29，分别记录施加主试验力后长针通过 BO 的次数和卸除主试验力后长针通过 BO 的次数，两次相减后

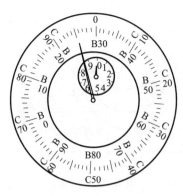

图 6-29 洛氏硬度计度盘

按以下方法得到硬度值：差数为 0 时，标尺读数加 100 为硬度值；差数为 1 时，标尺读数即为硬度值；差数为 2 时，标尺读数减 100 为硬度值。

（6）影响因素

① 试验仪器的影响　主要有机架的变形量超过标准，主轴倾斜，压头夹持方式不正常，加荷不平稳以及压头轴线偏移等。

② 测试温度的影响　随着测试温度的上升，各种塑料材料的洛氏硬度值都将下降，尤其是对热塑性塑料的影响更为显著。

③ 试样厚度的影响　和球压痕硬度一样，试样的厚度对其硬度值有一定的影响，试样厚度小于 6mm 时，对硬度值的影响较大；而试样厚度大于 6mm 时，对硬度值的影响较小，为此规定试样厚度不得小于 6mm。

④ 主试验力保持时间的影响　塑料属于黏弹性材料，在试验载荷作用下，试样的压痕深度必定会随加荷时间的增加而增加，因而主试验力保持时间越长，其硬度值越低。主试验力的保持时间对低硬度材料的影响较对高硬度材料的影响要明显得多。

⑤ 读数时间的影响　主试验力卸除后，试样压痕将产生弹性恢复，有一定时间，因此卸荷后距读数时间越长，压痕的弹性恢复时间也越长，测得的硬度值应当偏高。

⑥ 洛氏 α 硬度　使用洛氏硬度计并使用合适的标尺，测量在总试验力作用下的压入深度的方法得到的硬度值就是洛氏 α 硬度。

三、橡胶的硬度试验

橡胶硬度试验是测定橡胶试样在外力作用下，抵抗外力压入的能力。目前世界上普遍采用两种硬度：一种是邵氏硬度；另一种是国际橡胶硬度（IRHD）。邵氏硬度在我国应用最广，它分为邵氏 A 型（测量软质橡胶硬度）、邵氏 C 型（测量半硬质橡胶硬度）和邵氏 D 型（测量硬度橡胶硬度）。一般橡胶制品都采用邵氏 A 型硬度计测量硬度，可直接从产品上取样进行测试，使用起来十分方便，测量的硬度范围广。此外还有赵氏硬度、邵坡尔硬度以及专门用于测量微孔海绵橡胶的硬度。

邵氏A硬度
测试原理

1. 邵氏硬度

邵氏硬度又称肖氏硬度，是表示塑料和橡胶材料硬度等级的一种方法，有 A、C、D 三种型号，其硬度读数分别用 H_A、H_C 和 H_D 表示，我国与 ISO 规定一致，只使用 A 型和 D 型。GB/T 531.1—2008 规定了硫化橡胶或热塑性橡胶压入硬度试验方法。

（1）测试原理　将规定形状的压针在标准的弹簧压力下，在严格的规定时间内，把压针压入试样的深度转换为硬度值，表示该试样材料的硬度等级，直接从硬度计的指示表上读取。指示表为 100 个分度，每一个分度即为一个邵氏硬度值。

邵氏D硬度
测试原理

（2）试验设备　邵氏硬度计的主要部件如图 6-30 所示，试验设备如图 6-31 所示，硬度计在自由状态时，压针的形状和尺寸应符合规定，压针应位于孔的中心，硬度计的指针应指为零度，当压针被压入小孔，其端面与硬度计底面在同一平面时，指针所指刻度应为 100 度。其主要部位尺寸见表 6-17。

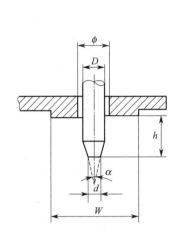

图 6-30　邵氏硬度计的原理

图 6-31　邵氏硬度计

表 6-17　邵氏硬度计的主要部位尺寸

型号　代号	D/mm	d/mm	H/mm	α	ϕ/mm	W/mm
A 型尺寸	1.3±0.05	0.8±0.02	2.50±0.04	35°±15′	2.5~3.2	>10
D 型尺寸	1.25±0.15	R0.1±0.012	2.50±0.04	35°±1°	3±0.5	>10

在使用过程中，压针的形状和弹簧的性能都会发生变化，因此硬度计应该定期进行压针形状尺寸的检查和弹簧应力的校正。对压针所施压力的大小同指针所指刻度的关系应符合下列公式，允许偏差为±8kgf（或硬度 1 度）。

$$Y_N = 0.550 + 0.075H_A \tag{6-36}$$

式中，Y_N 为对硬度压针所施加的力，N；0.550 为压针未压入试样时（硬度计指零时），弹簧的应力，N；0.075 为硬度计每 1 度所对应的应力值，N；H_A 为邵氏 A 型硬度计所指示的度数。

（3）试样　试样的厚度应不小于 6mm，宽度不小于 15mm，长度不小于 35mm。若试样厚度达不到要求时，可用同样胶片重叠起来使用，但不准超过 4 层，并要上下两面平行。试样表面光滑、平整，不应有缺陷、机械损伤及杂质等。

（4）试验步骤　试验前检查试样，如表面有杂质须用纱布蘸酒精擦净；试样下面应垫厚5mm 以上的光滑、平整的玻璃板或硬金属板；硬度计用定负荷架辅助测定试样的厚度，在试样缓慢地受到 1kgf 负荷时立即读数；试样上的每一点只准测量一次硬度，点与点间距离不少于 10mm。

（5）影响因素

① 试样厚度的影响　邵氏硬度值是由压针压入试样的深度来测定的，因此试样厚度直接影响试验结果。试样受到压力后产生变形，受到压力的部分变薄，硬度值增大。所以，试样厚度小则硬度值大，试样厚度大则硬度值小。

② 压针长度对试验结果的影响　在标准中规定邵氏 A 型硬度计的压针露出加压面的高度为 $2.5^{+0.00}_{-0.05}$ mm。在自由状态时指针应指零点。当压针压在平滑的金属板玻璃上时，仪器指针应指 100 度。如果指针大于或小于 100 度时，说明压针露出高度大于 2.5mm 或小于2.5mm，在这种情况下应停止使用，进行校正，当压针露出高度大于 2.5mm 时测得的硬度

值偏高。

③ 压针端部形状对试验结果的影响　邵氏 A 型硬度计的压针端部在长期作用下，造成磨损，使其几何尺寸改变，影响试验结果。磨损后的端部直径变大所测得的结果也偏大，这是因为其单位面积的压强不同所致。直径大则压强小，所测硬度值偏大，反之偏小。

④ 温度对试验结果的影响　橡胶为高分子材料，其硬度值随环境温度的变化而变化，温度高则硬度值降低。结晶慢的天然橡胶，温度对其影响小些，而氯丁橡胶、丁苯橡胶则影响较大。

⑤ 读数时间的影响　邵氏 A 型硬度在测量时读数时间对试验结果影响很大。压针与试样受压后立即读数与指针稳定后再读数，所得的结果相差甚大，前者高，后者低，相差可达 5～7 度，尤其在合成橡胶测试中较为显著，这主要是胶粒在受压后产生蠕变所致。

2. 国际橡胶硬度试验

国际橡胶硬度计是以规定的负荷和球形压头，以压头压入试样的深度差值来表示试样的硬度，单位为国际橡胶硬度，用 IRHD 表示。国际橡胶硬度计分常规型、微型和袖珍型三种，在常规试验法中又分为低硬度硫化橡胶（10～35IRHD）测定、中硬度硫化橡胶（35～85IRHD）测定和高硬度硫化橡胶（85～100IRHD）测定。常规试验法多用于规范试验、仲裁试验及研究工作；微型试验法多用于测量薄型制品、O 形橡胶密封圈、小型橡胶零件和少量橡胶制品性能的测试；袖珍型试验法一般用于生产现场和厂外硬度检测。中硬度段的测量方法是国际标准中最先采用的，也是基本测量方法。下面就着重介绍常规试验法中的硫化橡胶国际硬度测定（35～85IRHD），参照标准为 GB/T 6031—2017《硫化橡胶或热塑性橡胶　硬度的测定（10IRHD～100IRHD）》。

（1）测试原理　本试验是测量钢球在一个小的接触压力和一个大的总压力作用下，压入橡胶的深度差值。橡胶国际硬度（IRHD）是以这个差值，利用换算表或根据此表制作的曲线图求得，或者由以橡胶国际硬度为单位的刻度盘直接读取。压入深度差和橡胶国际硬度之间的关系式如下：

$$F/M = 0.0038R^{0.65}P^{1.35} \tag{6-37}$$

该公式为一个近似的表达式。式中，F 为压入力，N；M 为杨氏弹性模量，MPa；R 为钢球半径，mm；P 为钢球压入深度，以 0.01mm 为 1 单位。

（2）试样　试片的两面应平整、光滑和互相平行，标准试样的厚度为 8～10mm，非标准试样的厚度可以厚些也可以薄些，但不得小于 4mm，允许将两块橡胶叠加在一起，但接触面一定要光滑平整。测量点离开试样边缘的距离不少于表 6-18 中对应的距离，试样硫化后停放时间不少于 16h 才能试验，作仲裁时，停放时间不少于 72h。

表 6-18　橡胶试样厚度与测试点的距离

试样的总厚度/mm	4	6	8	10	15	25
压点到试样边缘的最小距离/mm	7.0	8.0	9.0	10.0	11.0	13.0

（3）试验步骤　仲裁试验时，必须把试样的上下表面轻轻地擦些滑石粉。有振动装置的硬度计，打开振动开关，把试样置于硬度计的水平台上，使压足和试样表面接触，其压力为 8.3N。在 5s 内，将刚性球垂直压入试样，作用在球上的力为（0.30±0.02）N 的接触力。如果指示器是橡胶国际硬度分度的，到 5s 末使指针调至指向 100 刻度，施加（5.40±0.01）N 的压入力，并保持 30s，直接读取以橡胶国际硬度为单位的硬度读数。如果指示器是用米制单位分度的，则应把施加接触力和施加压力后，压杆的压入深度差值 D 记录下来，换算为橡胶国际硬度数。

（4）影响因素

① 压头端部的球半径　钢球的几何尺寸对硬度测定影响较大。压头上钢球经多次使用致使钢球端部磨损，钢球顶部变平则意味着直径增加，所以硬度值增加，钢球直径大硬度值变小。因此硬度计在使用时要注意对压针的保护，并定期检查和校对。

② 接触力对测试值的影响　接触力对测试值有影响，试验结果表明，当接触力增加时，硬度示值也增加，由于试样在接触力大的情况下预压缩大。

③ 压足力对测试值的影响　试验表明，压足的力对测试值有一定的影响，而且各种橡胶各不相同。当压足上的力小于规定时，测试值较小；当压足上的力超过规定值时，硬度值略有增加。压足负荷增加时，硬度值略有增加，且低硬度试样比高硬度试样明显。

④ 试样厚度的影响　一般硬度值随试样厚度的增加而减少，并渐近地接近低极限值，且薄试样比厚试样更为敏感。

⑤ 试样叠加的影响　为了得到所需要的试样厚度，允许将两块橡胶试样叠加在一起，试样叠加后其测试结果与叠加前相比，叠加后试样的硬度值均有所下降。叠加后的试样与相同厚度的单层试样相比，视胶料的不同而不同，对于低硬度试样更为明显。

⑥ 试样的表面状态的影响　标准规定，试样表面要光滑、平整，如果表面粗糙，使压头与胶面的摩擦力增加，压头下降受到阻力，则硬度测定值偏小；如果试样打磨，表面的一层硬皮被磨掉，则硬度测定值减小；如果试样有较明显的凹凸不平时，压头在凹处和凸处的不同位置所测定的硬度值不同。

⑦ 负荷作用时间的影响　硬度值随读数时间的延长而减小，30s前的影响大于30s后的影响。

⑧ 同一测量点重复测量的影响　硬度试验虽非破坏性试验，但因变形不能立即恢复，试样表面同一点连续重复测量是不允许的。试验表明，第二次的测试值均大于第一次的测试值。差值是随胶料的蠕变性能而异的。

第八节　疲　劳　试　验

在我们的日常生活中，想把一块塑料片或细铁丝折断，往往是将其弯折，多次弯折后将其折断，这就是材料的疲劳过程。疲劳现象遍及整个材料科学领域，所有材料无论是合成的还是天然的都会受到疲劳现象的影响，对于传统的工程材料，比如金属，一个多世纪以来，疲劳一直是个众所周知的问题，可是破坏的根本原因却还没有完全弄清楚，因而常常发生不幸事故。据估计，80%～90%的设备使用损坏都是由疲劳引起的。对高分子材料这一相对较新的材料，人们才刚开始了解其疲劳过程。收集的数据还很少，因此，必须开展疲劳性能测试。

一、概念

1. 定义

（1）疲劳　材料在交变的周期性应力或频繁的重复应力作用下，导致材料的力学性能减弱或破坏的过程称为疲劳。疲劳使材料不能发挥固有的力学性能，在应力远小于静态应力下的强度值时就会破坏，最初在试样上产生微小疲劳裂纹，裂纹逐渐增大，最终导致完全破坏。

（2）应力 S 或应变 ε　物体内某点的平面上所受力的大小称为应力；由于力的作用而产生的材料的尺寸变化与原始尺寸之比。

（3）最大应力 S_{max} 或最大应变 ε_{max}　在应力或应变循环中，产生的最大应力或应变。

（4）最小应力 S_{min} 或最小应变 ε_{min}　在应力或应变循环中，产生的最小应力或应变。

（5）疲劳强度 S_N　是由 S-N 曲线推算出的，在 N 次循环时材料疲劳破坏的应力值。是临界的应力，不致引起材料疲劳破坏的最高极限应力。

（6）疲劳应变 ε_N　是由 ε-N 曲线推算出的，在 N 次循环时材料疲劳破坏的应变值。

（7）疲劳破坏　一般认为当试样在破坏试验中断裂为两部分时，就是疲劳破坏。但对于某些材料而言，当裂纹出现后，裂纹发展很慢，到完全断裂，还需要很多的循环次数。为此，就人为地定义为材料的刚度下降到规定的值时称为疲劳破坏。

（8）疲劳极限 S_f 或 ε_f　是指试样在疲劳试验中经过无数次（一般规定 N 为 10^7 次）循环而不破坏的最大应力值或应变值。许多高聚物的疲劳极限一般是其拉伸强度的 20%～35%。

（9）疲劳寿命　在规定循环应力或应变下，试样疲劳破坏所经受的应力或应变循环次数。

2. 分类

疲劳试验的种类很多，根据施加负荷的方式不同可分为拉压、弯曲、扭转、冲击、组合应力等试验方法；根据施加的应力大小和产生的应变大小来分，又可分为应力振幅一定和应变振幅一定以及变动的应力和应变的试验方法。

二、塑料的疲劳试验

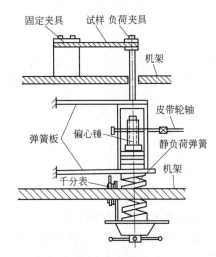

图 6-32　ASTM D671—71 疲劳
试验机原理

在动态应力作用下塑料会产生疲劳，塑料疲劳的根本原因是由于塑料具有黏弹性，在交变的应力作用下，分子链变形总是滞后于应力，产生内摩擦生成大量热，导热不良又使热量积累导致材料升温，引起材料局部软化、熔融等，试样的内部缺陷、内部缩孔、表面划伤、缺口、粗糙等都易导致疲劳破坏。目前所使用的塑料疲劳试验标准方法还很少，参照 ASTM（美国材料试验协会）的 ASTM D671—71 恒定力振幅法测定塑料弯曲疲劳的标准，介绍塑料的疲劳试验，试验机理见图 6-32。

1. 测试原理

把试样的一端用固定侧夹具将其夹紧，将另一端固定在载荷侧夹具上，通过它使试样弯曲。电动机带动皮带轮轴与可变的旋转偏心重锤联结，由这个偏心重锤系统产生出的循环的振幅恒定的应力，通过载荷侧夹具，施加在试样上。所施加力的大小，可由测定弹簧形变的千分表来测定。

2. 试验设备

主要由机架、固定夹具、弹簧板、千分表、弹簧、皮带轮轴、偏心锤等组成。此外，还有计数器，用来记录循环次数；切止开关，由机械和电操作开关；温度计，用来测量疲劳试验过程中试样的温度，一种方法是利用辐射温度计，可用来测定试样表面的温度，另一种方法是在试样的表面接热电偶，测其温度。

3. 试样

试样可以用模塑成型和机械加工而成，使加工中发热量最小，表面光洁。在打磨时，必须沿着试样的纵向方向，以磨去细小的刻痕或划痕。试样尺寸见图 6-33，有 A 型和 B 型两种，经常使用的是 A 型试样。

4. 试验步骤

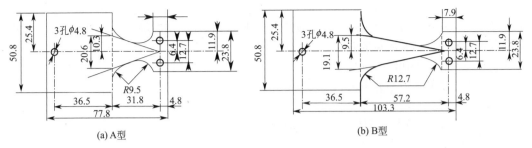

(a) A型　　　　　　　　　　(b) B型

图 6-33　试样尺寸

① 首先进行试验机的调整，按试验机说明书或由调整质量-振幅曲线上找到"补偿质量"，进行振动部分质量 M 的调整。

② 按试验要求，通过静力弹簧对试样施加一静载荷，然后调整偏心重锤的偏心度，对试样施加最大动载荷。把计数器调到零，开动试验机。在每一动载荷下至少做三次试验，至少选择 4 种动载荷，使其疲劳破坏的循环次数在 10^4、10^5、10^6 和 10^7 附近。

③ 在试验过程中，应测定试样表面达到稳定的温度。如果达不到稳定的温度，就测定破坏点的温度，如果采用辐射温度计，就测定可能出现破坏的小区内的温度，并不断地来回扫描，以保证测得局部最高温度。

④ 试样破坏，试验机停止，从读数器上读取试样破断时的循环次数 N。

⑤ 画出 S-N 图，以每一载荷下几次试验结果的几何平均值 N 的对数作横坐标，以循环的最大应力振幅值作纵坐标画出 S-N 图。

5. 计算

在悬臂梁弯曲式的疲劳试验中，偏心重锤振动产生的力可表示为：

$$P_0 = K_t x_0 \tag{6-38}$$

式中，P_0 为偏心重锤振动系统产生的力，N；K_t 为试样的弹簧常数，表示了试样的刚性，N/mm；x_0 为试样的挠度，mm。

根据所需的应力，对试样施加负荷大小的计算如下：

$$P = \frac{S b_0 d^2}{6 L_0} \tag{6-39}$$

式中，P 为施加于试样上的负荷，N；b_0 为三角形试样的底边长度，mm；S 为所需要的循环应力，N/mm；A 型为 20.6mm，B 型为 19.1mm；L_0 为试样的跨度，A 型为 31.8mm，B 型为 57.2mm；d 为试样的厚度，mm。

将 A 型、B 型试样的尺寸代入式(6-39)，可简化为：

$$P_A = 0.108 S d^2 \tag{6-40}$$

$$P_B = 0.0557 S d^2 \tag{6-41}$$

三、橡胶的疲劳试验

橡胶承受交变循环应力或应变时所引起的局部结构变化和内部缺陷的过程称为橡胶的疲劳。它使橡胶材料的力学性能下降，并最终导致龟裂或完全断裂。橡胶制品的使用寿命是橡胶制品从开始使用到丧失使用功能所经历的时间。而很多橡胶制品在动态变形情况下使用的。所以，橡胶的疲劳断裂往往决定着这些制品的使用寿命。橡胶的疲劳实质是受力和热的作用时橡胶产生老化的现象。疲劳的试验方法有：压缩屈挠试验、屈挠疲劳试验、伸张疲劳试验和回转屈挠疲劳试验。硫化橡胶伸张疲劳试验的介绍参照国家标准 GB 1688—2008。

1. 测试原理

伸张疲劳试验可在定应变、定应力或定应变能下进行试验。其中定应变下的疲劳伸张试验就是将哑铃状试样在试验机上反复伸张变形直到试样断裂。把在一定的静态和周期性动态负荷作用下，材料产生破坏或断裂所需的时间，常用转动次数表示疲劳寿命。而在反复拉伸变形下，试样产生裂口以至裂口扩展而断裂的现象称为伸张疲劳。在规定的拉伸应变值下，反复变形到一定次数后，其拉伸性能测定值与疲劳前拉伸性能测定值之比表示为伸张疲劳系数。

2. 试样

哑铃状试样的制备与裁刀同橡胶拉伸性能的测试。

3. 试验步骤

把准备好的试样夹入试验机的上、下夹持器中，试样两端在夹持器中的长度各为30mm。试样不得夹得过紧，以免试样在夹持部位出现早期损坏。调整试验机的偏心机构和上夹持器，使两夹持器的最小间距为25mm，并使夹持器的最大间距达到工作标距要求的间距。尽量减少对试样的拉伸时间，施加应变后到调整完毕不能超过1min。转动试验机的往复件，使其到夹持器的最小距离位置，再次检查标距间距离，使试样处于无应变状态。试验机进行的是往复运动，其频率一般为250r/min、300r/min、500r/min。试验应变值的选择与使用性能有关，应变值可取伸长50%～150%，也可采用较低或较高的应变值，一般取100%。试验的应变次数，可根据情况自行选择，如5万次、10万次、15万次。调整完毕，开动试验机，记录每个试样的断裂次数。

4. 结果表示

疲劳寿命用试样断裂次数的中值表示，并标明最高值与最低值。伸张疲劳系数为：

$$K_p = Z_2/Z_1 \tag{6-42}$$

式中，K_p 为伸张疲劳系数；Z_2 为伸张疲劳后性能测定值；Z_1 为伸张疲劳前性能测定值。

5. 橡胶的疲劳试验举例——屈挠龟裂增长试验

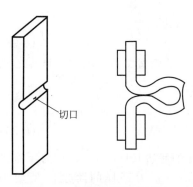

图 6-34　屈挠龟裂增长试验

屈挠龟裂增长试验采用图 6-34 所示的中心部位具有凹陷的试片，在试片凹陷中心预先割开切口，然后进行屈挠试验。试片夹具每分钟往返 300 次，每隔一定次数暂停试验，对预先割有切口的裂纹增长程度或裂纹长度进行测定。若继续试验，则裂纹逐渐增大最终导致断裂。定伸疲劳试验是以拉伸试验为标准的疲劳试验，而该屈挠疲劳试验可以说是产生像撕裂试验那样的应力集中，对材料的疲劳性能进行评价的试验。因此也可以说，定伸疲劳试验是整体上对材料的结果变化程度进行评价，而屈挠疲劳试验则是评价材料对于应力反复集中的局部的抵抗程度。即由于龟裂的端部应力集中，所以试片从这一部分开始破坏，但这部分龟裂是否容易发展则取决于极其微小区域的结构。

6. 影响因素

影响橡胶制品疲劳性能的因素很复杂，可分为三类：第一类是原材料和配方，包括橡胶的种类、交联程度和类别、填料和保护剂；第二类是力学特性，包括制品的形状和尺寸、变形的性质和大小、频率以及疲劳方式；第三类是周围环境因素，包括温度、湿度以及氧和臭氧的影响。像试样在试验时应松弛到零位，天然橡胶松弛到零位时，其裂口增长速度较快，而未松弛到零位时，裂口增长速度变慢；最大应变的影响，在试验室条件进行试验时，最大应变选用50%时，试验误差高，其疲劳寿命有两个数量级的差别，所以应变应选用100%；氧和臭氧对橡胶制品疲劳过程的影响非常大，有氧存在时，由于试样裂口处能量高度集中，相当于提高了试验温度，促进了氧的作用，增加了氧化断链率。

第九节　摩擦及磨耗性能

有些高分子材料制件是在摩擦条件下使用的，例如，橡胶件（轮胎、输送带、传动带、胶鞋底等）和塑料件（齿轮、轴承、蜗轮、导轨等），这些制件在使用过程中都要求具有良好的减摩耐磨性能。其中有不少的高分子材料具有优异的摩擦磨耗性能，如聚四氟乙烯、尼龙、聚甲醛、聚砜、聚酰亚胺、聚乙烯等，它们的摩擦系数很低，且耐磨。在工程上，常用它们来制造各种机械的减摩耐磨零件，为此必须对高分子材料的摩擦与磨耗性能进行测试，为设计提供一定的参考数据。摩擦性能主要是指材料的摩擦系数，磨耗性能主要是指在摩擦过程中，材料的表面不断损失的性能。

一、概念及原理

1. 摩擦

当两个互相接触的物体，彼此间有相对位移或有相对位移趋势时，互相间就产生阻碍位移的机械作用力，称为摩擦力，这种现象就叫做摩擦。物体间的摩擦可按不同的方式进行分类。若按物体所处的状态分类，可分为静摩擦和动摩擦；按物体运动特征分类，可分为滑动摩擦和滚动摩擦；按物体表面润滑情况分类，又可分为干摩擦和湿摩擦等。在这里，我们仅讨论物体表面无润滑的滑动摩擦。

静摩擦系数
测试原理

当两物体间只有滑动趋势而保持相对静止时的摩擦称为静滑动摩擦，摩擦力称为静摩擦力。静摩擦力与外力的大小相等，方向相反，当外力大于某一极限值时，物体就不能再维持静止状态而发生滑动了，即产生动滑动摩擦。由此可知，静摩擦力有一最大值，称为最大静摩擦力。

经大量实验证明，最大静摩擦力与物体间的正压力成正比，即为：

$$F_{\max} = \mu_s N \tag{6-43}$$

式中，$F_{\max}$ 为最大静摩擦力，N；μ_s 为静摩擦系数；N 为接触表面上的正压力，N。

动摩擦系数
测试原理

当物体处于相对滑动时的摩擦称为动滑动摩擦，摩擦力称为动摩擦力，动摩擦力与正压力也成正比，表示为：

$$F_D = \mu_D N \tag{6-44}$$

式中，F_D 为滑动摩擦力；μ_D 为动摩擦系数；N 为接触表面上的正压力，N。

2. 磨耗

物体在互相摩擦的过程中，其接触面上的物质不断损失的现象称为磨耗或磨损。常用磨耗量来表示高分子材料的耐磨程度。常用的表示方法如下。

重量磨耗 W：试样摩擦前后的重量改变量，以"g/kr"或"kg/kr"来表示，其中 kr 表示为 1000 转，常用来测定密度相近的材料。

体积磨耗 V：试样摩擦前后的体积改变量，用"mm³/kr"来表示，常用来测定不同密度的材料。

旋转次数 N：以达到规定磨耗所需的旋转次数 N（时间或距离）表示。

磨痕深度 C：试样平面与转轴表面摩擦时，材料表面产生凹痕，用磨痕的深度来表示，以 mm 为单位。

磨损源于摩擦，当制件受摩擦时，表面材料以小颗粒的形式断裂下来，这就是磨损，但不是简单的正比关系，一般而言，磨损随载荷和时间的增加而增加。其磨损量可由下式表示：

$$V = KFS \tag{6-45}$$

式中，V 为磨损量，mm^3；K 为磨损系数，单位载荷、单位滑动距离的磨损体积，$mm^3/(N \cdot mm)$；F 为载荷，N；S 为摩擦面移动的距离，mm。

在实际应用中，常用磨痕深度 C 来表示磨损量，表达式为：

$$C = Kpvt \tag{6-46}$$

式中，C 为磨痕深度，mm；p 为单位面积上的载荷，N/mm^2；v 为相对滑动速度，mm/s；t 为摩擦时间，s；K 同前。

二、塑料的摩擦及磨耗性能

1. 摩擦系数的测定

摩擦系数是摩擦力 F 与正压力 N 的比值，是塑料的一个重要参数。在物体上施加一正压力，测定使物体刚要运动瞬间的力和匀速滑动时的力，即可计算出两物体间的静摩擦系数和动摩擦系数，此时的外力和摩擦力相等。这里简单地介绍两种测定摩擦系数的方法。

① 如图 6-35 所示，将试样水平地放在一平台上，施加一定的正压力 N，用一根细绳跨过一个滑轮，一端系在试样上，另一端悬挂砝码。测定时逐渐地加砝码，直到试样刚出现微小滑动为止，此时的砝码重量就等于试样与平台的最大静摩擦力 F_{max} 与正压力 N 之比，即可得到试样与平台面的静摩擦系数 μ_S。

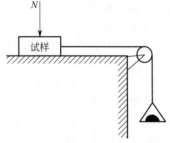

若细绳上不悬挂砝码，而挂上一弹簧秤，当用力拉弹簧秤时，记下试样刚滑动瞬间的力 F_{max} 和滑动时候的力 F_D，即可计算出滑动摩擦系数 μ_K。

② 如图 6-36 所示，能比较精确地测定试样的摩擦系数 μ_S 和 μ_K。把试样 A 平放在一块由轮 G 带动的平板 B 上，用细绳 H 将试样和测力装置 E 连接起来。测定时，G 带动平板 B 匀速移动，试样与平板的摩擦力就由测力装置 E 测定，计算出摩擦系数 μ_S 和 μ_K。

图 6-35　静摩擦系数测定装置

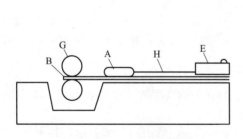

图 6-36　摩擦系数测定装置

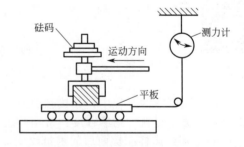

图 6-37　往复磨耗试验机

2. 磨耗的测定

磨耗与摩擦是紧密相关的，是一个过程的两个方面。根据不同的摩擦形式，已制造了各种磨耗试验机。下面简单介绍两种常用于塑料磨耗测定的试验机。

（1）往复磨耗试验机　如图 6-37 所示，试样夹在一个可以加载并能往复运动的夹具上，以摩擦面与一个对摩平板接触，此板再通过细绳和测力计连接到一固定装置上。平板放在滚动轴上，以减少与基板的摩擦。试验时，试样在对摩平面上往复运动，摩擦力就由测力计测定，用以计算摩擦系数，经过一定的摩擦距离或往复次数之后，测定试样被磨去的重量或试样厚度的变化量作为磨耗量。

（2）四球式摩擦试验机　如图 6-38 所示，圆环状试样在施加的载荷作用下，进行端面摩擦试验，摩擦力由记录器自动记录下来，由公式计算其摩擦系数，经过一定的摩擦时间后，测定试样被磨去的量，同样可以用重量或试样的厚度变化来表示其磨耗量。

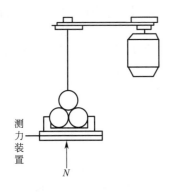

图 6-38　四球式摩擦试验机

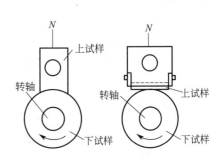

图 6-39　滑动摩擦

3. 塑料滑动摩擦磨损试验

塑料滑动摩擦磨损试验可以参照 GB/T 3960—2016《塑料　滑动摩擦磨损试验方法》。

（1）测试原理　如图 6-39 所示，试样分别安装在上下转轴上，上转轴可以 360r/min 或 380r/min 的速度转动，下转轴可以 400r/min 或 200r/min 的速度转动，精确到 5% 以内，并要求圆环安装部位轴的径向跳动小于 0.01mm，做滑动摩擦时上转轴不转动。由弹簧装置给试样施加正压力，精确到 5% 以内；摩擦时，摩擦力矩 M 自动记录在记录纸上，精确到 5% 以内；记录圆环转速的计数器或计时器精确到 1% 以内；由此可测出其摩擦系数和磨耗量。

动画扫一扫

磨耗性能测试
基本原理

（2）试样　试样为长方体试样，见图6-40，要求试样表面平整，无气泡、裂纹、分层、明显杂质和加工损伤等缺陷，每组试样不少于 3 个。

（3）试验步骤　清除圆环油污，储存于干燥缸内以防生锈；试样经状态调节后用感量为 0.1mg 的分析天平称其质量 m_1；把试样装进夹具，摩擦面用角尺校正并使它与圆环的交线处于试样正中，装好摩擦力矩记录纸，开机校好零点；再次用乙醇、丙酮等不

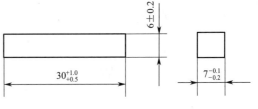

图 6-40　试样尺寸

与塑料起作用的溶剂仔细清除试样和圆环上的油污，此后不准再用手接触试样，平稳地加荷至负荷值；对磨 2h 后停机卸荷，取下试样和圆环，清洗试样表面后，用精度不低于 0.02mg 的量具测量磨痕宽度，或在试验环境下存放 1h 后称取试样质量 m_2；读取摩擦力矩值 M。

（4）结果表示　摩擦系数的计算式如下：

$$\mu = \frac{M}{rN} \tag{6-47}$$

式中，μ 为摩擦系数；M 为摩擦力矩 M，J；N 为弹簧施加的载荷，N；r 为下试样半径，m。

以体积磨损来表示磨损量，计算式如下：

$$V = \frac{m_1 - m_2}{\rho} \tag{6-48}$$

式中，V 为体积磨损，mm^3；m_1 为试验前试样的质量，g；m_2 为试验后试样的质量，g；ρ 为试样在 23℃ 时的密度，g/mm^3。

（5）影响因素　摩擦是一个非常复杂的力学物理过程，受很多因素的影响。表面粗糙度的影响，接触表面越粗糙，摩擦系数越大；温度的影响，温度对摩擦系数的影响不大；负荷的影响，在相当大的负荷范围内，塑料的摩擦系数随负荷的增大而缓慢下降；速度的影响，在室温内，在中、低速度范围内，塑料的摩擦系数随速度的增加而增大，在高速下，滑动摩擦系数随速度的增加而降低；配对材料，同一种材料，与不同材料配对时，其摩擦系数有很大差别。

三、橡胶的摩擦及磨耗性能

摩擦和磨耗性能是橡胶制品的重要技术指标。胶鞋、输送带等产品需要有较大的摩擦系数，动密封件等需要较小的摩擦系数。对汽车轮胎而言，其摩擦特性不仅影响轮胎的磨耗特性，而且关系到行车的安全。橡胶的磨耗性能直接关系到汽车轮胎、自行车胎、输送带、胶管等许多橡胶制品的使用寿命。

1. 摩擦

橡胶和固体之间的摩擦力 F 是由两部分组成，即摩擦表面分子相互接触产生的黏附力和由于压入一微凸体后使橡胶产生的滞后阻力之和。

$$F = F_a + F_n \tag{6-49}$$

式中，F_a 为黏附力；F_n 为滞后阻力。

（1）黏附摩擦　橡胶与硬表面相对滑动时，两表层之间形成局部连接点，在滑动过程中，黏附键被拉伸、破裂、松弛，直到在新的平衡位置重新发生黏附，按照弹性体摩擦的黏附理论，其黏附摩擦系数为：

$$\mu_a = B\phi(E/P^r)\tan\delta \tag{6-50}$$

式中，μ_a 为黏附摩擦系；B、r 为常数，其中 $r < 1$；ϕ 为与表面产生黏附的能力有关的函数；E 为橡胶的弹性模量；P 为橡胶的正压力；$\tan\delta$ 为橡胶的损耗角正切。

（2）滞后摩擦　橡胶试样以一定的速度相对固体表面运动时，由于固体表面的微凸体的压缩而不断地产生变形，若橡胶在接近微凸体时被压缩所产生的能量为 E_{ci}，越过微凸体后恢复的能量为 E_{ei}，则滞后摩擦力为：

$$\mu_n = K(P/E)\tan\delta \tag{6-51}$$

式中，μ_n 为滞后摩擦系数；K 为常数，为一几何形状因子；其他符号同上。

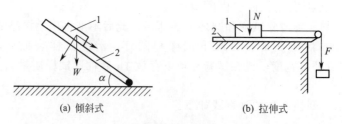

（a）倾斜式　　　　　　　　　　（b）拉伸式

图 6-41　恒牵引力式摩擦试验装置
1—橡胶试样；2—摩擦面

（3）摩擦系数的测定

① 恒牵引力式摩擦仪　如图 6-41 所示，把加有一定负荷 W 的试样，放在一个倾斜角度

可以改变的平板上，然后缓慢地变更板的倾斜角，直到试样刚刚滑动，此时倾斜角的正切就是摩擦系数。测定的为静摩擦系数。

② 拉伸式恒牵引力式摩擦仪　同塑料的摩擦系数的测定，在试样上加一正压力，并通过滑轮以重锤牵引，使锤的重量稍大于摩擦阻力，试样沿摩擦面徐徐滑动，摩擦系数为摩擦力与正压力之比。

③ 摆式摩擦仪　如图 6-42 所示，带橡胶试样的摆锤提升到一定高度后向下摆动，由于试样和摩擦面产生摩擦阻力，而使摆锤的高度减小，测定摆锤头部的起始高度和终止高度，计算出平均摩擦力。此法测定的结果是相对值。

$$\mu = \frac{W(h_1 - h_2)}{ND} \tag{6-52}$$

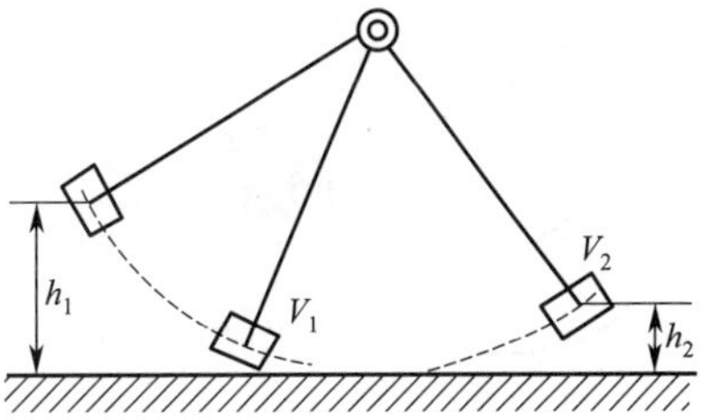

图 6-42　摆式摩擦仪原理

式中，μ 为摩擦系数；N 为试样与路面之间的平均负荷；W 为摆锤的有效质量；D 为试样沿路面的滑动距离；h_1 为摆锤的起始高度；h_2 为试样越过地面后扬起的高度。

2. 磨耗

橡胶在摩擦过程中产生发热和表面破坏，最后造成磨耗。橡胶的磨耗比金属的磨损要复杂得多，它不仅与使用条件、摩擦的表面状态、制品的结构有关，而且与硫化胶的其他力学性能有密切的关系。橡胶的磨耗主要有以下三种形式。

(1) 磨损磨耗　橡胶在粗糙表面摩擦时，由于摩擦表面上凸出的尖锐粗糙物不断切割、刮擦，致使橡胶表面局部接触点被切割，扯断成微小的颗粒，从橡胶表面上脱落下来，形成磨损磨耗。

(2) 疲劳磨耗　与摩擦面相接触的硫化胶表面，在反复的摩擦过程中受周期性压缩、剪切、拉伸等形变作用，使橡胶表面层产生疲劳，并逐渐在其中产生面疲劳微裂纹，形成疲劳磨耗。

(3) 卷曲磨耗　橡胶与光滑表面接触时，由于摩擦力的作用，使硫化胶表面的微凹凸不平的地方发生变形，并被撕裂破坏，成卷地脱落表面，形成卷曲磨耗。

(4) 磨耗的测定

① 邵坡尔磨耗试验　如图 6-43 所示，将圆柱形试样以一定的接触压力压在旋转的砂纸辊筒上，并在旋转或无旋转条件下让试样在辊筒上做横向移动，测量在一定行程后橡胶试样的磨耗体积。

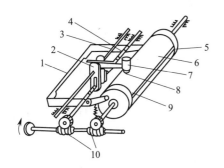

图 6-43　邵坡尔磨耗试验机
1—杠杆架；2—离合器；3—滑杆；4—丝杆；
5—压条；6—砂纸；7—摇臂；8—试样；
9—辊筒；10—蜗杆

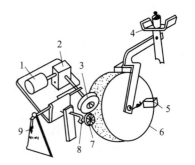

图 6-44　阿克隆磨耗试验机
1—电动机；2—减速箱；3—试样；4—负
荷；5—计数器；6—砂轮；7—毛刷；
8—倾角调节杆；9—倾角指针

② 阿克隆磨耗试验　如图 6-44 所示，以一定速度旋转的环形试样，在一定的负荷作用

下，并以一定倾斜角与砂轮接触进行滚动摩擦，由于试样和磨轮的轴心位于不同的平面，致使两者的滑动速度不同而产生磨耗。

③ 兰伯磨耗试验机磨耗试验

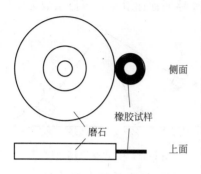

图 6-45　兰伯磨耗试验模式

橡胶磨耗被认为是一种破坏现象，但它与拉伸试验和撕裂试验的情况不同，是由反复向橡胶材料表面施加摩擦力引起的微小区域的破坏。此外，橡胶表面与其他材料反复接触磨削，所以各磨耗片都非常小。兰伯磨耗试验机适用于轮胎胎面的磨耗试验。如图 6-45 所示，圆片状橡胶试样与圆板状磨石相互接触并旋转，提供摩擦力使试样磨耗。为了能自由设定一定程度的互相滑动率，可实施改变速比的试验。此时，可在相互接触的部分添加研磨剂同时进行试验。用橡胶试样的密度除以一定转速后的磨耗减量，将体积换算值作为测定值。

兰伯磨耗试验的磨耗机理在高温和低温时各不相同。低温磨耗试验时，附着在接触面上的活动性橡胶分子链进行拉伸破坏；高温磨耗试验时，由内应力产生的微观龟裂成为诱因，使磨耗粉末撕裂脱离。

汽车在实际行驶时，与轮胎接触的路面或是沥青路面或是砂石道路，而且路面要经受雨、雪的作用和日光曝晒因而变化，实际滚动中的轮胎所接受的力学或化学环境与试验条件不同。因此，磨耗现象比较复杂，由于磨耗特性按各种橡胶材料所处的场合而各异，所以也有用独创的试验机尝试对实际磨耗现象进行预测的例子。

(5) 硫化橡胶滑动磨耗的测定　摩擦与磨耗的测定可参照标准 HG/T 3826—2008《硫化橡胶滑动磨耗试验方法》。

① 测试设备　如图 6-46 所示，试样固定位置中心绕杆臂芯的转动半径为 (68 ± 2)mm，仪器转速为 (40 ± 5)r/min；施加于两块试样上的法向力为 13N、16N 和 26N，砝码质量误差不超过 ±0.005kg；可测量两块试样的摩擦力范围为 0.1~12N，测量误差不超过 $\pm3\%$；压缩空气气压为 0.15MPa 以下，风管两端朝向圆盘一边应开有直径 (1 ± 0.1)mm 的吹风口，从圆盘表面到带孔风管的距离为 (22 ± 2)mm；仪器的旋转圆盘应配置在与抽风装置接通的外壳内。

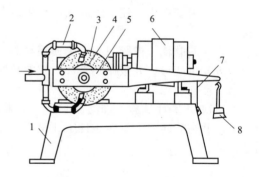

图 6-46　格拉西里磨耗机
1—机架；2—空气导管；3—旋转圆盘及纱布；
4—固定垫盘；5—杆臂；6—电动机；
7—支架空框；8—平衡负荷砝码

② 试样　硫化橡胶的整体试样，用厚度为 (10 ± 0.1)mm 的硫化胶片经切削打磨而成；复合试样，将边长为 (20 ± 0.5)mm、厚 (2 ± 0.5)mm 的硫化橡胶样品粘贴在符合要求的标准橡胶硬度不低于 60 度（邵氏 A 型）的橡胶片上，制备成试样；试样表面不应含有气孔、裂缝、杂质和其他缺陷；试样数量不少于 6 块。

③ 试验步骤　将纱布装在圆盘上，并用固定垫盘压紧；将试样夹在夹持器上并装在杆臂上，然后用螺钉固紧；将装有试样的杆臂芯插过空心轴，并使杆臂长端置于支架空框之间；在杆臂芯轴的另一端挂上 2.6kg 的砝码，使试样受到相当于 26N 的法向力；在杆臂末挂钩上挂上砝码盘及砝码；打开吸风管阀门通入压缩空气，开动电动机使试样预磨至在其全部接触面上出现磨损；将试样取出，刷净胶屑，然后用天平称量（精确到 0.001g）；将称量

过的试样按预磨时相同的位置重新装在杆臂上，重复；开动电动机进行试验，当圆盘转速 200r/min 时即停止试验，取出试样刷净胶屑，再用天平称量；试验过程中，应不断地调节平衡负荷，使杆臂处于支架空框中间，并每隔约 60s 记录一次，取其平均值作为平衡负荷值；取三对试样试验结果的平均值作为试验结果。

④ 结果处理　两块试样磨耗时所消耗的摩擦功为：

$$W = 2\pi n R(p_1 + p_2) \tag{6-53}$$

式中，W 为摩擦功，J；n 为试验期间圆盘的转速（$n = 200$），r/min；R 为悬挂平衡负荷点绕芯轴转动的半径（$R = 0.425$），m；p_1 为试验期间的平衡负荷，N；p_2 为仪器常数，N。

体积磨耗量 ΔV 的计算为：

$$\Delta V = 1000(m_1 - m_2)/\rho \tag{6-54}$$

式中，ΔV 为体积磨损量，mm^3；m_1 为试验前试样的质量，g；m_2 为试验后试样的质量，g；ρ 为试样的密度，g/mm^3。

摩擦系数 μ 的计算为：

$$\mu = F_1/F_2 = R(p_1 + p_2)/rF_2 \tag{6-55}$$

式中，F_1 为作用于两试样的摩擦力，N；F_2 为向两试样施加的法向力，N；r 为试样固定位置中心绕芯轴转动的半径（$r = 0.068$），m；其他符号同前。

3. 橡胶摩擦磨耗的影响因素

实际接触面积的影响，从前面的式子可以看出，黏附阻力的大小与两表面的微观接触面积的总和成比例，在一定速度下，随着负荷的增加而产生的橡胶变形使橡胶与摩擦表面的粘接密度增加，从而使摩擦力增加；温度和速度的影响，橡胶的摩擦性能具有明显的黏弹特征，摩擦系数是温度和速度的函数，在某一速度和温度下出现极大值，一般来说，温度升高会使磨耗量增大，随着温度的降低，在玻璃化温度附近，磨耗量达到最小值，然后重新上升；表面状态的影响，摩擦表面粗糙程度、润滑剂的存在、磨损碎片、橡胶表面老化和环境湿度都会大大改变橡胶的摩擦性能，这主要是由于表面状态不同时，摩擦的黏附成分变化明显，特别是有润滑剂时，黏附摩擦成分显著减少，在磨蚀磨耗中，磨耗强度与磨粒顶部的曲率半径成正比，但在疲劳磨耗条件下，磨耗量随突棱曲率半径的增大而减少，随突棱间距离的增大而增大，润滑和在橡胶制品表面涂有低摩擦系数的塑料，可以使摩擦系数减小，增大疲劳磨耗的成分，从而使磨耗减少；环境的影响，周围的气体、液体、湿度对磨耗性能的影响是很大的，其中，氧气的存在对疲劳磨耗影响最大，但对粗糙表面上的磨耗影响不大，液体介质使橡胶溶胀，从而降低耐磨性。

阅读材料

中国绿色化学先驱——张俐娜院士

张俐娜院士（1940.8.14—2020.10.17），高分子科学家，1940 年出生于福建省光泽县，2011 年当选中国科学院院士，2014 年当选英国皇家化学学会会士。曾任美国化学会刊物《ACS Sustainable Chemistry & Engineering》副主编，以及《Cellulose》《Journal of Applied Polymer Science》等刊物编委。

新中国成立后，张俐娜在"爱祖国、爱人民、爱科学、爱劳动、爱护公共财物"五爱精神教育下成长，以优异的成绩考入武汉大学。1963 年，张俐娜从武汉大学化学系毕业，分配到北京铁道科学研究院。那时候，我国的火车制动技术并不发达，以致刹车失灵造成翻车事故，为了研究刹车橡胶皮碗在不同气候、不同地区的性能，她经常到橡胶厂以及各地火车站现场做实验，奔波于工厂和现场，不畏艰苦攻难关，顺利完成每项任务，受到了铁道部和使用单位的好评。

1973 年张俐娜调入武汉大学化学系任教，开始了新的征程。在漫长的岁月里她一直为科研和教学拼搏，没有星期天也没有节假日。我国著名高分子科学家钱人元先生十分欣赏张俐娜利用自制膜渗透计准确测定高聚物分子量的成果。在钱先生的推荐下，她获得日本振兴协会奖学金（JSPS），作为访问学者前往日本大阪大学藤田博教授实验室，进行了一年多的高分子溶液理论研究，并在"Macromolecules"和"Biopolymers"发表了高水平论文。

从日本回国后，张俐娜开始关注可再生资源的研究、利用和开发。出于对国家资源发展前景的远虑，她把目光瞄准天然高分子材料科学与高分子物理的基础和应用研究，探索纤维素、甲壳素、多糖等可再生资源的研究与利用新途径。

1993 年，她在武汉大学建立了天然高分子与高分子物理科研组，开启了在天然高分子科学与材料领域的创新之旅。2000 年张俐娜教授获得国家自然科学基金重点项目资助，开始了纤维素新溶剂及功能材料的研究。经过多年的探索，她的研究团队终于突破使用有机溶剂和加热溶解高分子的传统方法，创建出 NaOH/尿素水溶剂体系和低温快速溶解纤维素的崭新方法，并提出低温溶解大分子的新机理。这一新技术，可望取代目前环境污染严重的黏胶法，从而推动生物质产业的发展。

2011 年张俐娜教授获得美国化学会安塞姆·佩恩奖，该奖是国际上纤维素与可再生资源材料领域的最高奖，她是半个世纪以来第一位获得该奖项的中国人。评委们认为"这是纤维素加工技术的一大里程碑"，著名科学家 Glyn O. Phillips 教授指出"张俐娜教授带领的研究队伍通过开发一种神奇而又简单的水溶剂体系，敲开了纤维素科学基础研究通往纤维素材料工业的大门"。2016 年英国皇家化学会"Chemistry World"报道她为"中国'绿色'化学先驱"。

张俐娜教授曾经说过："我从事这项研究，具有强烈的使命感。我们世世代代生活在这片黄土地上，一定要竭尽全力建设好这个国家。我国是农业大国，又是石油输入大国之一，因此开发可再生的生物质资源创造新的高分子材料是我们的当务之急。我选择了这条科研之路，并终于在这个领域做出了一些成果，有责任将这些成果运用于实际。"

张俐娜教授是一名优秀的教育工作者。她被授予"全国优秀教师""全国先进女职工""全国先进工作者"等荣誉称号，还被选为"科学中国人年度人物"。她在教学科研一线辛勤耕耘近 50 年，培养了 114 名博士和硕士研究生。张俐娜教授为人正直诚恳、治学严谨，对科研工作和学生要求十分严格。她经常用"四心"（爱心、好奇心、信心、责任心）和"四精神"（创新精神、团队精神、奉献精神、锲而不舍精神）去鼓励和帮助年轻人的学习、成长。

张俐娜教授为我国高分子科学和教育做出了杰出贡献。

材料引自：张希 等．庆祝张俐娜院士 80 华诞专辑前言 [J]．高分子学报，2020，51（08）：772-776．

复 习 题

1. 叙述塑料和橡胶的拉伸试验原理。

2. 拉伸性能包括哪些项目？拉伸试验受哪些因素的影响？

3. 叙述塑料和橡胶的压缩性能试验原理。

4. 叙述塑料和橡胶的弯曲性能试验原理。

5. 对于管状试样如何测试弯曲性能？

6. 塑料和金属粘接测试其剪切强度时如何避免剥离现象的发生？

7. 试比较摆锤式冲击试验、落球式冲击试验、高速拉伸冲击试验的特点。

8. 叙述塑料和橡胶硬度测试原理。

9. 对于未知硬度范围的材料，选择试验负荷时为什么应从小到大逐级预试选择？

10. 何谓蠕变和应力松弛？生产上如何合理地应用？

11. 何谓摩擦和磨耗？如何测定塑料和橡胶的摩擦和磨耗？

12. 塑料和橡胶的摩擦与磨耗受哪些因素的影响？

第七章

热性能测试

学习目标

掌握高聚物热性能中的热稳定性、热物理性、流动性、耐寒性，并能对其进行测试。了解其影响因素。

高聚物的热性能是其与热或温度有关的性能的总称。大致包括以下几类。

（1）**热稳定性** 如尺寸稳定性、负荷下的热变形温度、收缩率、热膨胀等。

（2）**热物理性** 如玻璃化温度、熔点或软化温度、热导率、比热容等。

（3）**流动性** 如熔体流动速率、凝胶点等。

（4）**耐寒性** 如失强温度、低温脆化温度、低温伸长保留率、低温刚性温度等。

高聚物的某些性能（如力学性能、电学性能）很大程度上与温度相关，而且这些相关性在聚合物发生聚集态转变时表现尤为突出。热性能试验就是通过各种试验方法对高聚物的热性能进行测定和评价，为制品的设计、生产、科研以及使用方法提供必要的参数和依据。

第一节 稳 定 性

一、尺寸稳定性

尺寸稳定性指材料在受机械力、热、水分及其他外界条件作用下，其外形尺寸不发生变化的性质。高聚物在加工过程中，长链分子被拉伸、压缩、剪切，熔体流动过程分子在某种程度上有定向和结晶现象，冷却时，这些状态在某种程度上被冻结，制品成型后，分子的链段总是力求回复到原来自由的状态，从而使制品的尺寸发生某种程度的变化，通常用尺寸收缩率来表示。尺寸稳定性测试方法可参照 GB/T 8811—2008《硬质泡沫塑料 尺寸稳定性试验方法》、GB/T 6342—1996《泡沫塑料与橡胶 线性尺寸的测定》、GB/T 12027—2004《塑料—薄膜和薄片—加热尺寸变化率试验方法》。

1. 测试原理

尺寸稳定性通常用尺寸变化率或收缩率表示，是指规定尺寸的试样在规定的温度、以规定的方式放置在规定的支撑上，经过规定的时间，然后将试样冷至室温，试样纵向和横向尺寸变化的百分率。

2. 测试装置

（1）**恒温烘箱** 最高温度 200℃或以上，控温精度±2℃。

（2）**卡尺** 精度 0.01mm。

（3）**试样支撑物** 按试样要求定（钢板、铜板、石棉板、牛皮纸等）。

尺寸稳定性测试
基本原理

动画扫一扫

3. 操作步骤

① 根据产品标准规定，将试样划好标线（通常划三条），放在空调房间进行状态调节。

② 根据产品标准的规定，测量试样标线间的距离（通常测量三点），精确至 0.01mm。

③ 将烘箱升温至所需温度，并恒定 15min。

④ 根据产品标准要求，将试样放在规定的支撑物上（动作要快，以不使烘箱温度有大的波动），迅速关上烘箱门，开始计时（有些产品标准规定，到达所需温度后，才开始计时），到达所需时间后，取出试样，放在空调房间冷至室温，精确测量试样尺寸。

4. 结果表示

试验结果按下列公式计算：

$$S_1 = \frac{L_1 - L_0}{L_0} \times 100\%$$ (7-1)

$$S_2 = \frac{W_1 - W_0}{W_0} \times 100\%$$ (7-2)

$$S_3 = \frac{D_1 - D_0}{D_0} \times 100\%$$ (7-3)

式中，S_1 为试样长度（也有纵向）变化率；S_2 为试样宽度变化率；S_3 为试样直径变化率；L_0 为试样初始长度，mm；L_1 为试样实验后的长度，mm；W_0 为试样初始宽度，mm；W_1 为试样实验后的宽度，mm；D_0 为试样初始直径，mm；D_1 为试样实验后的直径，mm。

每个试样以最大变化值计算结果，通常取三个试样（薄膜取 5 个试样）的算术平均值作为结果，负值表示收缩，可以用绝对值表示。

5. 影响因素

(1) 试样的边缘 试样的边缘对试验结果有些影响，为避免边缘的影响，可加大试样尺寸。通常试样的有效长度为 100mm，试样的长度至少为 130mm；试样宽度，板材通常为方形，薄膜可以是方形，也有条形的，但大多数及国际上通常都用方形，具体尺寸根据产品标准规定。

(2) 试样的支撑物 在测试中除对薄膜试样有悬挂外，对大多数试样是平放在支撑物上，不同产品对支撑物均有具体规定，有些是用金属板、有些是用石棉板等，对薄膜测试有些还规定用牛皮纸包起来，也有规定在支撑物上铺上滑石粉，总之，支撑物对测试结果有一定影响。

(3) 试样的测量 对薄膜的测量，只能轻轻地压平，不能用手撑，否则差别很大；对管材管径的测量，通常用细铜丝测周长，进行计算。

(4) 试验温度 温度对测试结果影响较大，各个产品都有较严格的规定，通常规定波动区间为 ±2℃，往往在下限温度做合格，在上限温度做就不合格，所以应尽可能使温度准确。另外，在开关烘箱门时要尽量快，使温度波动尽可能地小，达到所需温度的时间尽可能地短（对大热容量试样如 PVC 管应小于 15min，而对薄膜试样应小于 5min）。

(5) 加热时间 各个产品在产品标准中，对加热时间都有严格的规定，但从什么时间开始，有的产品标准十分明确，有的产品标准则不明确。从关烘箱门开始计时，还是从到达温度后开始计时，没有明确说明。通常从关烘箱门开始计时，这就要求：如垫板（支撑物）热容大，必须先对垫板进行预热，以减少温度波动，减少到达所需温度需要的时间。

二、负荷下热变形温度测定

很多聚合物制品都有负荷下热变形温度这项指标，该指标只用来控制产品质量，并非表示产品最高使用温度。最高使用温度还要考虑到制品的使用条件、受力情况等因素。

(一) 负荷弯曲应力变形温度

GB/T 1634.1～1634.3—2004 规定了测定塑料负荷（三点加荷下的弯曲应力）变形温

度的方法。其中第1部分规定了通用试验方法，第2部分对塑料、硬橡胶和长纤维增强复合材料规定了具体要求，第3部分对高强度热固性层压材料规定了具体要求。

1. 测定原理

负荷下热变形温度测试原理

把一个具有一定尺寸要求的矩形试样，放在跨距为100mm的支座上，并在两支座的中点处，施加规定的负荷，形成三点式简支梁式静弯曲，负荷力的大小，必须使试样形成$1.80N/mm^2$或$0.45N/mm^2$的表面弯曲应力，把受荷后的试样浸在导热的液体介质中，以120℃/h的升温速度升温，当试样中点的变形量达到与试样高度相对应的规定值时，读取其温度，这就是负荷热变形温度。

2. 仪器

负荷热变形温度测定仪由试样支架、负荷压头、砝码、中点形变测定仪、温度计及能恒速升温的加热浴箱组成，其基本结构如图7-1所示。

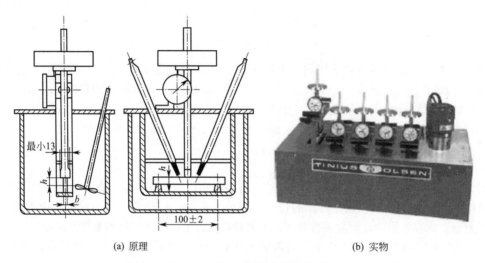

(a) 原理   (b) 实物

图7-1 负荷热变形温度测定设备

试样支架两支点的距离为（100±2）mm，负荷压头位于支架的中央，支架及负荷压头与试样接触的部位是半径（3.0±0.2）mm的圆角。加热浴箱中的液体热介质，应选取在试验过程中对试样不造成溶胀、软化、开裂等影响的液体，对于大部分塑料，选用硅油较合适。温度计及形变测定仪应定期进行校正。

3. 试样

试样为一矩形样条，其长度为120mm，高为9.8～15mm，其厚度对于模塑材料为3.0～4.2mm，对于板材可用板材原始厚度3～13mm的范围，如板材的厚度大于13mm，则应在其一面机械加工至符合要求的厚度。当采用压塑的方法制备试样时，模塑压力方向应垂直于试样高的这一侧面。模塑条件对测定结果有较大影响，因此模塑条件应按有关材料标准的要求或有关方面商定。

4. 测定及结果表示

（1）测定 这个试验方法的最大特点是试样尺寸可以在一定范围内变化，因此在测定之前，首先要精确测量试样的尺寸，再根据试样实际的尺寸计算出负荷力的大小，计算公式如下：

$$F = \frac{2\sigma bh^2}{3L} \tag{7-4}$$

式中，F为负荷力，N；b为试样宽度，mm；h为试样高度，mm；L为支座间距离，100mm；σ为试样公称表面应力（$1.80N/mm^2$或$0.45N/mm^2$）。

根据计算出来的力，调节试样的负荷，试验设备中的负荷杆及变形测量装置的附加力都应计入总负荷之中。其后按规定进行升温，当试样中点的变形量达到规定值时，读取其温度即为负荷热变形温度。

还需指出，试样高度的变化不但要改变负荷力的大小，而且对试验终了时的中点变形量也要作出相应的改变。试样高度与标准变形量的对应关系见表7-1。

表 7-1 试样高度与标准变形量关系

试样高度/mm	标准变形量/mm	试样高度/mm	标准变形量/mm
9.8～9.9	0.33	12.4～12.7	0.26
10.0～10.3	0.32	12.8～13.2	0.25
10.4～10.6	0.31	13.3～13.7	0.24
10.7～10.9	0.30	13.8～14.1	0.23
11.0～11.4	0.29	14.2～14.6	0.22
11.5～11.9	0.28	14.7～15.0	0.21
12.0～12.3	0.27		

为何有这种对应关系，这可从力学原理进行分析，当试样受荷后，不但产生了应力，而且也产生变形，由试样中点的变形量可计算出试样表面的应变量，其计算公式如下：

$$\varepsilon = \frac{6dY}{L^2} \tag{7-5}$$

式中，ε 为应变量，mm/mm；d 为试样高度，mm；L 为支座间跨距，100mm；Y 为试样中点变形量，mm。

从而可看出，试样的应变与试样高度及中点变形量成正比。为了保证不同高度的试样在试验期间的受力状态相同，因此从测定开始到终了这一期间内，必须使试样的应变增量保持不变，所以试样高度不同时，其中点变形量也就要有所改变。从其对应关系可知，不同高度的试样，其应变增量保持在 0.00195 左右。

试验方法标准中，规定了可选用两种表面应力，但对于 0.45N/mm² 的应力，由于试样所受的力较小，而试样尺寸的测量，仪器附加力的计算及传力杆摩擦等因素所产生的误差基本上是一个定数，因此其相对误差较大。测试结果也表明，采用小负荷时其数据分散性较大，因此一般不采用小负荷。但对于某些材料在常温下就较软，当施加大负荷时（1.81N/mm² 表面应力）就产生蠕变，这就不得不选用小负荷了，如聚乙烯、尼龙等材料，都采用小负荷。

（2）结果表示　测试结果以两个试样的平均值的表示（℃），因为有两种负荷，所以试验记录及报告中一定要注明所采用的负荷大小。

5. 影响因素

① 在负荷热变形温度测定过程中，负荷力的大小对其影响较大，很明显，当试样受到的弯曲应力大时，所测得的热变形温度就低，反之则高。因此在测量试样尺寸时必须精确，要求准确至 0.02mm，这样才能保证计算出来的负荷力的准确。

② 升温速率的快慢，直接影响到试样本身的温度状况，升温速率快，则试样本身的温度滞后于介质温度较多，即试样本身的温度比介质的温度低得多，因此所获得的热变形温度也就偏高，反之偏低。试验方法标准中规定的升温速率为 120℃/h，为了保证在整个试验期间均匀升温，在具体操作时，必须采用 12℃/6min 的升温速率，以消除测试过程中不同阶段的不同升温速率所带来的影响。

③ 对于某些材料，试样是否进行退火处理对测试结果有影响，试样进行退火处理后，可以消除试样在加工过程中所产生的内应力，使测试结果有较好的重现性。

（二）马丁耐热温度测定

HG/T 384—2008 定义的耐热温度，是指试样在均匀升温环境中，在一定静弯曲力矩作用下，达到一定的弯曲变形时的温度为耐热温度。

　　试样形状和尺寸要求为：试样为长条形，长 120mm±2mm，宽 15.0mm±0.2mm，同一试样宽度变化不应大于 0.1mm，厚度变化不应大于 0.05mm。

　　1. 试验的加热装置和加热条件

　　① 加热箱必须具有鼓风装置，保证箱内温度分布均匀；

　　② 均匀升温装置，升温速率为 50℃/h±5℃/h；

　　③ 温度准确至 1℃。

　　2. 加载装置

加载装置结构见图 7-2（a），夹具尺寸见图 7-2（b），试验砝码位置见图 7-2（c）。

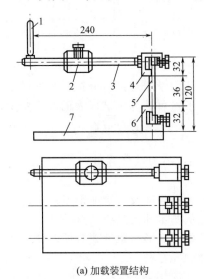

(a) 加载装置结构

1—位移指示器; 2—移动砝码; 3—杠杆; 4—上夹具;
5—试样; 6—下夹具; 7—底座

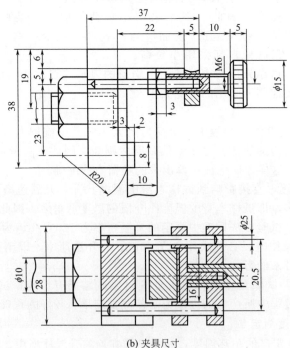

(b) 夹具尺寸

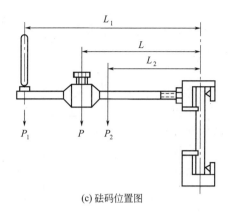

(c)砝码位置图

图 7-2　加载装置

L—砝码的重心到试样中心的距离，mm；P—移动砝码（包括紧固丝钉）的重力，N；P_1—位置指示器的重力，N；L_1—位置指示器中心到试样中心的距离，mm；P_2—杠杆和上夹具（包括紧固螺丝母）的重力，N；L_2—杠杆和上夹具到试样重心的距离，mm。

3. 实验步骤

① 把试样垂直地夹于夹具上，置于热烘箱中，并使杠杆处于水平状态；

② 试样在 25℃±2℃试验温度下，调整位移指示装置零点，装好测温装置，测温装置应只有 2 个，感温端部的位置放在试样排列区中部，然后开启升温装置；

③ 当位移达到 6mm 时，记下两个测温装置读数，其算术平均值取整数位为该试样的马丁耐热温度。

（三）维卡耐热温度测定

1. 测试原理

用面积为 1mm² 的圆柱形压针，垂直插入试样中（试样厚度大于 3mm，长、宽大于 10mm），在液体传热介质中，以(5℃±0.5℃)/6min 或(12℃±1℃)/6min 的速度等速升温，并在压入负荷为 5kg 或 1kg 的条件下，当圆柱形针压入试样 1mm 时的温度，称为该材料的维卡软化点（以摄氏温度表示）。

维卡软化温度
测试原理

测定方法参照 GB/T 1633—2000《热塑性塑料维卡软化温度(VST) 的测定》。

2. 试验仪器

试验仪器如图 7-3 所示，主要包括如下部件：

① 负载杆，能在垂直方向上自由移动，金属架底座用于支撑负载杆末端压针头下的试样；

② 压针头，固定在负载杆的底部，压针头的下表面应平整，垂直于负载杆的轴线，并且无毛刺；

③ 千分表，能够测量压针头刺入试样 1mm±0.01mm 的针入度；

④ 负荷板，装在负载杆上，中央加有适合的砝码；

⑤ 加热设备，能按要求以 (50℃±5℃)/h 或(120℃±10℃)/h 匀速升温。加热浴，试样浸入深度至少为 35mm；在使用温度下稳定，对受试材料没有影响。

3. 试验方法

① 将试样水平放在未加负荷的压针头下，将组合件放入加热装置中，启动搅拌器，在每项试验开始时，加热装置的温度应为 20～23℃；

② 5min 后，压针头处于静止位置，将足量砝码加到负荷板上，记录千分表的读数（或其他测量压痕仪器）或将仪器调零；

③ 以 (50℃±5℃)/h 或(120℃±10℃)/h 的速度匀速升高加热装置的温度，对某些材料，用较高升温速率（120℃/h）时，测得值可能高出维卡软化温度达 10℃；

④ 当压针头刺入试样的深度超过规定的起始位置 1mm±0.01mm 时，记下传感器测得

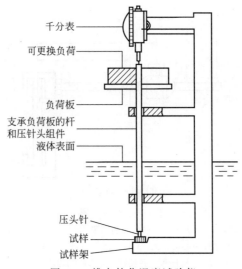

千分表

可更换负荷

负荷板

支承负荷板的杆
和压针头组件

液体表面

压头针

试样

试样架

图 7-3 维卡软化温度试验仪

的油浴温度即为试样的维卡软化温度。

另外，GB/T 8802—2001 对热塑性塑料管材、管件维卡软化温度的测定做了规定。

三、收缩率测定

高分子材料制品的体积缩小的现象如发生在成型时为成型收缩，若发生在成塑后，则为后收缩。成型收缩率用金属模的尺寸与同一温度下冷却成型制品的尺寸差除以金属模的尺寸来表示。

模塑收缩率和模塑后收缩率是由于材料的结晶、材料的松弛（如解取向）以及热塑性塑料和模具的热收缩而产生的。另外，模塑后收缩率也可能受所处环境湿度的影响。

GB/T 17037.4—2003 规定了热塑性塑料材料注塑试样，在平行和垂直于熔体流动方向上的模塑收缩率和模塑后收缩率的测定方法。HG/T 2625—1994 规定了环氧浇铸树脂线性收缩率的测定方法。下面介绍热塑性材料注塑试样收缩率测定方法。

1. 术语和定义

（1）模塑收缩率（S_M） 试验室温度下测量的干燥的试样和模塑它的模具型腔之间的尺寸差异，S_M 用相关型腔尺寸的百分数表示；平行于熔体流动方向的模塑收缩率 S_{Mp} 在试样宽度的中间测定；垂直于熔体流动方向的模塑收缩率 S_{Mn}，在试样长度的中间测定。

（2）模塑后收缩率（S_P） 试验室温度下测量的模塑收缩率，测定后又经后处理的试样在后处理前后的尺寸差异。S_P 用百分数表示；平行于熔体流动方向的模塑后收缩率 S_{Pp} 和垂直于熔体流动方向的模塑后收缩率 S_{Pn}，按与模塑收缩率 S_{Mp}、S_{Mn} 类似的方式定义。

（3）总收缩率（S_T） 试验室温度下测量的模塑后处理之后的试样与模塑它的模具型腔之间的尺寸差异。S_T 用百分数表示。平行于熔体流动方向的总收缩率 S_{Tp} 和垂直于熔体流动方向的总收缩率 S_{Tn} 按与 S_{Mp}、S_{Mn} 类似的方式定义。

2. 模塑收缩率的测定

① 在 23℃±2℃ 温度下，测量模具对边参考点处，型腔的长度 l_0 和宽度 b_0，精确到 0.02mm；这些点可以是对边中点、浇口末端与对边中点、边棱中点或模具型腔内的参考标记，记录这些数据，用于收缩率计算。

② 在 23℃±2℃ 温度下，在与型腔尺寸测量相对应的位置测量试样长度 l_1 和宽度 b_1，精确到 0.02mm。在尺寸测量中，试样的任何变形应小于 1mm。在测量试样尺寸之前，将试样放在一个平面上或靠在一个直边上以检查试样是否有变形，任何试样，变形高度（超出

平面的变形量）超过 2mm 时，均应废弃。

③ 模塑收缩率测定后试样的处理。试样模塑收缩率测定后至模塑后收缩率测定前试样的处理条件（温度、湿度或其他环境）应采用相关材料标准的规定或按有关双方商定的条件。另外，模塑后处理的条件也可以作为贮存或使用时的条件。

④ 模塑后收缩率的测定，在 23℃±2℃ 的温度下再次测量试样，结果精确至 0.02mm。长度记为 l_2，宽度记为 b_2。

3. 测试结果计算

（1）模塑收缩率　平行和垂直于熔体流动方向的模塑收缩率 S_{Mp} 和 S_{Mn} 分别按式(7-6)和式(7-7)计算，以百分数表示。

$$S_{Mp} = \frac{l_0 - l_1}{l_0} \times 100\% \tag{7-6}$$

$$S_{Mn} = \frac{b_0 - b_1}{b_0} \times 100\% \tag{7-7}$$

式中，l_0 为型腔长度，mm；l_1 为试样长度，mm；b_0 为型腔宽度，mm；b_1 为试样宽度，mm。

（2）模塑后收缩率　平行和垂直于熔体流动方向的模塑后收缩率 S_{Pp} 和 S_{Pn}，分别按式(7-8) 和式 (7-9) 计算，以百分数表示。

$$S_{Pp} = \frac{l_1 - l_2}{l_1} \times 100\% \tag{7-8}$$

$$S_{Pn} = \frac{b_1 - b_2}{b_1} \times 100\% \tag{7-9}$$

式中，l_1 为试样长度，mm；l_2 为试样经模塑后处理后的长度，mm；b_1 为试样宽度，mm；b_2 为试样经模塑后处理后的宽度，mm。

（3）总收缩率　平行和垂直于熔体流动方向的总收缩率 S_{Tp} 和 S_{Tn}。分别按式(7-10)和式(7-11)计算，以百分数表示。

$$S_{Tp} = \frac{l_0 - l_2}{l_0} \times 100\% \tag{7-10}$$

$$S_{Tn} = \frac{b_0 - b_2}{b_0} \times 100\% \tag{7-11}$$

式中，参数物理意义同上。

模塑收缩率、模塑后收缩率和总收缩率之间的相互关系见式(7-12)

$$S_T = S_M + S_P - S_P S_M / 100 \tag{7-12}$$

模塑收缩率和模塑后收缩率表示的百分数不是用相同的起始尺寸，总收缩率并不是二者之和。

第二节　线膨胀系数测定

膨胀系数是用来表征物体体积和各维长度随温度的增加而变化的程度大小的物理量，高聚物与一般物质一样，在环境温度发生变化时，其体积和各维长度都会发生变化，符合一般物质的热胀冷缩规律，并且高聚物热胀冷缩的程度比金属要大得多。

不同种类的高聚物，其热胀冷缩的性能是不同的，通常用线膨胀系数来表示膨胀或收缩程度，线膨胀系数又分为某一温度点的线膨胀系数或某一温度区间的线膨胀系数，后者又称为平均线膨胀系数。所谓线膨胀系数，就是单位长度材料每升高1℃温度的伸长量；所谓平均线膨胀系数，就是单位长度材料在某一温度区间内，每升高1℃温度平均的伸长量，单位都是℃$^{-1}$。测定线膨胀系数对各聚合物的适用范围、鉴定产品质量等方面有较为重要的意义。

测量线膨胀系数可用连续升温法；测量平均线膨胀系数可用两端点温度法或连续升温法。

一、原理

1. 连续升温法

试样在等速升温下，不断伸长，通过仪器记录随时间不同的伸长量和相对应的温度，而描绘出 Δl-T 曲线或 Δl-时间与 ΔT-时间曲线，从曲线上求出某一温度的线膨胀系数，如下式所示：

$$\alpha_T = \frac{\mathrm{d}l}{l\,\mathrm{d}T} \tag{7-13}$$

或某一温度区间的平均线膨胀系数，如下式所示：

$$\alpha = \frac{-\Delta l}{l\,\Delta T} \tag{7-14}$$

式中，α_T 或 α 为线膨胀系数，℃$^{-1}$；l 为试样长度，mm；$\mathrm{d}l$ 为很小温度区间的伸长量，mm；Δl 为某一温度区间的伸长量，mm；$\mathrm{d}T$ 为很小的温度区间，℃；ΔT 为温度区间，℃。

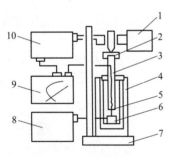

图 7-4　RJF-D 原理

1—音频信号源；2—负荷；3—压杆；4—炉子；5—压头；6—试样；7—机架；8—高低温度程序温度控制器；9—记录仪；10—形变

2. 两端点温度法

首先确定两端点温度 T_1 和 T_2，先将试样放在 T 恒温，此时试样长度为 l，然后将试样放在 T_1 下恒温，此时试样长度为 l_1，然后将试样放在 T_2 下恒温，此时试样长度为 l_2，则试样在 $\Delta T = T_2 - T_1$ 时，试样伸长量为 $\Delta l = l_2 - l_1$，平均线膨胀系数为 α，如下式所示：

$$\bar{\alpha} = \frac{-\Delta l}{l\,\Delta T} \tag{7-15}$$

式中，符号同前。上述两种方法，试样 l 的长度都是用室温时的长度来代替。

二、试验仪器装置

1. 连续升温法

通常所使用的仪器，必须满足下列要求。

① 主机必须有程序温度控制，能等速升温、恒温，能实现低温要求。

② 试样随温度升高的伸长量及与温度的对应关系能准确记录下来。

我国研制的 RJF-D 低温热机械分析仪，可满足这些要求，原理如图7-4所示。

2. 两端点温度法

所作用的仪器主要分两部分。

① 两个恒定的温度场即 T_1 与 T_2。

② 石英管膨胀计。结构如图7-5所示。

三、测试要点

1. 连续升温法

① 开启仪器，使仪器预热 20min。

② 测量试样长度 L_0，并安装好。

③ 高速仪器测量变形量与温度的零点。

④ 开始等速升温，记录仪开始描绘 dl-时间、dT-时间曲线，或者描绘 Δl-T 曲线。

⑤ 据曲线计算结果。

2. 两端点温度法

① 提供两端点稳定的温度场即 T_1、T_2。

② 测量试样长度。

③ 将试样安装在石英管膨胀计中。

④ 将膨胀计放入 T_1 恒温场稳定至少 30min，调整千分表零点，再将膨胀计小心地移至温度场 T_2，试样发生膨胀，千分表指针不断移动，直到稳定，读下指示值，再将膨胀计移回到恒温场 T_1，观察千分表是否回至零点，如不回至零点需对指示值进行修正，修正办法是将原读数减去回复后的读数的 1/2 作为 Δl。

⑤ 计算结果。

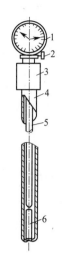

图 7-5　石英管立式膨胀计
1—指示表；2—固定螺丝；3—连接杆；4—石英管；5—石英内管；6—试样

四、影响因素

1. 状态调节

塑料受热膨胀、受冷收缩是固有的特性，但同时受环境条件的影响，吸湿性大的材料，就会在相对湿度大的环境吸收较多的水分，而对膨胀系数测量产生影响。所以对这种材料测试前，要放在标准环境进行状态调节。

2. 试验压力

试验时试样受热膨胀，其膨胀量传送给测量元件，测量元件必然会给试样以作用力，当作用力太大时，会使试样发生弯曲或在力的作用点处发生凹陷，影响测量结果。实践证明，在压力小于 $0.6N/cm^2$ 时，对测试结果无明显影响。表 7-2 指出了压力对测试结果的影响。

表 7-2　试样所受压力对测试结果的影响

试样名称	试样所受压力/(N/cm²)			
	0.33	0.40	0.50	0.60
	$\alpha \times 10^5/℃^{-1}$			
硬聚氯乙烯	5.91	5.81	5.60	5.83
聚甲基丙烯酸甲酯	7.81	7.86	7.76	7.72
环氧浇铸料	3.47	3.42	3.35	3.29

第三节　熔点测定

广义的熔点是指物质从晶态转变为液态的温度。对于低分子物质的单组分体系，理论上认为转变温度与保持平衡的两相的相对数量无关，即转变发生在非常窄的温度范围内（约 0.2K）。这一温度就被称为熔点。结晶高聚物的熔化，在通常的升温速率下不呈现明确的熔点，而出现一个覆盖一小段温度范围的熔程。在极缓慢的升温速率下，高聚物的熔化过程出现类似于低分子结晶熔化的跃变，在这种条件下测出的熔点称为该聚合物的平衡熔点，即理论的、客观的完全晶体的熔点。影响高聚物熔点的结构因素有：分子间力、链的柔性以及几何因素等。

GB/T 16582—2008 标准规定用毛细管法和偏光显微镜法测定部分结晶聚合物的熔融行为的方法。方法 A（毛细管法）适用于所有部分结晶聚合物及它们的配混物。方法 B（偏光显微镜法）适用于有双折射结晶相的聚合物。因为会影响聚合物结晶区的双折射，所以不适用于含有颜料和/或添加剂的配混物。

一、毛细管法

1. 原理

在控制升温速率的情况下对毛细管中的试样加热，观察其形状变化，将试样刚刚变透明或凝聚时的温度，作为该聚合物的熔点。

2. 测试要点

（1）仪器装置

① 常用的毛细管熔点仪的结构如图 7-6 所示。在金属塞块上有两个或多个孔，以便把温度

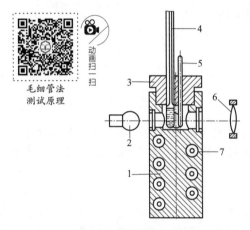

毛细管法
测试原理

图 7-6 毛细管熔点仪
1—金属加热块；2—灯；3—金属
塞块；4—温度计；5—毛细管；
6—目镜；7—电阻丝

计和一根或多根毛细管插入金属加热块上部凹陷部分构成的空室中。该空室侧壁上有 4 个按互成直角的直径方向排列的耐热玻璃窗。其中的一个窗上装有观察毛细管的目镜，其余三个用于把灯光透入以照亮空室内部，金属块带有加热系统，通过一个变阻器调节输入功率，以控制升温速度。

② 装试样的毛细管，是用耐热玻璃制成的一端封闭的管子，其最大外径推荐为 1.5mm。

③ 经过校准的温度计，分度为 1℃，安装时不应妨碍仪器内的热分散。

由于现在仪器发展很快，很多具有优良性能的毛细管熔点仪不断出现，其结构和测温装置可能与标准所示有一些差别。所以标准又指出：只要能取得相同结果，也可使用其他适宜的熔点仪和其他适宜的测温装置。

（2）试样

① 最好用粒度不大于 $100\mu m$ 的粉末或厚度为 $10\sim20\mu m$ 的薄膜切片。如果受试样品为不易研成粉末的颗粒等，则可用刀片切成约 5mm 长、截面尺寸略小于毛细管内径的细丝。对比试验时，应使用粒度相同或相近（粉末状试样）或厚度近似（非粉末试样）的试样。

② 为了便于观察和比较，粉末状试样的装样高度约为 $5\sim10mm$，并可用自由落体法在坚硬表面上敲击以使其尽可能紧密填实。非粉末试样的切片（丝）长度也约为 5mm。

③ 如果没有其他规定或约定，试样应在 $(23\pm2)℃$ 和 RH $50\%\pm5\%$ 条件下状态调节 3h 后再进行测定。

（3）试验步骤及结果表示

① 温度测量系统的校准　应在接近或包含试验所使用的温度范围内定期用试剂或经检验合格的标准物质（见表 7-3）对仪器的温度测量系统进行校准。

② 把温度计和装好试样的毛细管插入加热空室中，开始快速加热。当试样温度到达比预期的熔点低大约 20℃时，把升温速度调整到 $(2\pm0.5)℃/min$。仔细观察并记录试样形状

开始改变的温度。

表 7-3　校准用的标准物质

名　称	熔点/℃	名　称	熔点/℃
L-1-薄荷醇	42.5	乙酰苯胺	113.5
偶氮苯	69.0	安息香酸	121.7
8-羟基喹啉	75.5	非那西汀	136.0
萘磺酸	80.2	己二酸	151.5
对氨基苯磺酰胺	165.7	铟	156.4
氢醌	170.3	邻磺酰苯甲酰亚胺	229.4
琥珀酸	189.5	锡	231.9
2-氯蒽醌	208.0	二氯化锡	247.0
蒽	217.0	酚酞	261.5

对于粉末状试样，这个温度一般指试样从不透明变得刚刚完全透明时的温度；对于不能达到透明阶段的试样，则可用试样出现萎缩、凝聚时的温度代替。

对于非粉末试样，该温度一般指试样锐边消失时的温度，但对于一些薄膜试样，熔融时往往黏附在管壁上，不易观察到锐边的消失，则可用试样坍下、黏附时的温度代替。

③ 第二个试样重复上述操作步骤。如果同一操作者对同一样品测得的两个结果之差超过 3℃，则结果无效，应另取两个新的试样重复上述操作。

④ 结果表示是把上述测得的两个有效结果的算术平均值作为受试材料的熔点。

3. 影响因素

(1) 升温速率不同对试验结果的影响　见表 7-4。

表 7-4　不同升温速率对熔点的影响

试样 ＼ 升温速率 ＼ 熔点/℃	0.5℃/min	1.5℃/min	3℃/min	15～20℃/min
PE	107.8	107.9	107.7	103.8
PP	167.6	166.9	166.3	162.8
POM	168.4	167.7	167.1	164.2
PA1010	201.9	201.3	201.8	196.2
PBT	224.6	224.9	224.8	219.0
PET	256.3	255.4	254.5	247.5

从表 7-4 的数据可以看出，随着升温速率的增加，试样熔点逐渐变低。这是由于温度计指示相对滞后的缘故。但在 1.5～3℃/min 范围内，测得的熔点值相差很小，所以我们把升温速率规定为 (2±0.5)℃/min。

(2) 控温起点高低对试验结果的影响　为了检验这种影响，我们选择三种材料，分别在比预期熔点低约 20℃、约 10℃ 和约 5℃ 三种情况下，从快速升温变为以 1.5℃/min 的速度升温，其试验结果见表 7-5。

表 7-5　控制升温起点温度对熔点的影响

试样 ＼ 类别 ＼ 温度/℃	距预期熔点约 20℃		距预期熔点约 10℃		距预期熔点约 5℃	
	起点	熔点	起点	熔点	起点	熔点
POM	150	167.7	155	167.5	162	163.1
PA1010	180	201.2	190	201.3	195	199.4
PET	240	257.3	245	256.9	250	254.6

从表 7-5 中可见，当起点温度比预期的熔点低 10～20℃时，试验结果基本一致；而起点温度距预期的熔点约 5℃时，试验结果比前者低 2～4℃，且易出现气泡，温度也不稳定。因此标准按照 ISO 3416—1985 规定，当试验温度到达比预期的熔点大约低 20℃时，即把升温速度调整到 2～0.5℃/min。

(3) 装样高度的影响　见表 7-6，从表中可以看出，装样高度相差较大时，对试验结果有一定的影响。当高度为 20mm 时，所测熔点均低于高度为 5mm 左右的结果，这可能是由于仪器内温度分布不是绝对均匀所致。高度在 2mm 左右时，虽看不出影响规律，但不易观察和判断。因此，标准对此项也做了与国际标准 ISO 1218 相似的规定。

表 7-6　装样高度对熔点试验结果的影响

试样	不同装样高度时测得的熔点/℃			
	约 2mm	约 5mm	约 10mm	约 20mm
POM	167.3	167.8	167.7	167.5
PA1010	201.2	201.3	201.3	200.7
PBT	225.0	224.8	224.8	224.4

二、偏光显微镜法

1. 原理

当光射入晶体物质时，由于晶体对光的各向异性作用而出现双折射现象，当物质熔化，晶体消失时，双折射现象也随之消失。基于这种原理，把试样放在偏光显微镜的起偏镜和检偏镜之间进行恒速加热升温，则从目镜中可观察到试样熔化晶体消失时而发生的双折射消失的现象。把试样双折射消失时的温度就定义为该试样的熔点。部分化学药品的熔点见表 7-7。

2. 测试要点

(1) 仪器　测试仪器是由一台带有微型加热台的偏光显微镜、温度测量装置及光源等组成，微型加热台有加热电源，台板中间有一个作为光通路的小孔，靠近小孔处有一个温度测量装置可插入的插孔。加热台上面有热挡板和玻璃盖小室以供通入惰性气体保护试样。

(2) 试样　所需的试样量很少，只需 2～3mg 的试样量，除了粉状试样外，对于其他各种形状的试样都必须用刀片切取成 0.02mm 以下的薄片，而后按标准要求制备成供测定的试样，也即是把 2～3mg 的试样放在干净的载玻片上，并用盖玻片盖上，将此带有试样的玻片放在微型加热台上，加热到比受测材料的熔点高出 10～20℃时，用金属取样勺轻压玻璃盖片，使之在两块玻片中间形成 0.01～0.05mm 的薄片，而后关闭加热电源，让其慢慢冷却，这样就制成了具有结晶体的试样。

(3) 测定　把已制备好的试样，放在偏光显微镜的加热台上，将光源调节到最大亮度，使显微镜聚焦，转动检偏镜得到暗视场。对于空气能引起降解的试样，必须在热挡板和玻盖片小室内通入一股微弱的惰性气体，以保护试样。调节加热电源，以标准规定的升温速率进行加热，并注意观察双折射现象消失时的温度值，记下此时的温度，这就是试样的熔化温度值，即试样的熔点。温度测量装置的准确与否直接影响其测试结果的可靠性，所以必须定期对测温装置进行校正，一般采用熔点固定而明显的物质作为校正的参照物，对于不同的温度范围，可分别采用下列的试剂化学药品作为参照物。

表 7-7　部分化学药品的熔点

化学药品名称	熔点/℃	化学药品名称	熔点/℃
1-薄荷醇	42～43	乙酰苯胺	113～114
羟基喹啉	75～76	琥珀酸	188～189
酚酞	261～262		

校正时，把参照物作为试样放在玻片上，而后测定其熔点是否在其对应的范围内。为了更准确，最好在每次测定受试样品之前，用与受试材料的熔点相接近的参照物进行校正。

3. 影响因素

① 试样的状态对结果影响很大，因此在制备试样时，一定要轻微在盖玻片上施压，使之在两玻片中间形成 0.01～0.05mm 厚的膜。如不施加压力，熔化后试样表面不平整，那么不平整表面对光的折射及反射就干扰了晶体的双折射，从而无法判定其熔化终点，或产生较大的误差。而试样量太多或膜太厚，也会导致观察到的熔点偏高或无法判定其熔化终点。还需指出，如果试样中含有玻璃纤维添加物，则玻璃纤维对光的反射及折射现象在整个测试过程中一直存在，这就无法判定受试材料的熔点。

② 升温速度对测定结果也有较大影响，因为现有的测试设备，大都是采用水银温度计作为测温装置，升温速度越快，则温度计指示值滞后越大，所读取的熔点值偏低，所以升温速度不能太快，特别是在到达比试样的熔点低 10～20℃ 的温度计，一定要以 1～2℃/min 的速率升温。

③ 对于某些材料，在加热过程中空气能引起氧化、降解，从而造成无法观察到双折射消失的现象，对于这类试样，就要用惰性气体对其进行保护，一般可采用氮气。如 PA66，若没有用氮气对试样进行保护，当温度达到 230℃ 左右时，试样就被氧化而变成深黄色，导致无法用显微镜继续观察，测不出其熔点（253～254℃）。

第四节　热导率测定

热量从一个物体传到另一个与其接触的物体，或从同一个物体的一部分传到另一部分，这种现象称为热传导，热传导是物质热交换三种基本方式（热传导、热对流和热辐射）中最为基本的一种，这种传导方式是物体与物体之间直接接触的能量交换。热导率就是表明物体热传导能力的重要参数，即单位面积、单位厚度试样的温差为 1℃ 时，单位时间内所通过的热量，单位是 W/(m·K)，热导率的测量方法按工作原理可分为稳态法（稳定热流法）和非稳态法（非稳定热流法）两大类。稳态法条件容易实现，计算简单，结果较准确，应用普遍，但试验时间长，操作麻烦，非稳态法正好相反，本节介绍稳态法。

聚合物为热不良导体，其热导率在估计动态应用下制品的发热和寿命以及作为绝热材料的应用中都是重要的参数。

一、原理

对于有机聚合物一类低导热的材料，由于热损失会带来很大的试验误差，一些国家标准都采用稳态法中的护热板法进行试验，试验原理见图 7-7 所示。

试样厚度为 δ 的平板，在板的一面用电（或其他

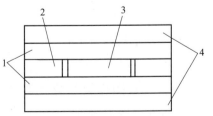

图 7-7　护热板法试验装置
1—试样；2—保护加热器；
3—热源；4—散热器

方法）加热，使温度维持在 t_2，另一面用冷水（或其他方法）冷却，使温度维持在 t_1，$t_2 > t_1$，热量沿着垂直于板面的 x 轴方向传导，当热传导达到稳定后，与试样表面平行的各个内层表面各具有相同的温度。因此，根据导热的基本定律，对于厚度为 dx 的薄壁可以表示为：

$$q = -\lambda \frac{dt}{dx} \tag{7-16}$$

热导率
测试原理

将式（7-16）积分得：

$$t = -\frac{q}{\lambda} dx \tag{7-17}$$

当 $x = 0$，$t = t_2$ 代入式（7-17）得：$C = t_2$

当 $x = \delta$，$t = t_1$ 时，由式（7-17）得：

$$q = \frac{\lambda}{\delta} \Delta t \tag{7-18}$$

式中，q 为热流率密度，$J/(m^2 \cdot s)$；δ 为试样厚度，m；Δt 为试样两导热面的温度差，℃；λ 为热导率，$W/(m \cdot K)$。

根据式（7-18）可求出在一定时间内，由 S 平方米的表面积所传导的总热量 Q：

$$Q = \frac{\lambda s \tau \Delta t}{\delta} \tag{7-19}$$

式中，Q 为试样传导的总热量，J；δ 为试样厚度，m；τ 为热传导时间，s；Δt 为试样两面的温度差，℃。

由加热板所消耗的电能可计算出总热量：

$$Q = AI^2R = AIV \tag{7-20}$$

式中，Q 为试样传导总热量，kJ；I 为电流，A；V 为电压，V；A 为电热当量；R 为电热器电阻，Ω。根据式（7-19）、式（7-20）可测出热导率 λ。

二、仪器装置

测量热导率的护热平板式热导仪主要由下列几部分构成，如图 7-8 所示。

① 加热板。能提供稳定的加热功率和稳态的温度 t_2。

② 护热板。能保证主加热板的热量全部通过试样。

③ 冷板。能保证及时把通过试样的热量传走，并保证温度 t_1 稳定。

④ 加热板与冷板的温度控制系统。

图 7-8　热导率测定仪

1—冷板；2—试样；3—测微器；4—护热装置；
5—护热板；6,7—加热板；8—护热板恒温水浴；
9—冷板恒温水浴；10—电压表；
11—瓦时计；12—毫伏表

⑤ 主加热板所消耗功率的计量系统。

⑥ 试样厚度的测量和支持器。

三、试验操作及结果计算方法

① 根据仪器要求制好试样。

② 开启仪器、传热板和冷板稳定在所需温度。

③ 装好试样，并测量好厚度，如果是软质的，固定好试样。

④ 当热传导达到稳态后，开始记录主加热板所消耗的功率及冷热板温度，并每隔半小时或 1h 记一次功率消耗值，连续三次重复后即可终止试验。

⑤ 结果计算方法如下：

$$\lambda = \frac{3.16IV\delta}{S\tau(t_2 - t_1)} \tag{7-21}$$

式中，λ 为试样热导率，W/(m·℃)；I 为电流，A；V 为电压，V；τ 为消耗热量所需的时间，h；S 为试样传导热量的面积，m^2；δ 为试样厚度，m；t_2 为试样热面温度，℃；t_1 为试样冷面温度，℃；

四、测试影响因素

1. 试样含水量的影响

热导率一般随试样含水量增加而变大，这是因为水的热导能力比试样要大的缘故。由表 7-8 看出，含湿量高的试样，热导率偏大，说明含湿量对结果有影响。

表 7-8　试样含湿量对热导率的影响

试样名称	试样厚度/mm	试验平均温度/℃	试样两面温度差/℃	在不同相对湿度环境中放置后测 λ	
				RH%=70~80	RH%≈0
PMMA	8.02	约 30	约 10	0.172	0.168
PC	5.12	约 30	约 10	0.178	0.180
PS 泡沫塑料	20.73	约 30	约 10	0.0339	0.0292
PS 泡沫塑料	19.12	约 30	约 10	0.0370	0.0356

2. 环境湿度对测试结果的影响

环境湿度不同对测试结果是有影响的，特别是对某些塑料影响较大，如氨基泡沫塑料在 21℃ 和 5℃ 下测试结果，其相对误差可达 18%。造成误差的主要原因是热板的热损失。护热装置再好，也不能完全保证热板的热量全部传导到冷板。环境温度越低，热板与环境温度相差越大，热损失越大，所以对环境温度要有一定要求。

3. 试样尺寸对热导率的影响

试样大小对热导率的影响见表 7-9。从试验结果看，当试样大于加热板后，影响较小，但接近于加热板大小时，热导率偏大，说明试样边缘容易导致热损失。所以最好与护热板大小接近。

表 7-9　试样大小对热导率的影响

试样名称	试样大小/mm	试样冷面温度/℃	试样热面温度/℃	平均热导率 λ/[W/(m·K)]	备注
PS 泡沫塑料	250×250	24.36	34.48	0.0366	热板为 φ115mm
	200×200	24.38	34.47	0.0362	
	150×150	24.39	34.50	0.0357	
PVC 板	250×250	24.40	34.50	0.155	热板为 φ115mm
	200×200	24.40	34.50	0.155	
	125×125	24.43	34.53	0.163	
PMMA 板	250×250	24.43	34.45	0.184	热板为 φ115mm
	200×200	24.43	34.45	0.200	
	120×120	24.43	34.45	0.198	

4. 试样厚度的影响

试样厚度不同其他条件相同的条件下，测得的热导率见表 7-10。

表 7-10 试样厚度对热导率的影响

试样名称	试样厚度/mm	冷面温度/℃	热面温度/℃	平均热导率 λ/[W/(m·K)]
PS 泡沫塑料	15.94	24.42	34.45	0.037
	23.55	24.46	34.48	0.037
	33.10	24.35	34.48	0.0389
PVC 板	10.36	24.40	34.50	0.154
	20.73	24.40	34.50	0.163
	30.90	24.40	34.50	0.161
PMMA 板	8.02	24.43	34.45	0.178
	15.78	24.45	34.50	0.189
	32.00	24.35	34.50	0.209
PC 板	5.12	24.46	34.46	0.207
	10.21	24.43	34.43	0.208

由表 7-10 可以看出，试样太厚，热导率要稍偏大。这是因为侧面热损失增加的缘故；如果太薄，容易造成热通道。一般试样厚度不能小于 5mm。

第五节　塑料熔体流动速率（MFR）测定

塑料熔体流动速率（MFR）又称熔体流动指数（MFI）和熔融指数（MI），该项测定可用于判定热塑性塑料处于熔融状态时的流动性，了解聚合物分子量大小及分子量宽度的分布，了解分子交联的程度，为塑料成型加工选择工艺条件提供依据。

塑料熔体流动
速率测试原理

一、原理

塑料熔体在规定的温度和压力下，在参照时间内（600s）从标准口模被压出的质量称为熔体流动速率，单位为 g/10min。

高聚物熔体黏度和熔体流动速率与高聚物的分子量大小密切相关，一般情况下，熔体流动速率越小，平均分子量越高，反之平均分子量越低。LDPE 的熔体流动速率与分子量的关系如表 7-11 所示。

表 7-11　LDPE 的熔体流动速率与分子量的关系

MFR/(g/10min)	170	70	21	6.4	1.8	0.25
M	1.9×10^4	2.1×10^4	2.4×10^4	2.8×10^4	3.2×10^4	4.8×10^4

在塑料成型加工实际生产控制中，往往用改变温度和压力来调节塑料熔体的流动性和充模速度。提高熔体温度，几乎所有聚合物的黏度都有不同程度下降，同样提高压力，熔体流动速率也会增加，但不同分子结构的聚合物其流动速率对温度和压力的敏感性不同，因此，熔体流动速率只能表征相同结构聚合物分子量的相对数值，而不能在结构不同的聚合物之间进行比较。该项测试针对各种热塑性塑料，不同类型的聚合物可选择各自的标准条件进行试验。

通用热塑性塑料熔体质量流动速率和熔体体积流动速率的测定可参照 GB/T 3682—2000。

二、试验

试验仪器结构见图 7-9(a)，设备图见图 7-9(b)。

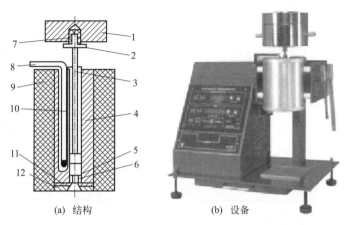

(a) 结构　　　　　(b) 设备

图 7-9　熔体流动速率仪

1—砝码；2—砝码托盘；3—活塞；4—炉体；5—控温元件；6—标准口；

7,9,12—隔热层；8—温度计；10—料筒；11—托盘

1. 加热炉

加热炉应有控温装置，保证温度波动在±0.5℃以内；加热炉还应有温度监测装置，测温精度为±0.1℃。

2. 料筒

钢制圆筒，内径为 (9.550±0.025)mm，长度在 150～180mm 之间。

3. 活塞

活塞长度大于料筒长度，活塞杆直径为 9mm，活塞头长度为 (6.35±0.10)mm，其直径比料筒内径均匀地小 (0.075±0.015)mm，活塞杆有两道环形记号，放入料筒后，下环形记号与料筒口相平时，活塞的底面与标准口模上端相距约 50mm。

4. 负荷

负荷是活塞杆与砝码质量之和。

5. 标准口模

用碳化钨制成，其外径与料筒内径成间隙配合，内径有 (2.095±0.005)mm 与 (1.180±0.010)mm 两种。

三、试验条件

1. 标准试验条件

标准试验条件见表 7-12。负荷单位应为 N，1kgf＝9.8N。

2. 各种塑料试验条件按表序号说明

聚苯乙烯 5，7，11，13；聚乙烯 12，3，4，6；聚丙烯 12，14；ABS 7，9；聚酰胺 10，15；聚碳酸酯 8，11，13；纤维素酯 2，3。

表 7-12　标准试验条件

序号	标准口模内径/mm	试验温度/℃	口模系数/(g·mm²)	负荷/(×9.8N)
1	1.180	190	46.6	2.160
2	2.095	190	70	0.325
3	2.095	190	464	2.160
4	2.095	190	1073	5.000
5	2.095	190	2146	10.000
6	2.095	190	4635	21.600
7	2.095	200	1073	5.000
8	2.095	200	2146	10.00
9	2.095	220	2146	10.00
10	2.095	230	70	0.325
11	2.095	230	258	1.200
12	2.095	230	464	2.160
13	2.095	230	815	3.800
14	2.095	230	1073	5.000
15	2.095	275	70	0.325
16	2.095	300	258	1.20

四、试验操作步骤及结果计算

① 通常要先将试样进行干燥或真空干燥处理。

② 将标准口模放入料筒，插入活塞杆，开始升温，到达所需温度后，恒温至少 15min。

③ 拨出活塞杆，加入 3～5g 试样于料筒中，重新插入活塞杆，加上负荷或部分负荷，恒温 4～5min，再加至所需负荷。待下环形记号与料筒口相平时，开始切割试样，连续切割五条无气泡样条。

④ 结果计算　熔体流动速率按下式计算：

$$\text{MFR} = \frac{600m}{t} \tag{7-22}$$

式中，MFR 为熔体流动速率，g/10min；m 为切取样条质量算术平均值，g；t 为切取样条时间间隔，s。试验结果取两位有效数字。

五、主要影响因素

1. 容量效应

测量过程，熔体流速逐渐加大，表现出挤出速率与料筒中熔体高度有关，这可能由于熔体与料筒有黏附力，这种力量阻碍活塞杆下移。为了避免容量效应，应在同一高度截取样条。

2. 温度波动

熔体流动速率与温度的关系十分密切，温度偏高流动速率大，温度偏低则反之。如用 PP 做试验，229.5℃熔体流动速率为 1.83 g/10min，230℃则为 1.86 g/10min，可见温度波动对测试结果有影响，在测试中要求温度稳定，波动应控制在 ±0.1℃以内。

3. 聚合物热降解

聚合物在料筒中，受热发生降解，特别是粉状聚合物，由于空气中的氧更加加速热降解效应，使黏度降低，从而加快流动速率。为了减少这种影响，对于粉状试样，尽量压密实，减少空气，同时加入一些热稳定剂。另一方面测试时通入氮气保护，这样可以使热降解减到最小。

第六节　低　温　试　验

　　高分子聚合物由于其大分子链结构和链运动的特性，当对其作用的外力不变时，在不同的温度范围内分别呈现出玻璃态、高弹态、黏流态三种不同的力学状态。通常塑料制品应用是在有固定形状和尺寸的玻璃态，而橡胶制品则是在有良好弹性的高弹态。随着所处环境向低温方向下降，高分子材料逐渐失去弹性，其刚性、硬度增加。当环境温度降至某一特定低温时，大分子链节运动完全被冻结，材料便失去延伸性而发脆。评价高分子材料低温性能的试验方法有多种：如塑料的脆化温度测定、低温冲击试验、薄膜低温伸长试验；橡胶的低温刚性测定、低温硬度测定、温度回缩试验、拉伸耐寒试验等。

　　塑料橡胶制品种类繁多，实际应用状态又各不相同，在耐低温性能方面有要求的应尽可能根据制品的工作状态、使用环境、使用技术条件选择适当的试验方法，使试验结果与实际使用性能之间有良好的相关性。

一、通用低温试验装置及测温仪表

　　1. 低温控制箱的一般要求

　　为达到低温控制箱的温度，可采用各种传热介质，其中有液体传热介质和气体传热介质。国际上，低温试验使用的液体传热介质有丙酮、甲醇、乙醇、丁醇、聚硅氧烷、正己烷等，采用的气体传热介质有空气、二氧化碳、液氮蒸气等。制冷剂有干冰、液氟、氟里昂。

　　对低温控制箱的一般要求有以下几点。

　　① 箱中的传热介质应对受试材料性能没有明显的影响。

　　② 放置试样的控制箱部分，温度应控制在有关试验方法规定的允许公差范围内。

　　③ 试样放进仪器后，按照最小过调量或最小失调量要求，尽可能快地将温度恢复到规定温度，在任何情况下不应超过 15min，对气体介质更要特别注意这一点。

　　④ 只要试样所在空间能保持均匀一致的温度，控制箱的尺寸不做专门规定。

　　⑤ 箱体应绝热，防止低温试验时在外表面冷凝结霜。

　　2. 低温控制箱的类型

　　(1) 机械冷冻装置　机械冷冻装置是由低温控制箱体及一个多级压缩机和围绕在试验控制箱外面的冷却螺旋管组成。在试样室和控制箱的外壁之间要绝热。用放置在试样室的启动或关闭压缩机的恒温器或用调节冷冻温度的适宜的压力控制器来实现温度的自动控制。以空气作试样室的传热介质，这类设备很适合于在固定温度下连续运行，除维修保养成本和原始成本稍高外，从能源角度考虑，连续运行起来，与干冰装置相比费用小得多。机械冷冻的另一优点是可以得到较低的温度。

　　(2) 直接型干冰装置　在直接型干冰装置的低温箱中，用置于干冰室中的适宜的风扇或鼓风机，将干冰室出来的蒸气送进试样室并使之循环，在干冰室和试样室之间事先放置一个预置气流调节器，用它来调节进出的气体量。放置下试样室内的双金属温度控制器控制干冰室中的风扇的开启和关闭，即可实现自动控制温度。

　　另一种方法：试样室可以由装有液体介质的绝热容器组成，该液体应不影响橡胶性能并在要求的试验温度下保持液态。用加少量制冷剂方法来调节传热介质温度。

　　(3) 间接型干冰装置　在间接式干冰低温箱中，用空气作传热介质。干冰产生的二氧化碳不与试样直接接触，而是用二氧化碳气体在试样室的外侧循环，以冷却试样室内的空气。一般情况下，这种类型与直接型相比，建造装置的费用高，且不十分有效。将试样室冷却到低温所需要的时间长，在这点上与机械冷冻装置相差不大。

另一种方法：试样室可以由装有液体传热介质的适当的绝热容器组成。该液体不影响受试材料性能并在试验温度下仍保持为液态。将液体循环到安装在容器外面的热交换器中，热交换器又安装在绝热箱中，用绝热箱中装填的干冰来降低热交换器中的液体温度。

（4）密封空气装置　将试验装置密封在一个单独箱内，将来自另一单独装置的调温冷空气或二氧化碳气体，通过绝热导管送到该箱内，并使之循环。它的优点是轻便，并能与不同的试验设备装置相连接。

（5）液氮制冷装置　液氮是使箱体保持低温的有效制冷剂。当需要控制温度时，可以把液氮注入箱内或者把箱内的气体按温度控制所需的体积循环到箱体外的液氮容器内。液氮注入时应完全汽化，在与试验仪器或试样接触前，氮气应处于试验温度下。

3. 低温测量仪表

（1）玻璃温度计　通常使用的玻璃温度计，从浸没深度来看，可分为全浸型和局浸型两种。一般说来，全浸型温度计比局浸型温度计准确，因为它受室温变化的影响小，但对某些试验它有使用不便的缺点。局浸型温度计虽然使用方便，但由于有一段液柱露出被测低温介质，因此它受到室温的影响，室温不同，这段液柱的膨胀值也不同，室温高、膨胀大，从而使温度计指示值偏高，影响试验结果的准确性。

为了保证试验结果准确，温度计必须按规定使用。全浸型温度计应浸到读数位置，局浸型温度计应浸到规定的位置。在特殊情况下，如不能浸到规定的位置时，必须加修正值使用。

温度计的修正公式为：

$$T = T_{示值} + \Delta T \tag{7-23}$$

式中，T 为用标准温度计测得的被测液体的实际温度，℃；$T_{示值}$ 为没按规定使用时温度计的示值，℃；ΔT 为温度修正值，℃。

$$\Delta T = an(T - T_i) \tag{7-24}$$

式中，a 为感温液体的体膨胀系数，$℃^{-1}$；n 对于全浸型温度计是指露出液面的感温液柱的高度，对于半浸型温度计是指没按规定使用时与按规定使用时浸没深度之差，用温度刻度来表示，℃；T_i 为借辅助温度计测出的露出液面的感温液柱的平均温度，℃。

酒精（或其他浸润玻璃的有机液体）温度计的读数位置应是指示液柱弯月面凹面最低点的切线位置。水银（或其他不浸润玻璃的有机液体）温度计的读数位置应是指示液柱弯月面凸面最高点的切线位置。

低温温度计经长期使用，有机液体往往有挂壁现象；内标式温度计有时会产生标尺位移，即标尺与毛细管可能产生一定的相对位移，这种位移可能是因为标尺与温度计玻璃材料的热膨胀系数不同而引起的。所以为保证示值准确和试验结果可靠应定期检查和校正温度计。

（2）热电偶　将两种不同的导体接成一闭合回路，即构成一个热电偶，如图 7-10 所示。由于两接合点 1、2 的温度不同，在回路中就产生了热电势，人们就是利用热电偶的热电效应来测量温度的。在测量温度时，通常将热电偶的一个原接点分开并接入电气测量仪表。如图 7-11 所示。

这个被分开的接点 2 叫做参考点，它被置于冰和水的混合物中，以保证其温度为 0℃。另一个接点 3 叫做测量点，置于被测介质中。为了保证热电偶正常工作，对它提出了以下要求。

① 热电偶的测量点要焊得牢固。

② 热电偶两个导线间除测量点外，必须有可靠的绝缘，防止发生短路，影响测量精度。

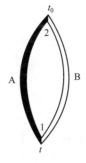

图 7-10　热电偶

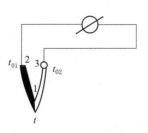

图 7-11　热电偶测温电路

③ 导体和热电偶参考点的连接要可靠而方便。

④ 在测量对热电偶有害的介质的温度时，要用保护管将热电偶同介质完全隔绝开来。

（3）电阻温度计　电阻温度计根据导体或半导体的电阻值随温度而变化的原理测量温度。电阻温度计由感受电阻（也称热电阻）、导线和测量电阻的仪表三部分组成。热电阻材料有铂、铜、铁和镍等。测量电阻的仪表有平衡电桥、不平衡电桥和比率计等。将铂电阻作为平衡电桥的一个臂进行测温是最常用的方法。

使用电阻温度计时应注意引起测温误差的几个因素。

① 由于热电阻的电阻值不恒定引起的误差。引起热电阻变化的原因有两个。一是热电阻受到氧化或是受到有害介质的腐蚀而改变了原来的物理化学性质；二是制造热电阻时，材料没有进行充分的热老化处理。当然也可能由于某种原因使得热电阻金属丝发生局部短路，如果属于这种情况，就应该更换一个新的热电阻。

② 由于环境温度变化引起的误差。

③ 由于线路电阻不符合标准引起的误差。

④ 由于工作电流将热电阻加热所引起的误差等。为了减小误差，应尽量用小电流。一般电阻温度计的最大工作电流限制在 7～8mA 之内，绝对不要超过 10mA。

二、塑料脆化温度测定

塑料脆化温度的测定就是塑料试样在规定的受力变形的条件下，测出其显示脆化破坏时的温度。

1. 原理

将一组试样以悬臂的形式固定在仪器的夹具上，并置于精确控制温度的低温介质中恒温，当达到某一预定的温度后，用规定的冲头规定的冲击速度冲击试样，使试样沿规定半径的夹具下钳口圆弧弯曲成 90°，而后观察记录整组试样破坏的百分数。通常把试样破坏概率为 50% 时的温度定义为脆化温度，并用 t_{50} 表示。

2. 测试方法要点

（1）仪器装置　脆化温度试验机主要由试样夹具、冲锤、恒温容器及一套能保证冲锤以恒定速度打击试样的机械装置组成。冲锤和试样夹具的相对位置关系示于图 7-12。其中冲锤半径为 (1.6 ± 0.1)mm；夹具下钳口半径为 (4.0 ± 0.1)mm；冲锤的冲击点和夹具间的距离为 (3.6 ± 0.1)mm；冲锤的外缘与夹具间距离为 (2.0 ± 0.1)mm。传热介质用气体或液体都可以，对于大多数塑料，用酒精/干冰的混合液合适，试验时冲锤的冲击速度为 (200 ± 20)mm/s。

（2）试样　由于试样的脆性破坏具有统计特性，而在进行测试时，几乎不可能选择到试样正好呈现 50% 破坏时的温度点上进行测试，因此必须采用大量的试样、不同的温度点上

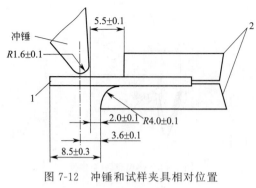

图 7-12　冲锤和试样夹具相对位置
1—试样；2—夹具

进行测试，由各个温度点上不同的试样破坏的百分数，进行统计分析而求出 50％破坏的温度试样量最少为 100 个，而且每个温度点上至少测 25 个试样。另外，对于某些塑料的试样，还必须在其厚度的一侧切出 0.4mm 深的切口，如聚乙烯，如果不开切口，其脆化温度可达到－100℃左右，这样的低温给实验人员操作带来相当大的难度，而且费财费力。开了一个小切口之后，可使带切口的聚乙烯试样的脆化温度提高到－70℃以上，这样用酒精加干冰的混合液作为介质就可以达到这一温度，操作方便且节省试验费用，而且试样有切口后使测得的数据分散性大大降低，有利于统计分析。

（3）测定　根据经验或有关资料，选取合适的温度点进行测试，标准中规定至少要在 4 个温度点上进行试验，并使这些温度点 10％～90％的试样破坏范围内都有分布，不要选在都低于 50％或都高于 50％的破坏范围内。每个温度点上至少测 25 个试样，记下每个温度点试样破坏的百分数。在选取温度点时，按统计分析方法的不同各有差异，当用图解法时，各温度点的增量值可以较随意，只要保证这些温度点落在 10％～90％的破坏范围内即可。而当采用计算法求取 t_{50} 时，就严格要求每个温度点都有相同的温度增量值。例如选用 2℃，并且必须从试样 100％破坏到无试样破坏时的温度为止。因此，如果取值不当的话就可能要做很多次试验。

（4）结果表示　求取 t_{50} 温度有图解法及计算法两种。当用图解法时，首先必须用一张概率坐标纸，将每一试验温度下试样破坏的百分数对试验温度作图，通过每次试验结果的点，画出最佳的直线，从这条直线上找出与概率 50％的直线的交点，这个交点所对应的温度值即为脆化温度 t_{50}。当用计算方法求取 t_{50} 时，可用式（7-25）计算。

$$t_b = t_h + \Delta t \left(\frac{S}{100} - \frac{1}{2} \right) \tag{7-25}$$

式中，t_b 为脆化温度，℃；t_h 为全部试样都发生破坏时的最高温度，℃（要用适当的代数符号）；Δt 为相继试验间温度的均匀增量，℃；S 为每个温度破坏的百分数总和。

从上述的过程可以看出，要求取试样 50％破坏时的温度时，需要大量的试样及反复多次测试，这种测试过程费时、费力、费财。因此只有当开发新品种或对不同来源的样品进行对比评价时才进行。而对于产品质量控制或检验时，可采用通过法，即按产品标准要求，在规定的温度点上测试，如果试样破坏的情况符合要求则合格，否则不合格。

3. 影响因素

① 试样的模塑条件和制备方法对试验结果有很大的影响，特别对于聚烯烃，试样制备过程中的冷却或退火条件的不同就导致试样结晶度的不一样，这样也就使脆化温度有变化。因此，必须按标准规定的条件制备试样。当用刀片切取试样时，应保证被切割的两侧面光滑，试样表面有微小的划伤或不光滑，都使脆化温度提高，试样厚度较厚时，也使脆化温度提高。

② 冲头的打击速度也有明显影响，速度高，则脆化温度也高，反之则低。因此在测定过程中应注意仪器上冲头的转轴，不要因受冻而被卡住或增加阻力而使速度降低。

三、橡胶的温度-回缩试验（TR 试验）

TR 试验能快速评价橡胶在低温下的黏弹性能，比较不同配方的硫化橡胶在低温应变状态下的结晶趋势，是测定硫化橡胶低温特征的基本方法之一。

1. 试验原理

将试样在室温下拉伸到规定的长度后，迅速将其冷冻，使之失去弹性（除去拉伸力后试样不发生回缩），然后以均匀的速度升高温度，由于弹性恢复，试样发生回缩，分别记录各温度与试样的对应长度值，绘出试样回缩百分率与温度的关系曲线，从而求得试样不同回缩率所对应的温度值。

2. 仪器装置

TR 试验仪主要由带试样夹具的台架、试样回缩长度的计测装置及可控制传热介质温度的低温槽等部分组成。TR 试验仪结构示意如图 7-13 所示。

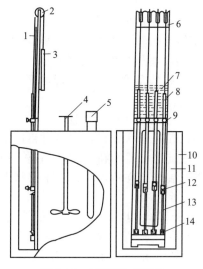

图 7-13　TR 试验仪结构
1—绳；2—滑轮；3—平衡器；4—搅拌器；5—等速升温装置；6—试样架；7—可更换标尺；8—试样上夹具的连接部分；9—试样上夹具的锁紧装置；10—绝热层；11—低温槽；12—上夹具；13—试样；14—下夹具

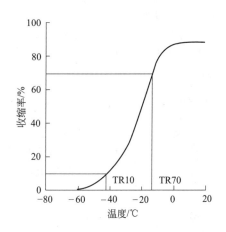

图 7-14　温度与收缩率关系的模式

（1）带有试样夹具的台架　台架上装有加荷装置，能夹持一个或多个试样的夹具，可移动的上夹具的锁紧装置。该台架应能使试样维持张力 10～20kPa，保证试样的最大伸长率能达到 350%，利用上夹具锁紧装置能将试样固定在选定的伸长位置上，冷冻后又能将其放开。

（2）试样长度测量装置　要保证在试验过程中随时都能读出试样的长度值，其精确度为 ±1mm，也可采用一系列可更换的直接按试样的伸长率刻度的标尺，其精确度为 ±1%。

（3）低温槽　低温槽是绝热的，并备有搅拌器、温度计及升温速度为 1℃/min 的等速升温装置。要求低温槽内的冷冻剂温度分布均匀。

3. 试验结果表示方法

① 试样的收缩率可由刻度尺上直接读取或用下式计算：

$$r = \frac{L_s - L_r}{L_s - L_0} \times 100\% \tag{7-26}$$

式中，r 为试样收缩率，%；L_s 为试样拉伸后有效工作部分的长度，mm；L_r 为观察温度下试样有效工作部分的长度，mm；L_0 为试样有效工作部分的原始长度，mm。

② 绘出试样收缩率与对应温度的关系曲线，从曲线图上找出收缩率分别为10％、30％、50％、70％时所对应的温度值，即为所求得的 TR10、TR30、TR50、TR70 值。

③ 分别计算出 TR10、TR30、TR50、TR70 三个试样测定值的平均值，温度与收缩率关系的模式见图 7-14。

四、橡胶低温刚性试验

橡胶低温刚性试验是检验硫化橡胶低温性能的一项重要试验，在国际上应用比较广泛，测试方法可以参照 GB/T 6036—2001《硫化橡胶或热塑性橡胶 低温刚性的测定（吉门试验）》。

1. 试验原理

该项试验应用低温刚性测定仪（吉门扭转仪），以具有已知扭转常数的扭转钢丝作为参照材料，使试样发生扭曲变形，由于温度不同，试样随钢丝扭转产生角度的大小也不同，常温时扭转角度大，随着温度的降低，橡胶的模量增大，刚性增加，扭转角度减小，当达到玻璃化温度时几乎不扭转，因此根据一系列温度变化所产生扭转角度的测定，即可评价橡胶的低温性能。

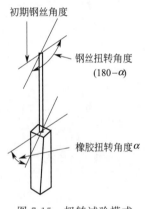

图 7-15 扭转试验模式

该试验采用长度为（40.0±2.5)mm、宽度为（3.0±0.2)mm、厚度为（2.0±0.3)mm 的条状试样，试验时将试样上端通过上夹持器、柱螺栓、螺旋连接器与扭转钢丝相连，扭转钢丝固定在扭转头上。试样下端与下夹持器相连，下夹持器固定试样上，简化示意如图 7-15 所示。

试验时规定钢丝的上端对于下夹持器固定点扭转180℃，因为橡胶具有弹性，所以试样上端（钢丝下端）对应于下夹持器固定点扭转 α 角度，钢丝上端对应于钢丝下端扭转180°－α。

因为试样是矩形的，根据材料力学中矩形截面杆扭转理论推知，试样最大相对扭转角度按下式计算：

$$\alpha = \frac{ML}{\mu d^3 bG} \tag{7-27}$$

式中，α 为试样的相对扭转角度，(°)；M 为试样的扭转力矩，N·m；L 为试样的自由长度，m；b 为试样的宽度，m；d 为试样的厚度，m；μ 为系数；G 为试样的刚性扭转模量，Pa。

因为使试样扭转的力矩就是钢丝的扭转力矩，即：$M = M'$

$$M' = K(180 - \alpha) \tag{7-28}$$

式中，M' 为扭转钢丝的扭转力矩，N·m；K 为扭转钢丝的扭转常数，mN·m/rad；(180－α) 为扭转钢丝的扭转角度，(°)。

所以，试样的刚性扭转模量 $G = KL(180 - \alpha)/bd^3 \mu \alpha$，K 为已知，L、b、d 试验时为规定值，根据测得试样的扭转角度即可算出试样的刚性扭转模量值，评价橡胶的低温性能。

2. 试验仪器

本试验所使用的仪器是低温刚性测定仪（吉门扭转仪）。低温刚性测定仪主要由扭转装置、扭转钢丝、试样架、介质槽及温度控制装置等部分组成。其中关键部件是扭转钢丝，扭转钢丝由回火弹簧钢丝制成，共有三根，长度为（65±8)mm，三根扭转钢丝的扭转常数分别为：0.70mN·m/rad、2.81mN·m/rad、11.24mN·m/rad，将其中扭转常数为 2.81mN·m/rad

的钢丝作为标准扭转钢丝。扭转钢丝的选择应根据室温时橡胶的硬度确定，优先使用标准扭转钢丝，若被测得的试样在室温下的扭转角度正好落在 120°～170° 范围内即可。如果在室温下测得的扭转角度大于 170°时，则使用扭转常数为 0.7mN·m/rad 的扭转钢丝；在室温下测得的扭转角度小于 120°时，则使用扭转常数为 11.24mN·m/rad 的扭转钢丝。

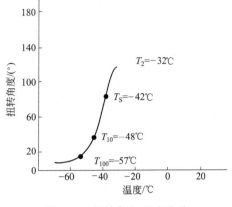

图 7-16　扭转角度-温度曲线

3. 试验结果表示方法

试验结果的表示方法有以下几种。

① 根据试验温度及其各温度下所测得的试样扭转角度，作出扭转角度随温度变化的曲线，如图 7-16 所示。该曲线能连续反映出橡胶从玻璃态向高弹态的转变过程。

② 用相对扭转模量及相对扭转模量分别为 2、5、10、100 所对应的温度 T_2、T_5、T_{10}、T_{100} 来表征。任一温度下的相对扭转模量，是该温度下的扭转模量与 (23 ± 2)℃下的扭转模量之比。因为试样在某一温度时的扭转模量值与 $(180-\alpha)/\alpha$ 成正比，所以任一温度下试样的相对扭转模量值为 $\left(\dfrac{180-\alpha_1}{\alpha_1}\right)\Big/\left(\dfrac{180-\alpha}{\alpha}\right)$，其中 α_1、α 分别为低温和 (23 ± 2)℃时试样的扭转角度。

相对扭转模量值为 2、5、10、100 时，所对照的温度分别用 T_2、T_5、T_{10}、T_{100} 来表示，求得的方法如下：先用 (23 ± 2)℃的扭转角度算出相对扭转模量分别为 2、5、10、100 时的各温度下的扭转角度（为方便计算，标准中已列成表，可直接查得），然后从扭转角-温度曲线上分别查得各扭转角所对应的温度，即为求得的 T_2、T_5、T_{10}、T_{100}。

③ 用表观刚性扭转模量来表示。当计算各个温度下的表观刚性扭转模量时，应当准确测量试样的自由长度及试样的厚度。某一温度下试样的表观刚性扭转模量用下式计算：

$$G=\frac{16KL(180-\alpha)}{bd^3\mu\alpha} \tag{7-29}$$

式中，G 为试样的表观刚性扭转模量，Pa；K 为扭转钢丝的扭转常数，N·m/rad；L 为测得的试样自由长度，m；b 为试样的宽度，m；d 为试样的厚度，m；μ 为与 b/d 有关的系数（从标准中的附表可查得）；α 为试样的扭转角度，(°)。

4. 影响因素

(1) 扭转角度的读取时间对试验结果的影响　在试验过程中发现橡胶从玻璃态向高弹态的转变过程中，即在皮革态区域里，试样的扭转角度随着读数时间的延长而增大。图 7-17 是同一试样、不同读数时间的扭转角度-温度曲线。

从图 7-17 中可以看出，在皮革态区域里随读数时间的延长，曲线向左偏移，但在 T_2 以上和 T_{100} 以下，读数时间的长短对扭转角度的影响不明显，所以标准 GB 6036—2001 以及 ISO 1432—82、BS903Pt3—72、ASTM D1053—79、JIS K6301—75 均规定读数时间为 10s，即将 10s 时间扭转角度值视为表观应力平衡值。

(2) 在每个温度下试样的状态调节时间对试验结果的影响　试验标准中规定在液体介质中，当在最低温度下测量完扭转角度后，以 5℃ 的间隔升温，每次升温 5min，升到一定温度时试样应在该温度下保持 5min。图 7-18 是试验温度达到后，立即测量扭转角度和停放 5min 后测量扭转角度的对比试验曲线。

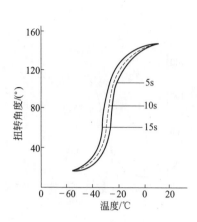

图 7-17　同一试样、不同读数时间的扭
　　　　转角度-温度对比曲线

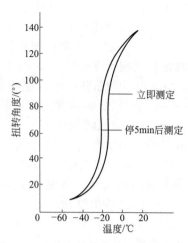

图 7-18　立即扭转与停放 5min 后测量的
　　　　扭转角度-温度对比曲线

　　从图中看出，停放 5min 的曲线比立即测得的曲线向左偏移。这是因为，虽然温度计指示的传热介质的温度达到了，但试样在此温度下还未达到热平衡，因而橡胶的弹性还没有完全恢复，所以立即测得的扭转角度小，试验时一定要按标准的规定执行，否则试验结果则无可比性。

中国离子交换树脂与吸附树脂的奠基人——何炳林先生

　　何炳林先生（1918.8.24—17.7.4），1937 年就读于北京大学、清华大学、南开大学联合组建的西南联合大学，1942 年毕业后留在化学系读研究生并兼任助教，1947 年赴美留学获得美国印第安纳大学博士学位。历任南开大学化学系高分子教研室主任、化学系主任、高分子化学研究所所长。曾兼任青岛大学校长、中国化学会常务理事、中国化学会高分子学科委员会副主任、国家自然科学基金委员会化学组评审委员、中国生物材料与人工器官学会副理事长、中国石油化工总公司顾问、《离子交换与吸附》主编、《高分子学报》和《高等学校化学学报》中英文版副主编、多个重要国际刊物编委、《中国科学》和《科学通报》编委等。多次当选全国和天津市劳动模范，两次当选全国人大代表。1980 年当选为中国科学院学部委员（院士）。

　　新中国成立初，在周总理的帮助协调下，通过外交努力，何炳林先生满怀报效祖国的赤子之心，放弃了在美国优越的工作和生活条件，于 1956 年 2 月携全家回到祖国的怀抱，接受杨石先校长的邀请来到南开大学任教。

　　回到母校后，何先生立即着手高分子化学学科建设和离子交换树脂研制工作，不到两年的时间，便合成出了当时离子交换树脂的主要品种，并在南开大学建成了第一座生产离子交换树脂的化工厂，产品专供用于核燃料铀的浓缩，我国第一颗原子弹爆炸成功的成就包含了何先生多年的心血，为此，国防科工委授予他"献身国防事业"成就奖。

　　何炳林先生不仅是我国离子交换树脂产业的创始人，还把离子交换树脂生产及应用技术普及到全国各地，堪称我国的"离子交换树脂之父"。他在国际上率先发现了大孔树脂的制备方法，并在此基础上生产出多种新型吸附树脂，大大拓展了树脂的应用范围。大孔树脂的发现，是何先生对科学的又一重大贡献。

何先生始终将科研工作与国家的重大需求相结合、基础研究与应用研究并重。他是我国高分子学科的主要创始人之一。1958 年从研究离子交换树脂开始，他主持成立了高分子教研室、高分子化学研究所，建立了南开大学高分子学科。自 20 世纪 80 年代以来的突出成果使得南开大学高分子学科成为国家重点学科，并在此基础上建立了"吸附分离功能高分子材料国家重点实验室"，使南开大学高分子学科成为全国唯一的有两个"重点"的高分子学科。

何炳林先生特别注重跨学科发展，推动功能高分子材料的研究跨入环保、制药、医学、分析、信息等领域，对这些学科的发展起到促进和支持作用。

何先生十分注重人才培养和研究团队的建设。他教书育人，注重理论联系实际、教学联系科研，积极尝试跨学科、复合型、创新型人才的培养，先后培养了 100 余名硕士生、60 余名博士生和 15 名博士后，多次获得国家、天津市和学校优秀教学成果奖。何先生不仅培养了大批不同层次的科技人才，还十分重视加强南开高分子学科的研究力量，通过多种渠道引进优秀人才，并想方设法为他们解决生活和工作中的困难。晚年，他和夫人陈茹玉先生捐出个人积蓄，分别设立了"何炳林奖学金"和"陈茹玉奖学金"，资助爱国、品学兼优以及生活困难的南开大学高分子学科的学生。

何炳林先生长期以来为国内外高分子科学界，特别是在离子交换树脂、大孔吸附树脂和生物医用高分子领域做出了重大贡献，对中国高分子学科、生物医用高分子领域、南开大学高分子学科的建设做出了不懈努力和卓越贡献。

材料引自：何炳林院士诞辰 100 周年纪念专辑前言 [J]．离子交换与吸附，2018，34（05）：385-387.

复　习　题

1. 高聚物热性能包括哪几类，举例说明。
2. 高聚物的尺寸稳定性主要用什么物理量来表示，叙述其测试原理和结果表示方法。
3. 为什么说高聚物负荷下热变形温度并不是其制品的最高使用温度？
4. 影响负荷下热变形温度试验有哪些因素，同时作出讨论。
5. 何为线膨胀系数，叙述高聚物线膨胀系数的测量原理和结果表示方法。
6. 高聚物线膨胀系数测定主要影响因素有哪些，同时作出讨论。
7. 叙述毛细管法测定高聚物熔点的原理和主要影响因素。
8. 叙述偏光显微镜法测定高聚物熔点的原理和主要影响因素。
9. 物质热交换有哪几种方法？
10. 何为热导率，叙述测试原理和影响因素。
11. 何为塑料熔体流动速率，叙述测试原理和主要影响因素。
12. 测试塑料熔体流动速率的仪器和条件有什么规定，有哪些注意事项？
13. 高聚物低温试验的低温箱有哪些类型，说明其原理。
14. 何为塑料脆化温度，叙述其试验原理。脆化温度是不是最低使用温度，为什么？
15. 叙述橡胶 TR 试验原理和意义。
16. 叙述橡胶低温刚性试验原理和结果表示方法。

第八章

老化性能测试

学习目标

　　掌握塑料和橡胶的自然老化和各种人工气候老化实验的原理及测试方法，掌握正确的实验步骤；了解热老化试验箱、管式仪、湿热老化箱等测试仪器的性能构造及测试条件。能正确地进行数据处理，能简单地分析测试中的影响因素。

第一节　自然老化试验

一、大气老化试验

　　自然大气老化（暴露）试验是研究塑料及橡胶受自然气候作用的老化试验方法。它是将试样暴露于户外气候环境中受各种气候因素综合作用的老化试验，目的是评价试样经过规定的暴露阶段后所产生的变化。它适用于各种塑料橡胶材料、产品以及产品取样的试验。大气老化试验比较近似于材料的实际使用环境情况，对材料的耐候性评价是较为可靠的。另外，人工气候试验的结果也要通过大气老化试验加以对比验证，因而塑料、橡胶自然气候暴露试验方法是一个基础的老化试验方法。许多国家都有自然老化的标准方法，如 GB/T 3681—2011《塑料　自然日光气候老化、玻璃过滤后日光气候老化和菲涅耳镜加速日光气候老化的暴露试验方法》，GB/T 3511—2008《硫化橡胶或热塑性橡胶　耐候性》。下面重点介绍塑料自然气候暴露试验方法。

　　1. 定义

　　塑料自然大气老化测试是将塑料材料安装在固定角度或随季节变化角度的试验架上，在自然环境中长期暴露，这种暴露通常用来评定环境因素对材料各种性能的作用。

　　直接太阳光辐射：从以太阳为中心的一个小的立体角投射到与该立体角的轴线相垂直的平面上的太阳光通量，通常规定直接辐射的平面角约为 6°。

　　直射日射表：用于测量投射到与日光垂直的平面上的（光束）太阳光辐射的辐射计。

　　2. 方法原理与要点

　　将试样或能够由其切取试样的片材或其他形状的材料作为样品，按规定暴露于自然环境中，在经规定暴露阶段后，将试样从暴露架上取下，测定其光学、机械及其他有效性能的变化。暴露阶段可以用时间间隔表示，也可用太阳辐射量或太阳紫外辐射量表示，当暴露的主要目的是测定耐光老化性能时，用辐射量表示较好。

　　（1）试验装置

　　① 暴露所用的设备　见图 8-1，由一个适当的试样架组成。框架、支持架和其他夹持装

置，应用不影响试验结果的惰性材料制成，如耐腐蚀的铝合金、不锈钢或陶瓷是较合适的，还可使用防腐蚀剂浸渍过的木材或那些已证明不影响暴露试验的木材。在装配时使用的框架应能安装成所规定的倾斜角，并且试样的任何部分离地面或其他任何障碍物的距离都不小于0.5m。应尽可能使试样处于小的应力状态，并让试样能自由收缩、翘曲和扩张。

图 8-1　自然大气老化测试

② 测量气象因素的仪器　总日射表：应达到世界气象组织（WMO）规定的二级仪器的要求。直射日射表，应达到 WMO 规定的一级仪器的要求。紫外总日射表，应有一光谱通带，该通带的最大吸收位于 300～400nm 波段区域的辐射，并应作余弦校正，以包括紫外天空辐射。

③ 日晒牢度蓝色羊毛标准　当用于确定暴露阶段时，应按照 GB/T 8426—1998《纺织品　色牢度试验　耐光色牢度：日光》的规定使用。

（2）试样　可用一块薄片或其他形状的样品进行暴露，在暴露后从样品上切取试样，试样的尺寸应符合所用试验方法的规定或暴露后所要测定的一种或多种性能规范的规定，所用的制样方法应与所测材料的加工方法接近，试样的制备要符合 GB/T 9352—2008、GB/T 11997—2008、GB/T 17037.1—1997 和 ISO 2557—1 的规定，还应根据要求做状态调节。试样数量的确定应根据达到暴露后作相应的试验方法所规定的数量。

（3）试验条件　暴露方法：暴露方向应面向正南固定，并且根据暴露试验的目的按下列条件选择与水平面形成的倾斜角。

① 为得到最大年总太阳辐射，在我国北方中纬度地区，与水平面形成的倾斜角应比纬度角小 10°。

② 为得到最大年紫外太阳辐射的暴露，在北纬 40°以南地区，与水平面形成的倾斜角应为 50°～10°。

③ 与水平面成 10°和 90°之间的任何其他特定的角度。

暴露地点：应在远离树木和建筑物的空地上，用朝南 45°暴露时，暴露面的东、南及西方应无仰角大于 20°，而北方应无仰角大于 45°的障碍物，保持自然土壤覆盖，有植物生长的应经常将植物割短。

此外，对于某些应用，可能需要暴露于包括丛林或森林的阴暗地区，以评价生物生长、白蚁和腐烂草木的影响，选择时要注意确保：阴暗地点真实代表了整个试验环境；暴露设施和通道不会显著影响或改变暴露地点环境。

暴露阶段：试验期限应根据试验目的、要求和结果而定，通常在暴露前应先预估计试样的老化寿命而预定试验周期，一般暴露阶段应选择 1 个月、3 个月、6 个月、9 个月或 1 年、1.5 年、2 年、3 年、4 年、6 年为暴露期。

3. 试验步骤

（1）安放　用惰性材料的夹持装置，把试样装在框架上，确保连接件之间和样品板条之间有足够的空间，为暴露后的光学测试和机械测试留出一个足够尺寸的未遮盖的测试区，确保用于机械测试的试样按其形状的不同加以固定，确保不会因固定方法而对试样施加应力。在每个试样的背面作不易消除的记号以示区别，但要避免记号划在可能影响机械测试结果的部位。

(2) 辐射仪和标准材料的安装　应安置在样品暴露试验架的附近，蓝色羊毛标准要靠近试样。

(3) 气象观察　记录所有的气象条件和会影响试验结果的变化。

(4) 试样的暴露　除非应用规范有要求，在暴露期间不应清洗试样，如需清洗要用蒸馏水。应定期检查和保养暴露地点，以便记录试样的一般状态。

(5) 性能变化的测定　试样经过一个或多个暴露阶段后，取下，按适当的测试方法测定外观、颜色、光泽和机械性能的变化，测试时要按照状态调节要求的期间尽快进行测试，并记录暴露终止和测试开始之间的时间间隔。

4. 试验结果表示

(1) 性能变化的测定　按国家标准的程序和试验方法测定所需的性能变化。

(2) 气候条件　根据表 8-1 确定测试地的气候类型。

表 8-1　我国的主要气候类型

气候类型	特　征	地　区
热带气候	气候炎热,温度高 年太阳辐射总量 5400～5800MJ/m² 年积温≥8000℃,年降水量>1500mm	雷州半岛以南 海南岛 台湾南部等地
亚热带气候	湿热程度亚于热带,阴雨天多 年太阳辐射总量 3300～5000MJ/m² 年积温 8000～4500℃,年降水量 1000～1500mm	长江流域以南 四川盆地 台湾北部等地
温带气候	气候温和,没有湿热月 年太阳辐射总量 4600～5800MJ/m² 年积温 4500～1600℃,年降水量 600～700mm	秦岭、淮河以北 黄河流域 东北南部等地
寒温带气候	气候寒冷,冬季长 年太阳辐射总量 4600～5800MJ/m² 年积温<1600℃,年降水量 400～600mm	东北北部 内蒙古北部 新疆北部部分地区
高原气候	气候变化大,气压低,紫外辐射强烈 年太阳辐射总量 6700～9200MJ/m² 年积温<2000℃,年降水量<400mm	青海、西藏等地
沙漠气候	气候极端干燥,风沙大,夏热冬冷,温差大 年太阳辐射总量 6300～6700MJ/m² 年积温<4000℃,年降水量<100mm	新疆南部塔里木盆地 内蒙古西部等沙漠地区

温度：日最高温度的月平均值、日最低温度的月平均值、月最高温度和最低温度。相对湿度：日最大相对湿度的月平均值、日最小相对湿度的月平均值、月变化范围。暴露阶段程度：经过时间、太阳辐射总暴露量。雨量：月总降雨量、凝露而成的月总潮湿时间、降雨而成的月总潮湿时间。潮湿时间：日潮湿时间百分率的月平均值、日潮湿时间百分率的月变化范围。

5. 影响因素

(1) 暴露场地气候区域的影响　不同的气候类型，暴露场地的纬度、经度、高度的不同，测试结果是不同的。为了得到可靠的数据，自然老化试验应尽可能选与使用条件接近的场地进行，需要时应在各种不同气候环境地区的场地进行。

(2) 开始暴露季节与暴露角的影响　季节不同，气候有明显区别，少于一年的暴露实验，其结果取决于这一年进行暴露的季节，较长的暴露阶段，季节的影响被均化了，但试验结果仍取决于开始暴露的季节。在暴露时采用的角度不同，所受的太阳辐射的量也会有所不同。

（3）使用的蓝色羊毛标准测量光能量的影响　蓝色羊毛标准由纺织物试验发展而来，由于它的有效性，也应用于塑料，但塑料比常规的纺织物光加速试验需更长暴露时间及蓝色羊毛标准和塑料对光敏感性存在差异，因此蓝色羊毛标准在塑料测试上就有相对误差，然而它们现存的有效性和根据它们的数据积累证明这依然是应用于塑料暴露试验的一种需要。

（4）测试性能　测试性能不同，所测出的耐候性结果对同一品种塑料也是不同的，因此要按选定的每项性能指标和每一个暴露角来确定耐候性。选择老化试验的测试性能项目，不仅应当选择那些老化过程中变化比较灵敏的性能，而且应根据不同塑料的老化机理及老化特征对不同材料、制品结合其使用场合，选择能真实反映其老化过程的相关测试性能，依据所得到的全部结果，可以做出较为准确的综合评价。

另外，样品的制备方式及暴露时间也对测试结果有影响。这是塑料在自然气候下的测试，橡胶在自然气候下的测试方法与塑料的基本相同，只是在测试结果的表示上有差异，硫化橡胶或热塑性橡胶测试结果表示有以下几点。

（1）颜色变化　色差评级按 GB/T 8424.3—2001 表示。

（2）其他外观变化　未拉伸试样外观变化按表 8-2 进行评级，拉伸试样裂纹评定等级按表 8-3 进行评级。

表 8-2　未拉伸试样外观变化

等级	外观变化程度	等级	外观变化程度
0	没有变化	2	中等变化
1	几乎没有变化	3	显著变化

表 8-3　拉伸试样裂纹评定等级

等级	裂纹变化程度	等级	裂纹变化程度
0	没有	2	中等裂纹
1	几乎没有裂纹	3	显著裂纹

（3）物理性能变化

原始值的变化百分率：

$$\frac{P - P_x}{P} \times 100\% \tag{8-1}$$

原始值的百分率：

$$\frac{P_x}{P} \times 100\% \tag{8-2}$$

性能变化：

$$P - P_x \tag{8-3}$$

式中，P 为原始试样性能测定值；P_x 为原始试样老化后性能测定值。

二、光解性塑料户外暴露试验

1. 测试原理

试样在受到太阳辐射下的自然气候直接暴露后，大的分子链断裂，经过预定的暴露期，测定试样的厚度、质量变化、分子量变化及拉伸强度、断裂伸长率等性能变化。

2. 试验装置

暴露架：使用的暴露架应符合塑料大气暴露试验方法中的要求，除非另有规定，暴露架应朝南与水平面成 5°。其固定方法有以下两种。

暴露架 A：它主要由可移动的试样安装棒和金属网组成。安装棒由铝或未经处理的木条制成，位于 16～18 号的金属网（铝或不锈钢）背衬上。金属网孔径约为 12mm。

暴露架 B：由未经涂漆的外用胶合板构成暴露架的表面，试样可直接固定其上，其胶合板出现分层或纤维分离现象，产生锐利边缘损伤试样时，应更换胶合板，中密度或高密度胶合板是理想的背板材料，它不需要经常更换。

辐射仪：紫外辐射仪用于测定 295～385mm 的紫外辐射。也可使用窄波段紫外辐射仪（例如 20nm 带通）和总辐射仪。这些仪器均需定期校准。

3. 试样

成型和制备：当进行材料对比试验时，推荐使用 0.05～0.15mm 厚的薄膜。所有对比试样应以相同厚度（允差为 ±0.01mm）进行试验。如各方同意，试样也可用成品进行暴露试验。

试样数量：试样数量由暴露试验后的性能测试方法确定。由于试样经大气老化后的机械性能数据较分散，测试试样的数量应为测试标准要求的两倍。当进行破坏性测试时，试样总数决定于暴露周期数和保存试样的数量。

4. 测试步骤

（1）安装试样　将光解性塑料试样的两端固定在可移动的试样安装棒或胶合板上，薄膜或其他平整试样可用耐用的压敏胶或图钉固定，异型试样可用螺钉和大垫圈（或其他适当方法）直接固定在金属网上或胶合板上。试样必须刻有识别符号。每种材料在每个暴露期至少需暴露三个相同试样。

（2）固定辐射仪　使辐射仪朝南与水平面成 5°，如试样使用其他暴露角度，辐射仪也应安装在同一角度。

（3）进行暴露测试　将试样安装在暴露架上，使其暴露达到产生规定的日光辐射量的时间，建议对每种受试材料使用一系列暴露递增量以确定降解程度与总日光或日光紫外辐射量的关系。测量暴露量，其单位为 J/m^2，保留 4 位有效数字。

（4）性能测定　试样经过预定的辐射量暴露后，测定其一个或多个性能以确定降解程度（按 GB/T 17603—2017《光解性塑料户外暴露试验方法》进行测定）。常用的测试指标为分子量、拉伸强度、断裂伸长率、厚度、质量变化等。聚烯烃的氧化程度可用羰基指数表示。羰基指数是试样在 $1715cm^{-1}$ 处的羰基红外吸收峰与固定特征吸收峰的吸光度之比。对材料的未暴露试样也要进行相同的测试。如使用参照材料，测定其性能并表示所有受试材料的降解时间与参照材料产生规定降解程度的时间的关系。

5. 结果表示

总暴露时间，日光紫外辐射量或总辐射量（J/m^2）；降解前与降解后的分子量；原始试样及各暴露期试样的外观和性能测试结果；各组试样的测试结果平均值和标准偏差。影响因素基本同塑料大气暴露试验方法的影响因素。

三、硫化橡胶自然储存老化试验

1. 试验原理、目的及要点

硫化橡胶自然储存老化试验，是将硫化橡胶试样置于储存室或仓库内，经受自然气候或介质等因素的作用，观测试样性能随时间而发生的变化，从而评价橡胶耐储存老化的性能。

试验有以下几个目的：

① 评定硫化橡胶的自然储存稳定性或储存期限；

② 寻求合理的储存条件和方法，延长硫化橡胶的储存期限；

③ 实际验证硫化橡胶储存期快速测定方法的可靠性。

(1) 试验设施和装置　试验的基本设施是根据试验目的和要求而建立的储存室。储存室可用砖瓦、木材或钢筋混凝土等建造。一般有以下两种形式。

① 相似于仓库的储存室，此储存室主要用于上述试验条件的①、②条的试验目的。如有挥发污染性的试样需分开储存时，则储存室内应建立若干小室。

② 可控制温度和湿度或模拟其他储存条件的储存室。此储存室主要用于上述①、②条的试验目的。

储存室内设置试样储存架或储存柜。这些架或柜可根据试验要求用木材或金属制成多层的形式。室内需设置温度计、湿度计，以便记录室内的空气温度和相对湿度。必要时还需设置气体检测仪器。用以检测室内有害气体的成分，为分析试验结果提供参考。

任何接触试样的装置都不应采用对橡胶有害的金属（如铜、锰、铁）和材料（如有污染物的塑料等）制造。如需采用这些有害的金属和材料的制品，应预先将其表面用无害的防护层加以隔离。

(2) 试样　试样可以是样品或制品，应根据试验目的来确定。如无具体规定，一般采用检测性能所要求的试样。试样的制备应符合 GB 9865 的有关规定。试样的形状规格应根据评价指标和相应的测试标准的要求来选取。如评价拉伸性能变化的试样，可以采用哑铃形式试样，也允许采用可裁成哑铃形的其他形状的试样。哑铃形试样的规格应符合 GB/T 528 有关规定。不同规格试样的试验结果不能相互比较。试样的数量可根据试验项目和测试周期及相应标准的要求而定。最好增加一些备用试样。

(3) 试样环境和储存条件　试验应选择在能代表某类气候特征的地区或近似于实际储存的环境中进行。储存环境的气候类型，可参照表 8-1 进行选择。

根据实际要求，试样可处于以下的状态下进行储存试验：①自由状态；②应变状态；③装配状态；④其他状态。

如无具体规定，试样一般采取自由状态进行试验。

根据实际情况，试样可处于以下的方式进行储存试验：①裸露于空气中；②用规定的材料包裹；③用规定的材料或容器密封包装；④置于规定的介质（如油、水、气等）中；⑤其他方式。如无具体规定，试样一般采用裸露于空气中的方式进行试验。

温度：储存试验的温度一般应为当地的自然环境温度；除非试验要求，储存室内不应装置热源，不应使室内的温度超过自然环境温度；可控温的储存室，应按试验要求进行调控。

湿度：储存试验的相对湿度一般应为当地空气的相对湿度；除非试验要求，储存室内不应积水，不应使室内的湿度经常大于自然空气的湿度；可控相对湿度的储存室，应按试验要求进行调控。

光：除非试验要求，试样不应受到阳光或紫外线的强光照射。储存室的窗户最好用不透光的涂层或帘幕遮蔽。也可以根据需要，采用百叶窗挡光或间歇使用白炽灯照明。

空气和臭氧：除特别规定，储存室内不能人工吹气或排气，防止空气在试样周围剧烈流动。室内可采用百叶窗等不影响试验的装置通气；除非试验要求，储存室内不应有任何能够产生臭氧的物质或装置，如有机物蒸气和燃烧气体，又如开亮的荧光灯和水银蒸气灯，或开动的电动机、高压电器和其他可以产生火花或无声放电的装置。

应力应变：除非模拟试验，试样不应受外加应力应变的作用，一般应在自由状态下进行储存试验。如果应变不可避免，则应使其应变尽可能地减小。

其他：除非模拟试验，试样不允许与液体或半固体物质，如溶剂、挥发性物质、油类和润滑酯类等相接触，室内也不应放置不密封的溶剂和挥发性物质；除非不可避免，试样不应与铜、锰、铁等有害金属的制品直接接触，如果采用这些金属的制品来装置试样时，应采用对试样无害的涂层或薄膜加以隔离；试样表面不应撒布含有对橡胶有害的隔离粉；不同胶种和配方的试样不得互相接触；任何储存装置、容器、包装材料和覆盖材料，都不允许含有对橡胶有害的成分。

2. 试验步骤

（1）试样的安装　根据试验目的，先使试样处于所要求的状态或处于所要求的储存方式，然后将其垂直或水平地安置于储存架上或储存柜内。自由状态下储存的试样应让其自由地垂直悬挂或水平放置。可用对试样无害的钉、夹具或绳线等固定；应变状态下储存的试样，采用所要求的应变装置，使试样在应力作用下呈拉伸、压缩、弯曲等变形状态下安装；装配状态下储存的试样，应将试样连同整个装置进行试验。

（2）状态调节　试样投试前和性能检测前，应先在无光照的标准气候环境中进行调节，时间不超过96h。标准气候条件应为：温度（23±2）℃，相对湿度45%～55%，气压86～106kPa。

（3）试样储存　试样存放时，离地面、棚顶和边墙的距离不应小于0.5m。放置至所需时间。

（4）状态调节　试验到期后，将试样从储存室中取出，根据性能测试标准要求的状态按第（2）步的规定进行状态调节。

（5）性能测试　试样经状态调节后，按测试标准的要求进行性能检测。检测完毕，如非破坏性试样需继续试验，则应将试样按原地、原样继续进行储存，直至试验结束。

（6）试验期限和检测周期　试样的储存试验期限和检测周期，应根据试样的耐老化程度和性能变化情况来确定；试样的储存期限，一般不少于2年；试样的检测周期，一般每年不少于2次；在试验期间，如试样的性能值降低至50%以下或达到规定的临界值时，可酌情提前结束试验，当试验到期后，如试样的性能值仍保持90%以上或未达到规定的临界值时，可适当延长试验期限。

3. 试验结果表示

试验结果可用试样储存试验后，由检测的性能变化数据或计算出性能变化率来表示。试样老化性能变化率按下式计算：

$$P = \frac{A-O}{O} \times 100\%$$

(8-4)

式中，P 为试样的老化性能变化率；O 为试样老化前性能的测试值；A 为试样老化后性能的测试值。

4. 影响因素

（1）储存室及储存地气候类型的影响　储存室的大小及储存室的通风情况对测试结果有影响，强的空气对流能加大老化速度。储存室内不能强制吹风或排气，但也不能无空气流通，应使储存室的温度和湿度与当地自然环境一致。室内的照明应严格按照测试要求的条件，需在室内设置气体检测器，为分析试验结果提供参考。应尽可能选与使用条件接近的场地进行。需要时应在各种不同气候环境地区的场地进行。

（2）开始储存的季节与储存时间的影响　开始储存的季节不同，气候有明显区别，试验结果要取决于开始暴露的季节。试样性能变化随时间的变化而有所不同。

（3）试样的影响　不同规格试样的试验结果不能互相比较。如聚氯乙烯试样厚度从0.5mm增大到3mm时，拉伸强度值下降约40%。试样的尺寸越大，其结构上的不均匀性和不完善性的表现越大，试验结果的重现性较差，因此要核实试样形状和尺寸的一致性。试样的放置要保证每个试样均需裸露在空气中，而且要保证每个试样都处在自由状态。

（4）测试性能　　测试性能不同，所测出的结果对同一品种材料也是不同的，因此要按选定的每项性能指标来确定耐老化性。选择老化试验的测试性能项目，不仅应当选择那些老化过程中变化比较灵敏的性能，而且应根据不同材料的老化机理及老化特征对不同材料、制品结合其使用场合，选择能真实反映其老化过程的相关测试性能，依据所得到的全部结果，可以做出较为准确的综合评价。

第二节　热老化试验

一、常压法热老化试验

热空气暴露试验是用于评定材料耐热老化性能的一种简便的人工模拟加速环境试验方法，目的是在较短时间内评定材料对高温的适应性，以及材料高温适应性的相互比较。以下是 GB/T 7141—2008 的塑料热空气暴露试验方法。

1. 原理与方法要点

将塑料试样置于给定条件（温度、风速、换气率等）的热老化试验箱中，使其经受热和氧的加速老化作用。通过检测暴露前后性能的变化，以评定塑料的耐热老化性能。

（1）试验装置　热老化试验箱（见图 8-2）应满足以下要求。

① 工作温度：40～200℃或 40～300℃。

② 温度波动度：±1℃，应备有防超温装置。

图 8-2　热老化试验箱

③ 温度均匀性：温度分布的偏差应≤1%。

④ 平均风速：0.5～1.0m/s，允许偏差±20%。

⑤ 换气率：1～100 次/h。

⑥ 工作容积：0.1～0.3m³，室内备有安置试样的网板或旋转架。

⑦ 旋转架转速：单轴式为 10～12r/min，双轴式的水平轴和垂直轴均为 1～3r/min，两轴的转速比应不成整数或整数分之一。

⑧ 双轴式试样架的旋转方式：一边以水平轴作中心，同时水平轴又绕垂直轴旋转。

（2）试样　试样的形状与尺寸应符合有关塑料性能检测方法的规定。试样按有关制样方法制备，所需数量由有关塑料检测项目和试验周期决定。每周期每组试样一般不少于 5 个，试验周期数根据检测项目而定，一般不少于 5 个。

（3）试验条件

① 试样在标准环境（正常偏差范围）中进行状态调节（48h 以上）。

② 试验温度根据材料的使用要求和试验目的确定。

③ 温度均匀性要求温度分布的偏差≤1%（试验温度）。

④ 平均风速在 0.5～1.0m/s 内选取，允许偏差为±20%。

⑤ 换气率根据试样的特性和数量在 1～100 次/h 内选取。

⑥ 试验周期及期限按预定目的确定取样周期数及时间间隔，也可根据性能变化加以调整。

2. 试验步骤

（1）调节试验箱　试验箱温度：温度测量点共 9 点，其中 1～8 点分别置于箱内的 8 个角上，每点离内壁 70mm，第 9 个点在工作室的几何中心处。

从试验箱的温度计插入孔放入热电偶，热电偶的各条引线放在工作室内的长度不应少于 30cm。打开通风孔，启动鼓风机，箱内不挂试样。

将温度升到试验温度，恒温 1h 以上，至温度达到稳定状态后开始测定。每隔 5min 记录温度读数，共 5 次。计算这 45 个读数的平均值作为箱温。从 45 个读数中选择两个最高读数各自减去箱温，同样用箱温减去两个最低读数，然后选其中两个最大差值求平均值，此平均值对于箱温的百分数应符合温度均匀性的规定。

如果上述所测温度均匀性不符合要求，可以缩小测定区域，使工作空间符合要求。

试验箱风速：在距离工作室顶部 70mm 处的水平面、中央高度的水平面及距离底部 70mm 处的水平面上各取 9 点，共 27 个点。以测定风速时的室温作为测定温度，测定各点风速后，计算 27 个点测定位置的风速平均值作为试验箱的平均风速。此值应符合风速试验条件的要求。

试验箱换气率：调节进出气门的位置，达到换气率所需要求。

（2）安置试样　试验前，试样需统一编号、测量尺寸，将清洁的试样用包有惰性材料的金属夹或金属丝挂置于试验箱的网板或试样架上。试样与工作室内壁之间距离不小于 70mm，试样间距不小于 10mm。

（3）升温计时　将试样置于常温的试验箱中，逐渐升温到规定温度后开始计时，若已知温度突变对试样无有害影响及对试验结果无明显影响者，也可将试样放置于达到试验温度的箱中，温度恢复到规定值时开始计时。

（4）周期取样　按规定或预定的试验周期依次从试验箱中取样，直至结束。取样要快，并暂停通风，尽可能减少箱内温度变化。

（5）性能测试　根据所选定的项目，按有关塑料性能试验方法，检测暴露前、后试样性能的变化。

3. 试验结果表示

（1）性能评定　应选择对塑料材料应用最适宜或反映老化变化较敏感的下列一种或几种性能的变化来评定其热老化性能：①通过目测，试验发生成局部粉化、龟裂、斑点、起泡、变形等外观的变化；②质量（重量）的变化；③拉伸强度、断裂伸长率、弯曲强度、冲击强度等力学性能的变化；④变色、褪色及透光率等光学性能变化；⑤电阻率、耐电压强度及介电常数等电性能变化；⑥其他性能变化。

（2）结果表示　根据有关材料的标准或试验协议处理试验结果。试验结果应包括试样暴露前后各周期性能的测定值、保持率或变化百分率等，并做出详细报告。

4. 影响因素

（1）试验温度选择　塑料热老化试验温度多依据材料的品种和使用性能及其试验目的而选择。塑料试验温度选择的原则应是：在不造成严重变形、不改变老化反应历程的前提下，尽可能提高试验温度，以期在较短的时间内获得可靠的结果。通常选取的温度上限：对热塑性塑料应低于软化点，热固性塑料应低于其热变形温度；易分解的塑料应低于其分解温度。温度下限：采用比实际使用温度高约 20～40℃。温度高时老化速度快，试验时间可缩短，但温度过高则可能引起试样严重变形（弯曲、收缩、膨胀、开裂、分解变色），导致反应过程与实际不符，试验得不到正确的结果。

所用的温度指示计，应为分度不大于 1℃ 的水银温度计或其他测温仪表。

（2）试验箱温度变动、风速、换气率的影响　温度的变动是影响热老化结果最重要的因素，有试验表明，软 PVC 在试验温度 110℃ 时的失重变化率（老化率）与 112℃ 时（温差

2℃）的相差达 10%～20%，因此箱内温度变动要尽可能小，要达到这一要求，在测定过程中，室温变化不得超过 10℃，试验箱线电压变化不得超过 5%。对达不到要求的试验箱，可缩小试验空间，使"工作空间"符合要求。

风速对热交换率影响明显，风速大，热交换率高，老化速率快，因此，选择适当的、一致的风速是保证获得正确结果的一个重要条件。

换气率应用原则是在保证氧化反应充分的前提下，尽可能用小的换气率。换气量过大，耗电量大、温度分布亦不易均匀，换气量过小则氧化反应不充分，影响老化速度。

（3）试样放置　试验箱内，试样间距不小于 10mm，与箱内壁间距不小于 70mm，工作室容积与试样总体积之比不小于 5∶1。如试样过密过多，影响空气流动，挥发物不易排除、造成温度分布不均。为了减少箱内各部分温度及风速不均的影响，采用旋转试样或周期性互换试样位置的办法予以改善。

（4）评定指标的选择　老化程度的表示，是以性能指标保持率或变化率表示，评定指标的选择要以能快速获得结果并结合使用实际的原则来考虑。同一材料经受热氧作用后的各性能指标并不是以相同的速度变化，如 HDPE，老化过程中断裂伸长率变化最快，其次是缺口冲击强度，拉伸强度则最慢；酚醛模塑料老化时则是缺口冲击强度下降最快，拉伸次之，弯曲变化很小。由此可见，正确选择评定指标（可选一种或几种综合评定）是快速获得可靠结果的关键。

二、高压氧和高压空气热老化试验

高压氧和高压空气热老化试验是高分子材料在高温和高压氧环境中进行加速老化的试验方法。本节中将介绍硫化橡胶热氧老化试验方法——管式仪法。

1. 试验原理及其要点

（1）原理　试样暴露在高温和高压氧气的环境中老化后测定其性能，并与未老化试样的性能做比较。

（2）试验装置　管式仪由氧气压力容器、加热介质和恒温控制器等组成。氧气压力容器是试样进行热氧老化试验的空间，是用不锈钢制成的试管式容器，能保持加压氧气环境，设有放置试样的吊架。容器的尺寸一般长约 300mm，内直径不小于 40mm，外直径不大于 50mm。也可酌情任选，但应使试样的总体积不超过容器内容积的 10%。氧气压力容器装有可靠的安全阀，保证安全表压为 3.5MPa。铜或铜制的零件不能暴露于试验环境中。

恒温器是由加热装置（例如铝浴）、恒温控制系统和超温报警器组成。在放置氧气压力容器附近设有测量温度装置；在通入氧气管道上装有测量试验容器内氧气压力的压力表；热源任选，但应置于氧气压力器外。加热介质可选如水、空气或铝，油或者可燃液体不宜作为加热介质使用。

（3）试样　试样的制备应符合 GB/T 2941—2006《橡胶物理试验方法试样制备和调节通用程序》的有关规定。采用Ⅰ型或Ⅱ型哑铃形试样应符合 GB/T 528—2009《硫化橡胶或热塑性橡胶拉伸应力应变性能的测定》的有关规定。试样不宜采用完整的制品，只有规格相同的试样才能做比较。测定老化前和老化后性能的试样都不应少于 3 个。试样在测试前应按有关规定进行状态调节。

（4）试验条件

① 温度　试验温度一般用（70±1）℃。根据材料的特性和应用场合，也可用（80±1）℃或其他温度。

② 压力　氧气压力容器中氧气的压力应为（2.1±0.1）MPa。

③ 时间　试验时间根据橡胶的老化速率加以选择，一般规定为 24h 或 24h 的倍数。

2. 试验步骤

(1) 安装试样 将试样按自由状态垂直挂在氧气压力容器内，试样不要过分拥挤和相互接触，或碰到容器壁。为了防止橡胶配合剂的迁移污染，应避免不同配方的试样在同一容器内进行试验。

(2) 仪器预热、进行测试 接通电源，使加热恒温控制系统运转，当介质预热到工作温度后，将装有试样的容器放进加热介质中，当试验温度恒定时，用加压氧气将容器中的空气排出，按此重复两次。然后再充入氧气，当氧气压力达到 2.1MPa 时，开始计算老化时间。试验达到规定时间，从容器中取出试样之前，要求至少用 5min 时间缓慢地、均匀地把容器压力降至常压，以避免试样可能产生气孔。从容器中取出的试样不要再做机械的、化学的或热的处理。

(3) 状态调节 老化后的试样在测试性能前，应按有关规定进行状态调节至少 16h，但不得超过 96h。

(4) 性能测试 试样进行性能测试，除非另有规定，一般测定拉伸强度、定伸应力、扯断伸长率和硬度等性能。试样拉伸性能和硬度测定应分别按 GB/T 528—2009 和 GB/T 531.1—2008、GB/T 531.2—2009 的有关规定进行。

3. 试验结果表示

试验结果以试样的性能变化率表示，按下式计算：

$$P = \frac{A-O}{O} \times 100\%$$ (8-5)

式中，P 为试样性能变化率；O 为未老化试样的性能初始值；A 为老化后试样的性能测定值。

硬度变化差值计算：

$$H_P = H_A - H_0$$ (8-6)

式中，H_P 为老化后的试样硬度变化差值；H_0 为未老化试样的硬度初始值；H_A 为老化后试样的硬度测定值。

三、塑料或橡胶在恒定湿热条件下的暴露试验

湿热暴露试验是一种塑料或橡胶加速老化试验方法。在某些特定的环境中，如地下工厂、高湿热厂房、通风不良的仓库等，材料的湿热老化更明显。因此用湿热暴露试验以加速塑料或橡胶的老化并测定其暴露前后的性能或外观变化，用以评价塑料或橡胶的耐湿热老化性能是具有重要意义的。我国湿热老化试验方法有：GB 12000—2003《塑料暴露于湿热、水喷雾和盐雾中影响的测定》及 GB/T 15905—1995《硫化橡胶湿热老化试验方法》。

1. 试验原理与方法要点

原理：将材料暴露于潮湿的热空气环境中，经受湿热作用一般会发生性能变化，通过测定在规定环境条件下暴露前后的一些性能或外观变化，可评价材料的耐湿热性能。

(1) 试验装置 主要设备为湿热试验箱，应具有以下技术条件。

① 设有温度、湿度调节和指示仪表，缺水保护和报警系统；并设有照明灯和观察门（窗）。

② 温度可调范围为 40~70℃，温度均匀度小于（等于）1℃波动度，相对湿度可调范围为 80%~95%。

③ 温度容许偏差±2.0℃，相对湿度容许偏差$^{+2}_{-3}$%。

④ 有效空间内任何一点均要保持空气流通，但风速不能超过 1m/s。

⑤ 冷凝水不允许滴落在工作空间内。

(2) 试验条件

① 温度（40±2）℃（为加速老化，温度可适当提高，但不得超过 70℃），相对湿度为 93％，容许偏差$^{+2}_{-3}$％，也可按有关技术规范及各方面协议规定。

② 试验周期根据材料的用途确定选取，也可预定出性能终止值再选取周期，一般周期数不少于 5 个，周期划分可用以下两类。

第一类：24h、48h、96h、144h、168h；

第二类：1 周、2 周、4 周、8 周、16 周、26 周、52 周、78 周。

③ 试验用水应为去离子水或蒸馏水。

④ 状态调节：温度（23±2）℃、相对湿度（50±5）％和气压为 86～106kPa 的条件下处理至少 86h。或按协议调节。

（3）试样　模塑或挤塑材料，试样应是边长（50±1）mm、厚为（3±0.2）mm 的正方体，也可用相同表面积的矩形试样。而对于板材或片材，试样应是边长为（50±1）mm 的正方体，也可用相同表面积的矩形试样，厚度小于或等于 25mm；若厚度大于 25mm，应从一面机械加工成 25mm 厚的板。也可直接用成品或半成品，但尺寸应符合模塑或挤塑材料的要求。试样数量由有关性能测试方法和测试周期数等决定。

2. 试验步骤

（1）调节试验箱　按试验条件①的要求调节湿热试验箱温度及湿度。

（2）投放试样　为免试样放入湿热箱时表面产生凝露，试样投放前先放在有空气对流的烘箱中，在试验温度下放置 1h，然后立即投入湿热箱中。试样悬挂或放在试样架上，但不能超出工作空间，在垂直于主导风向的任意截面上，试样截面积之和不大于该工作室截面的 1/3，试样之间间距不得小于 5mm，不能互相接触。

（3）周期取样　按规定试验周期依时取样，直至试验结束，取样要快，尽可能不影响试验箱的温度与湿度。

（4）暴露后的处理　暴露后的试样放入（23±2）℃的密闭容器中，以尽可能保持试样的原有水分含量，通常 4h 后可进行性能测定。为了测定暴露前后性能变化，应将试样经干燥或恢复到暴露前状态调节，如进行干燥处理，把试样放入（50±2）℃烘箱干燥 24h 后，再放入干燥器中冷却到（23±2）℃。

（5）性能测定

① 质量变化：测试前试样经状态调节后，测其质量得 m_1；经暴露处理后，测其质量得 m_2；将经暴露处理后的试样干燥处理后，测其质量得 m_3；测定值准确到 0.001g。

② 尺寸变化：将暴露前的试样经状态调节后，对每个试样测出 4 个标记点的厚度，计算平均值 $\bar{d}_1$；测定正方体或矩形的四条边，计算出长和宽的平均值（长 $\bar{L}_1$ 和宽 $\bar{b}_1$）。暴露后的试样同样测出以上数值（$\bar{L}_2$、$\bar{b}_2$、$\bar{d}_2$），经干燥后同样测出 $\bar{L}_3$、$\bar{b}_3$、$\bar{d}_3$。

③ 目测外观变化：包括翘边、卷曲、分层、颜色变化、色泽变化、龟裂、开裂、起泡、增塑剂胶黏剂渗出、固态组分起霜以及金属组分侵蚀等。

④ 物理性能的变化：包括机械性能、光学性能和电性能，按有关物性测试方法进行。

3. 结果表示

① 以单位面积上的质量变化来表示：

$$\frac{m_2-m_1}{s} \tag{8-7}$$

$$\frac{m_3-m_1}{s} \tag{8-8}$$

式中，m_1 为暴露前试样的质量，g；m_2 为暴露后试样的质量，g；m_3 为暴露后经干燥的试样质量，g；s 为试样暴露前的总面积（包括试样的侧面），m^2。

② 以质量变化率表示：

$$\frac{m_2-m_1}{m_1}\times100\%\tag{8-9}$$

$$\frac{m_3-m_1}{m_1}\times100\%\tag{8-10}$$

式中，符号同前。

③ 以尺寸变化率表示，用下面的公式计算：

$$\frac{\bar{b}_2-\bar{b}_1}{b_1}\times100\%\tag{8-11}$$

$$\frac{\bar{L}_2-\bar{L}_1}{\bar{L}_1}\times100\%\times\frac{\bar{d}_2-\bar{d}_1}{d_1}\times100\%\tag{8-12}$$

$$\frac{\bar{L}_2-\bar{L}_1}{\bar{L}_1}\times100\%\tag{8-13}$$

$$\frac{\bar{b}_3-\bar{b}_1}{\bar{b}_1}\times100\%\tag{8-14}$$

$$\frac{\bar{d}_3-\bar{d}_1}{\bar{d}_1}\times100\%\tag{8-15}$$

式中，$\bar{b}_1$、$\bar{b}_2$、$\bar{b}_3$、$\bar{L}_1$、$\bar{L}_2$、$\bar{d}_1$、$\bar{d}_2$、$\bar{d}_3$ 均为试样尺寸，mm。

④ 性能变化以性能变化率表示：

$$P=\frac{A-O}{O}\times100\%\tag{8-16}$$

式中，P 为试样性能变化率；O 为未老化试样的性能初始值；A 为老化后性能的测试值。

4. 影响因素

(1) 试验装置　试验装置恒定湿热的技术要求是保证试验结果的重要条件，操作时要保持温度、湿度相对稳定，不超过允许偏差；对均匀度及波动度也要严格控制。

(2) 环境温度　湿热老化的环境试验温度对老化是有明显影响的。当温度升高时，水分子的活动能量将增大，同时高分子链热运动亦加剧，造成分子间隙增大，有利于水渗入，材料湿热老化将加速。因此为加速试验，可适当提高环境温度（一般不超过 70℃）。

(3) 试样　该实验的试样可直接用模塑的方法取得，也可用机械加工的方法获得，但试样表面的平滑程度对测试结果有较大影响，如表面较粗糙，试样的表面积加大，会造成单位面积上质量的变化减小，同时吸湿量加大。因此，此方法不适用于多孔材料。

(4) 测试性能的选择　不同材料、不同性能的指标变化对湿热敏感度不同，例如 PC 试样，经湿热暴露后的质量及尺寸变化均不明显，但样品颜色明显变深。而 PS 试样则产生气泡，聚酯试样则伸长率变化较大。因此试验时要根据不同材料选择适当的性能或尺寸、外观变化结果来评价其耐湿热性能。

第三节　硫化橡胶耐臭氧老化试验

本节介绍的是硫化橡胶在动态拉伸变形下的耐臭氧老化性的试验法。此方法适用于硫化橡胶在动态拉伸变形下，暴露在含有一定浓度臭氧的空气和一定温度且无光线直接影响下的环境中进行的试验。

一、试验原理

将硫化橡胶试样在连续的动态拉伸变形下，或在间断的动态拉伸与静态拉伸交替的变形下，暴露于密闭无光照的含有恒定臭氧浓度的空气和恒温的试验箱中，按预定时间对试样进行检测，从试样表面发生的龟裂或其他性能的变化程度，以评价橡胶的耐臭氧老化性能。

二、试验方法及设备

1. 试验装置

（1）试验箱　试验箱里面是密闭的、无直接光照的（除间歇使用的照明灯外），留有可安置试样进行老化试验的空间，容积不小于 $0.1m^2$，能恒定控制试验温差 $\pm 2°C$。箱室的内壁、导管和安装试样的夹具等装置，应使用不易被臭氧腐蚀或不易分解臭氧和影响臭氧浓度的材料制成。在试验箱的门上可设一个透明窗口，用以观测箱内试样的表面变化。

（2）臭氧发生器　可以采用下列装置中的一种发生臭氧。

① 紫外光灯。

② 无声放电管。当采用无声放电管时，为了避免产生氮氧化合物，最好使用氧气。含臭氧的氧气或空气可用空气稀释以达到所要求的浓度。用以产生臭氧或稀释用的空气，应先通过活性炭净化，并使其不含有影响臭氧浓度或臭氧测定的污染物。

从发生器出来的含臭氧的空气须经过一个热交换器，将其调节到试验所规定的温度后才输入试验箱内。

③ 动态拉伸装置。动态拉伸装置由固定部件和往复运动部件组成。应用不易被臭氧腐蚀或分解的材料制造。两部分均装有试样夹具，每个试样的一端夹紧在固定夹具上。行程应从上下夹具之间试样拉伸变形为零的最小间距开始，直至达到规定的最大拉伸变形时的最大间距为止。

往复运动部件的运动应为直线运动，且在各对夹具的共同中心线的方向上进行。在整个运动过程中，上下两层夹具的对应平面，应保持相互平行。通过机械装置使每层夹具的平面绕同一中心轴作水平匀速的旋转，其转速约为 2 周/min。带动往复运动部件的偏心轮则由一规定拉伸频率的恒速电动机驱动。

夹具应能牢固夹紧试样，无打滑或撕裂现象，并且能将试样调整到规定的位置。每个试样的安装应使其四周同含臭氧的空气接触，而且试样的长度方向要跟气流方向基本一致。

2. 试样

试样的制备应符合有关规定。试样的形状规格应根据评价指标来选定。评价臭氧龟裂的试样采用矩形试样，评价拉伸性能变化率的试样采用哑铃形试样。矩形试样的规格为：长度 (100 ± 10) mm（夹具间的有效长度不小于40mm），宽度 (10 ± 0.5)mm，厚度 (2 ± 0.2) mm。若做断裂试验时，建议采用宽度 (5 ± 0.2)mm，厚度 (2 ± 0.2)mm，或宽度 (10 ± 0.5) mm，厚度 (1 ± 0.1)mm 的矩形试样。哑铃形试样的规格应符合 GB 528 的有关规定，最好采用第一种类型的试样。

试样的数量应根据观测的指标和周期数来预定。每一试验条件一般不少于三个试样。试样表面应平整、光滑、干净，无明显的杂质和析出物，无机械损伤或其他缺陷。不合要求的试样不能做试验，不同规格试样的试验结果不能作比较。

3. 试验条件

（1）臭氧浓度　试验的臭氧浓度一般为体积分数 $(50\pm 5)\times 10^{-8}$。如要求较低的臭氧浓度，建议采用体积分数为 $(25\pm 5)\times 10^{-8}$。

对较耐老化的硫化橡胶进行试验时，建议采用较高的臭氧浓度，其体积分数为 $(100\pm10)\times10^{-8}$、$(20\pm20)\times10^{-8}$、$(500\pm50)\times10^{-8}$、$(1000\pm100)\times10^{-8}$，允许偏差为 $\pm10\%$。

(2) 温度　优先选用的试验温度为 $(40\pm2)℃$；根据使用环境或设备的控温条件，也可选用其他试验温度，如 $(30\pm2)℃$ 或 $(23\pm2)℃$，但不应高于 60℃。

(3) 相对湿度　除特殊要求的试验外，含臭氧空气的相对湿度一般不应超过 65%。

(4) 气体流速　试验箱内含臭氧空气的流速，平均应不小于 8mm/s，最好在 12～16mm/s 之间。

(5) 最大伸长率　试样动态拉伸循环试验的最大伸长率，应根据硫化橡胶的实际使用状态来选取。通常按以下的最大伸长率范围选用一种或多种进行试验：$(5\pm1)\%$、$(10\pm1)\%$、$(15\pm2)\%$、$(20\pm2)\%$、$(25\pm2)\%$、$(30\pm2)\%$。

如仅用一种最大伸长率时，建议采用 10%。

(6) 动态拉伸频率　除非另有规定，试验的动态拉伸频率应为 $(0.5\pm0.025)Hz$。

(7) 试样的状态调节　试样在试验之前的环境调节，应按 GB/T 2941—2006 的有关规定进行。试样在臭氧老化之前的恒温调节，应在试验箱中规定的试验温度下静置 15min，然后才输入臭氧进行试验。

不同试验条件的试验结果不能作比较。

4. 试验步骤

① 按试验要求调节好试验箱内的温度、臭氧浓度和气体的流速（或流量）。

② 在动态试验装置上，将每个试样按无应变状态夹紧，移动装置的往复运动部分，按所要求的最大伸长率调整好两夹具之间的最大行程，然后再将往复运动部分移到最小行程的位置，并检查试样回复到无应变的状态。

在试样被夹具夹住的部位需涂上耐臭氧涂料，或覆盖不影响试验的耐臭氧材料等方法防护，以避免试验期间在夹持处断裂。

③ 开动试验箱的孔温装置，使箱中的试样在规定的试验温度下进行恒温调节（静置 15min）。然后开动臭氧发生器和鼓风装置，在箱中输入规定浓度的含臭氧空气与试样接触，启动动态拉伸和转动装置，使试样按规定的频率从零至最大伸长率之间循环拉伸并绕轴心旋转。同时开始计算暴露试验时间。

在试验期间，不允许由于试样永久变形产生的伸长率变化而调整夹具之间的行程。

④ 按规定的试验时间，短暂地停下拉伸和转动的机器，检测试样表面和性能变化。

观测试样表面龟裂，应使试样固定在最大伸长位置，用同一适当光源将试样照亮。通过试验箱上的透明窗口进行观测。如窗口观测有困难，允许将试样从试验箱内短时间移出，在相同最大伸长率下进行观测。用 4～7 倍的放大镜观测试样表面的龟裂变化，用 10～20 倍的读数显微镜观测和评价试样龟裂的等级。

进行检测时，不要触摸和碰击试样。采用不同的工具和方法观测的结果不能比较。动态拉伸试验基本上有两种方式，即连续的方式和间断的方式。可根据需要选用任一方式进行试验。

⑤ 连续动态拉伸试验-A 式　本方式是使试样从伸长率为零至最大伸长率之间连续循环拉伸进行暴露试验。本方式有两种暴露方法可供选用。

Ⅰ A 式-a 法　使试样从零至最大伸长率之间循环拉伸，连续暴露至规定时间后检测试样，记录表面有无裂纹和表面龟裂的等级，或检测其他性能的变化。

如无特别规定，建议试样拉伸的最大伸长率采用 10%，暴露时间定为 72h。如需采用其他较适宜的最大伸长率或暴露时间，应在试验报告中说明。

Ⅱ A式-b法 使试样伸长率从零到按测试条件中规定的一种或多种最大伸长率之间循环拉伸，暴露至适当的间隔时间，如 2h、4h、8h、16h、24h、72h、96h 后检测试样。记录试样表面首先出现裂纹的总时间，或表面龟裂的等级。

也可以根据实际试验的情况和要求，适当缩短或延长暴露时间和检测周期，或根据需要检测其他性能的变化。

⑥ 间断动态拉伸试验-B式 本方式是使试样从伸长率为零至规定的最大伸长率之间往复拉伸下暴露，经一定时间后将试样固定在最大伸长率处，然后在静态拉伸下于相同的含臭氧空气中继续暴露。动态拉伸与静态拉伸交替暴露的时间按试验者的要求周期地循环进行。本方式有两种暴露方法可供选用。

Ⅰ B式-a法 使试样按预定周期经动态拉伸和静态拉伸交替暴露，至规定暴露时间的末了检测试样，记录表面有无裂纹，或表面龟裂的等级。也可以根据需要检测其他性能的变化。

Ⅱ B式-b法 试样拉伸的最大伸长率按试验条件中规定的选用一种或多种。按预定周期进行动态拉伸与静态拉伸交替暴露。选择适宜的间隔暴露时间检测试样变化，直至试样表面出现裂纹，或试样达到新要求的龟裂等级和性能变化指标时，结束暴露试验。

5. 试验结果

试验结果可以用观测的数据或评价指标来表示，根据需要选用。

① 用出裂时间（t_a）来表示，即试样从试验开始至表面裂纹刚出现的总暴露时间。结果取中位数。

② 用断裂时间（t_f）来表示，即试样从试验开始至表面裂纹刚断裂的总暴露时间。结果取中位数。

③ 用龟裂等级来表示，即观测试样在规定拉伸状态下表面裂口的宽度和裂纹的密度，以评定试样龟裂的等级。结果取中位数。

观测和评定试样龟裂等级的方法，参照 GB 11206 的有关规定进行。也可以拍摄照片作比较。

④ 用试样老化性能变化率（老化率 P）来表示，即测定试样老化前后性能（如拉伸性能）的变化，按下式计算出性能变化率：

$$P = \frac{A-O}{O} \times 100\% \tag{8-17}$$

式中，P 为试样性能变化率；O 为未老化试样的性能初始值；A 为老化后性能的测试值。

三、影响因素

1. 臭氧浓度及其流速的影响

浓度越大，老化速度越快，在测试时要选择合适的浓度，一般为 $(50\pm5)\times10^{-8}$。而在试验箱中臭氧的流速大，老化速度也快，要根据试验的材料构成选择合适的流速。在试验中，要保证臭氧浓度和流速的恒定。

2. 温度与湿度的影响

试验温度、湿度一般根据使用环境或设备的控温条件来确定，所选用的温度、湿度不能太高。

3. 最大拉伸率的影响

在选择时要根据硫化橡胶的实际使用状态来选取。

第四节 人工气候及其他老化试验

一、人工气候老化试验

实验室光源暴露试验方法，是采用模拟和强化大气环境的主要因素的一种人工气候加速老化试验方法。它是在自然气候暴露试验方法基础上，为克服自然气候暴露试验周期长的缺点而发展起来的，可以在较短的时间内获得近似于常规大气暴露结果。

在自然气候暴露中，到达地面的阳光，其辐射特性和能量随气候、地点和时间而变化，影响老化进程的因素除太阳辐射外，还有许多因素，如温度、温度的周期性变化及湿度等。而人工气候老化测试是试样暴露于规定的环境条件和实验室光源下，通过测定试样表面的辐照度或辐照量与试样性能的变化，以评定受试材料的耐候性。因此实验室光源与特定地点的大气暴露试验结果之间的相关性只适用于特定种类和配方的材料及特定的性能。

根据光源的不同，实验室光源暴露试验方法又分为三种：开放式碳弧灯法、氙弧灯法及荧光紫外灯。

1. 试验原理及要点

（1）原理 试样暴露于规定的环境条件和实验室光源下，通过测定试样表面的辐照度或辐照量与试样性能的变化，以评定材料的耐候性。

进行试验时，建议将被试材料与已知性能的类似材料同时暴露。暴露于不同装置的试验结果之间不宜进行比较，除非是被试材料在这些装置上的试验重现性已被确定。

（2）试验装置

① 试验箱 也称人工气候箱，见图 8-3，虽有不同类型，但均应包括以下规定的几点要素。

图 8-3 人工气候老化试验设备

a. 光源 光源是暴露试验的辐射能量源，它是决定模拟性的关键因素，光源应使试样表面得到的辐照度符合各种光源暴露试验方法的要求，并保持稳定。

b. 试样架 用于安放试样及规定的传感装置；试样架与光源的距离应能使试样表面所受到的光谱辐照均匀和在允许偏差以内。规定的传感装置可用于监控辐照功率和调节发光使辐照度波动最小。

c. 润湿装置 给试样暴露面提供均匀的喷水或凝露，可使用喷水管或冷凝水蒸气的方法来实现喷水或凝露。

　　d. 控湿装置　控制和测量箱内的相对湿度，它由放置在试验箱空气流中，但又避免直接辐射和喷水的传感器来控制。

　　e. 温度传感器　测量及控制箱内空气温度，并可感测和控制黑板传感器的温度。使用的温度计应为黑标准温度计或黑板温度计。温度计应安装在试样架上，使它接受的辐射和冷却条件与试样架上试样表面所接受的相同。

　　黑标准温度计与试样在相同位置接受辐射时，近似于导热性差的深色试样的温度。黑板温度计则由一块近似于"黑体"吸收特性的涂黑吸收金属板组成，板的温度由热接触良好的温度计或热电偶指示。相同操作时所示温度低于黑标准温度。

　　f. 程控装置　设备应有控制试样湿润或非湿润时间程序及非辐射时间程序装置。

　　② 辐射测量仪　是一种用光电传感来测量试样表面辐照度与辐照量；光电传感器的安装必须使它接受的辐射与试样表面接受的相同。如果光电传感器与试样表面不处于同一位置，应必须有一个足够大的观测范围，并校正它处于试样表面相同距离时的辐照度。辐射仪必须在使用的光源辐射区域内校正。

　　当进行辐照度测量时，必须报告有关双方商定的波长范围。通常使用 300～400nm 或 300～800nm 范围内的辐照度。

　　③ 指示或记录装置　试验有关操作要素的指示与记录。

　　2. 试验条件

　　人工气候暴露试验条件选择主要包括：光源、温度、相对湿度及喷水（降雨）周期等，现就它们的选择依据及一般确定方法简介如下。

　　(1) 光源　选择原则是要求人工光源的光谱特性应与导致材料老化破坏最敏感的波长相近，并结合试验目的和材料的使用环境来考虑。

　　(2) 温度　空气温度的选择，以材料使用环境最高气温为依据，比其稍微高一些，常选 50℃ 左右，黑板温度的选择，是以材料在使用环境中材料表面最高温度为依据，比其稍微高一些，多选（63±3）℃。

　　(3) 相对湿度　相对湿度对材料老化的影响因材料品种不同而异，以材料在使用环境所在地年平均相对湿度为依据，通常在 50%～70% 范围选择。

　　(4) 降雨（喷水）或凝露周期　降雨（喷水）条件的选择，以自然气候的降雨数据为依据。国际上降雨（喷水）周期［降雨（喷水）时间/不降雨（喷水）时间］多选 18min/102min 或 12min/48min，也有选 3min/17min 及 5min/25min 的。

　　人工老化降雨（喷水）采用蒸馏水或去离子水。

　　3. 试样

　　(1) 形状与制备　试样的尺寸是根据暴露后测试性能有关试验方法要求确定的。某些试验，试样可以以片状或其他形式暴露，然后按试验要求裁样。对粒状、粉片状、粉状或其他原料状态的聚合物树脂等，则应拟用于加工该材料的方法制样。如果受试材料是挤塑件、模塑件、片材等，试样可以从暴露后的制品上裁取。

　　(2) 试样数量　试样数量对每个试验条件或暴露阶段而言，由暴露后测试性能的试验方法确定。以此乘以暴露阶段数并加上测定初始值的需要量可确定所需试样总数。如果有关试验方法没有规定暴露试样数量，则每个暴露阶段的每种材料至少准备三个重复试验的试样，每个暴露试验应包括一个已知耐候性的参照试样。

　　(3) 储存和状态调节　试样在测试前要进行适当的状态调节。对比试样应储存在正常实验条件下的黑暗处，温度为 23℃、相对湿度为 50%、气压为 86～106kPa、时间不低于 88h，对储存于黑暗中改变颜色的试样，暴露后要尽快目测颜色变化。

4. 测试步骤

（1）固定试样　将试样以不受应力的状态固定于试样架上，在非测试面作标记，如果需要进行试样的颜色和外观变化试验时，为了便于检查试验的进展情况，可用不透明物盖住每个试样的一部分，以比较盖面与暴露面之间的变化差异。

（2）暴露　在试样放入试验箱前，应将设备调整并稳定在选定的试验条件下，并在试验过程中保持恒定。在暴露中应以一定次序变换试样在垂直方向位置，使每个试样面尽可能受到均匀的辐射。

在试验中，要用干净、无磨损作用的布定时清洗滤光片，如出现变色、模糊、破裂时，应立即更换。

（3）辐照量测定　使用仪器法测量辐照量，辐射仪的安装位置应使它能显示试样面的辐射。在选定的波段范围内，暴露阶段最好用单位面积的入射光能量（J/m^2）表示。

（4）试样暴露后的测定　颜色及外观变化用目测或仪器检测来评定暴露前后试样表面的龟裂、斑点、颜色变化及尺寸稳定性。

力学等性能变化的测定：按有关测试标准或有关协议，在相同条件下测定暴露前后的试样性能变化。

（5）试验的终止　以某一规定的暴露时间或辐射量，或以性能变化至某一规定值时停止试验。

5. 影响因素

（1）光源及滤光片的影响　氙弧灯在近红外区氙弧辐射很高，发热明显，易造成试样过热。氙灯与碳弧灯的玻璃滤光套（片）在使用过程中也会老化变质或积垢，应经常清洗保洁，并使用 2000h 后即更换。

为了保证试验数据可靠，再现性好，光源发射的光谱强度应稳定。氙灯及荧光灯的使用过程中随点燃时间的增长而逐步老化、变质，使辐照度衰减。因此，应按有关试验方法规定定期更换新灯。光源电流或电压的变化会引起光源辐照度的波动，辐照度随电功率的增大而升高，因此要求光源的电流、电压应保持稳定。

（2）受试温度　试样的辐照温度不可选得过高，特别是对易于被单纯热效应引起变化的材料。因在此种情况下，试验表示的结果可能不是光谱暴露的效应而是热效应。选用氙弧灯要注意防止试样过热，必须有冷却装置，选用开放式碳弧灯，要加强空气流动以免温升过快。

正确选择光源的光谱能量分布及试验温度，既能产生加速作用，又可避免由于异常辐照度或高温而导致的反常结果。另外由于选择的试样架的不同，特别是在有背板的暴露形式，对透明性的试样，试验结果会有较大影响。

二、其他方法的简介

1. 塑料在玻璃板过滤后的阳光下间接暴露试验方法

标准 GB/T 3681—2011 即为塑料在玻璃板过滤后的阳光下间接暴露的试验方法，除暴露装置与直接自然气候老化法有所不同外，其暴露方位、场地条件、试样、气象观察等均与直接自然气候老化法要求相同。其原理是：日光的近紫外区（300～400nm）辐射是引起老化的主要因素，经玻璃过滤后的日光从 370～830nm 波长范围内的透过率大约还有 90%，仍能使塑料发生老化。塑料的耐老化性能可以用塑料在玻璃板过滤后的日光下经过一定暴露阶段后的性能变化来表示。

它与直接自然气候老化法存在一定的区别，直接自然气候老化法的暴露架是无底无盖的直接暴露试验架，而它有一个玻璃罩顶盖于支撑屏上。暴露箱的上侧面开有通风孔，并用耐腐蚀金属网罩住。暴露箱安装在支架上，然后再放置在暴露场，支架最低点高出地面约

760mm。顶盖所用玻璃应是平直、均匀透明无缺陷的材料。作为建筑用窗玻璃的间接暴露试验，顶盖推荐用 2～3mm 厚度的单向玻璃，它在 370～380nm 波长的可见光谱范围内透过率应约为 90%，在 310nm 以下的透过率应小于 1%。一般顶盖玻璃应两年内更换一次，以保持其透过性能。

2. 塑料长期受热作用后的时间-温度极限的测定

（1）原理

① 测定失效时间：在选定温度下，测定所选性能的数值变化，作为时间的函数。继续该步骤直至达到相应性能临界值，得出特定温度下的失效时间。

② 测定温度指数 TI：温度指数是由耐热关系推导得到的某个指定时间下的相应摄氏温度值。它是以失效时间对暴露温度值的倒数作图，该图线与选定时间极限（通常为 2000h）的交点，即为寻求的温度指数。

③ 测定相对温度指数 RTI：相对温度指数是在对比试验中，将参考材料与被试材料进行相同的老化和检测步骤，在对应参考材料的已知温度指数的时间获得的被试材料的温度指数。参考塑料的类型应该与试验塑料相同，并有满意的使用历史。它应该有一个已知的温度指数，并且该指数所采用的性能临界值与 RTI 试验所采用的相同或至少相类似。

（2）方法要点

① 试验设备　热老化箱应在技术条件上满足放样空间温度均匀性 100℃ 以下为 ±1℃，100℃ 以上不大于 1%，有强制循环式风机，换气率可调，自动控温及防超温装置能适用于空气或其他环境的要求。

② 试样　试样的尺寸和制备方法应符合有关选定性能的测试标准。实际试样数量还应考虑保险备用量。

③ 操作要点

a. 除了在热老化化温度下暴露试样外，应另保存适量试样备用，以用于因精确度而要求增加热老化温度的情况下，或作为参考材料。

b. 在实验前对试样作状态调节，并按有关标准先测试试样的初始性能。

c. 将试样（按所需数）放入恒定于选定温度的老化箱中，其间应保持足够的间隔。不同材质试样若可能发生污染时，则不能同时放入同一老化箱。进行试验时要适当鼓风保持一定的换气率。

d. 按预先确定的试验周期，依时从热老化箱中取出试样按标准测试性能。继续试验直至所选性能达到或稍小于相应的临界值为止。

④ 结果说明　以选定的性能值对受热时间的对数作图，得到性能-时间曲线，可以确定各温度下的临界时间。

3. 高聚物多孔弹性材料加速老化试验

（1）试验装置

① 热老化烘箱　有强制循环，并能保持所需的温度在 ±1℃；最好是能连续记录温度。

② 湿气老化仪　应使试样的总体积不超过其自由空间的 10%，且试样无拉伸变形，试样的各边自由暴露在老化空气中且无光照。

③ 蒸汽硫化罐或类似的容器　能保持所需的温度误差在 ±1℃ 内，且能承受 300kPa 的绝对压力。

④ 玻璃容器　带有一合适的密封罩和用于容器加热的水浴和烘箱，具有保持所需温度在 ±1℃ 内的能力。

⑤ 各种物理性能测试的仪器

（2）试样　试样的数量、规格和形状应根据评价指标和相应的检测标准的要求来选取。

如评价拉伸性能变化的试样，宜用规定的哑铃形试样。

除非能证明试验材料在制造后 16h 或 48h 平均结果与 72h 后所获得的平均结果差异不会超过±10%，否则在制造后 72h 内，材料不得用于试验。如果在规定的时间内达到了以上要求，则试验条件在制造后 16h 或 48h 时允许进行试验。

在试验前试样应在以下环境条件之一至少调节 16h，且试样不得弯曲、变形。

① 23℃±2℃，相对湿度 50%±5%。

② 27℃±2℃，相对湿度 65%±5%。

（3）试验步骤

① 热空气老化 几种物质老化温度：聚烯烃为 70℃，胶乳为 70℃或 100℃，聚氨酯为 125℃或 140℃。老化时间为 16h、22h、72h、96h、168h、240h 或为 168h 的倍数，允许其误差为±5%，但不能超过 4h。

② 湿气老化 使用 100% 的相对湿度或饱和蒸汽。老化的温度和时间见表 8-4。

表 8-4　老化温度和时间

材料	条件
聚氨酯（所有类型）	85℃时老化 20h 或 105℃时老化 3h
聚氨酯（聚醚型）	120℃时老化 5h

温度误差为±2℃；老化时间公差为±5%，但不得超过±2h。老化时间是从容器内的空气被水蒸气（或蒸汽）取代时的时间算起。

在该耐水解试验中，选用 105℃是因为该温度为密封容器所要求，这使条件控制比选择 100℃更好；而选用 120℃是因为在该温度下已积累了大量试验数据，而选择 125℃则几乎没有任何参考数据。

老化试验后，进行湿气老化的试样每 25mm 厚度应在 70℃±2℃时至少干燥 3h，然后在 23℃±2℃、相对湿度 50%±5% 或 27℃±2℃、相对湿度 65%±5% 的环境下每 25mm 厚度重新停放 3h；重新停放以后，测量老化试样的性能。

石油分析领域的先驱——陆婉珍院士

陆婉珍院士（1924.9.29—2015.11.17），祖籍上海川沙县，1946 年中央大学化工系毕业，1949 年获伊利诺伊大学化学硕士学位，1951 年俄亥俄州立大学化学博士学位，1952～1953 年在美国西北大学从事博士后研究工作，随后在美国玉米产品精制公司任研究员。

1955 年她与丈夫闵恩泽毅然放弃在美国的优越生活和科研条件，克服重重困难，几经辗转回到祖国。回国后，历任石油化工科学研究院分析研究室主任、院副总工程师、总工程师、学位评定委员会主任等职务，1983 年获全国"三八红旗手"称号，1991 年被国务院批准享受政府特殊津贴，1991 年当选为中国科学院院士。

陆婉珍院士是我国石油分析学科的开拓者。她从回国起到之后的半个多世纪里，一直从事与炼油和化工有关的分析工作。她在石油分析研究室内相继组建了原油评价、重油组成、轻油组成、气体组成、光谱分析和元素分析等课题组，搭建起了较为完整的油品分析技术平台。从 20 世纪 60 年代初开始，该平台在喷气燃料会战、炼油技术的研究开发、原油加工方案制定等重大科研工作中发挥了重要作用；20世纪60年代，她利用气相色谱技术发现并解决了我国第一套催化重整工业装置遇到的重大产品质量问题，对装置的顺利投产起到了关键的作用。在此基础上，她主持编制了《近代仪器分析在石油工业中的应用》《重整分析方法汇编》和《石油化工分析方法汇编》等著作。

1979年，国外发表的一篇制作石英毛细管柱的报道，引起了陆婉珍的高度关注。1980年，陆婉珍带领科研人员在我国首次开发出了弹性石英毛细管色谱柱，这是我国气相色谱技术发展的一个里程碑。随后，针对复杂炼厂气和汽油中不同烃类组成，她又指导研究生研制出了多孔层毛细管柱和填充毛细管柱，为我国重大新型炼油工艺的开发及时准确地提供了分析数据；她带领科研人员解决了液相色谱中定量检测的问题，可对分离所得的各类烃类直接进行定量分析，之后又在液相色谱柱研制方面做了大量有创新性的研究和应用工作。

陆婉珍长期主持我国原油评价工作，逐步建立了完整的原油评价体系，并对我国发现的各种原油进行了科学系统的评价，组织汇编了8册《中国原油评价》。这些系统、完整的评价数据对合理利用我国原油资源起了重要作用。针对原油及其馏分油中的非碳氢元素定量分析问题，成功研制出电量法测定硫、氮、氯、水、盐和痕量砷的分析技术，为工艺过程的控制作出重要贡献，填补了我国的技术空白，其中的不少方法都具有创新性，处于当时国际先进水平。

陆婉珍是我国公认的近红外光谱学科的创始人之一，也是我国近红外光谱技术的领路人。为推动近红外光谱技术在我国的发展，她培养近红外光谱专业研究生，撰写综述性论文，组织编写近红外专著，倡议召开全国性学术会议，领导成立近红外光谱学会，召集筹备香山科学会议，设立近红外光谱奖项，处处体现出一位科学家的远见卓识与智慧。她胸怀宽广，只要有利于我国近红外光谱事业发展的科研项目、奖励、出版基金和学术活动，她都欣然推荐，用实际行动影响并团结着广大近红外科技工作者。她还做了大量的技术咨询和顾问工作。她高瞻远瞩，传授知识从不保守，深受近红外同行的尊敬与爱戴。今天，我国在近红外光谱技术研发和应用领域呈现出的欣欣向荣局面，与陆婉珍院士的辛勤开拓和耕耘是密不可分的。

资料引自：褚小立．陆婉珍——石油分析领域的先驱 [J]．创新时代，2016，4：34-39.

复 习 题

1. 影响塑料自然气候老化的主要因素是什么？
2. 为什么自然气候老化的重现性较差？
3. 评价橡胶老化性能的指标有哪些？
4. 影响塑料人工气候老化的主要因素是什么？
5. 硫化橡胶耐臭氧动态拉伸试验的条件是什么？
6. 臭氧老化试验的影响因素有哪些？

第九章

其他性能测试

学习目标

　　掌握高分子材料的光性能、燃烧性能、电性能、耐介质性能的测试方法和测试标准，了解各种因素对所测试性能的影响。

第一节　光　学　性　能

　　材料的光学性质包括材料对光的透过性、折射率等。聚合物材料多数不透明。少数高分子材料透明或半透明。具有优良透明度的高分子材料，可用来代替玻璃用于光学系统，如有机玻璃用于飞机座舱、仪表板面，环氧树脂、有机硅胶用于新型光源 LED 的透明封装；人们佩戴的眼镜片也越来越多地使用聚酯类的光学树脂。

　　许多透明的聚合物都是无定形结构，结晶聚合物通常是半透明或不透明的。透明度的损失源于材料内部折射指数不均匀性产生的光散射。即：高分子的结晶晶体之间混杂非晶体，二者的密度有差异，折射率不同，光在材料中通过时在每个晶体界面上都有折射和反射的损失，所以一般来讲，高分子材料的结晶度越大，透明度越差。但结晶塑料的透明度可以通过淬火或无规共聚的方法来加以改善。

　　用于光学系统的塑料都要求对其透光率、雾度及折射率进行测定。同时为了控制树脂的质量，对于一些树脂要求测其白度、色泽，而对于透明材料还需要测量其黄色指数。本节介绍折射率、透光率和雾度等参数的测定方法。

一、折光性能及其测试方法

1. 定义

　　材料的折光性能主要以折射率来表示，折射率也称为折射率或折光指数，是表明透明物质折光性能的重要光学性能常数。

折射现象

　　光在不同介质中的传播速率不同，当光由第 1 介质进入第 2 介质的分界面时，即产生反射及折射现象，如图 9-1 所示。入射光夹角正弦与折射角的正弦之比，称为折射率（相对折射率）见式（9-1）：

$$N_D = \sin i / \sin r \tag{9-1}$$

　　式中，N_D 为介质 1 与 2 的相对折射率；i、r 为光线入射角和折射角。

　　当光线从真空入射到介质分界面时，入射光与法线夹角（入射角 i）的正弦与折射光线与法线夹角（折射角 r）的正弦的比值称为该介质的绝对折射率，即：

$$N = \sin i / \sin r \qquad (9\text{-}2)$$

对于光线从介质 1 中入射到介质 2 中的相对折射率，有下式存在：

$$N_{21} = N_2 / N_1 = v_1 / v_2 = \sin i / \sin r \qquad (9\text{-}3)$$

式中：N_1，N_2 分别为介质 1 与 2 的绝对折射率；v_1，v_2 分别为光在介质 1 与 2 中的传播速度；i、r 分别为光线的入射角和折射角。

实际应用中，一般不用绝对折射率，而采用相对于空气的折射率。空气的绝对折射率为 1.00029，常取值为 1。由于光在空气中的传播速度最快，因此，任何物质的折射率都大于 1；水的折射率 $n_D^{20} = 1.3330$。

折射率是有机化合物的重要物理常数

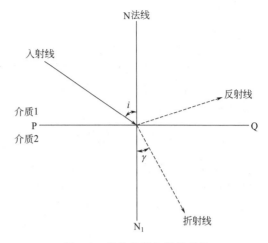

图 9-1 光的反射与折射现象

之一，作为液体化合物纯度的标志，比沸点更可靠。通过测定溶液的折射率，还可定量分析溶液的浓度。

2. 折射率测试方法

折射率的测定有两种方法：一种是折射仪法，另一种是显微镜法，折射仪法精确度较高。下面介绍折光仪法。

（1）测试原理 光线从介质 1 射入到介质 2 在交界处发生折射，并遵循折光定律，参见图 9-1。当光从光密介质射入光疏介质，则入射角小于折射角，调整入射角，可使折射角为 90°，此时的入射角称为临界角。用阿贝折射仪测定折射率就是测定临界角，从而测出被测物的折射率。

折射率
测试原理

（2）测试仪器 最常用的阿贝折射仪，主要结构由光学系统、机械系统两部分组成。

① 光学系统 光学系统中有望远镜系统和读数系统；

② 机械系统 如底座、棱镜转动手轮等。

附属部分还必须有光源系统和恒温系统。用阿贝折射仪通常可测定浅色、透明、折射率在 1.3000～1.7000 范围内的物质的折射率。除了阿贝折射仪外还有其他类型仪器如 V 型棱镜折射仪等。

（3）测试步骤

① 试样制备，测试固体试样必须先制好样，试样可以采用任何尺寸，但试样与折射仪棱镜接触的表面必须平整并经过抛光。塑料片与棱镜接触的一面必须平整经抛光。

② 恒温，开启仪器光源，调整入射光反光镜使目镜和读数镜的视场明亮，使光源稳定；将恒温水浴与棱镜组相连，调节水浴温度，使棱镜温度保持在 (20.0±0.1)℃或规定温度。

③ 折射仪校准，通常用蒸馏水来进行校正，当测量折射率读数较高的物质时，通常用具有精确折射率的标准玻璃块加上溴代萘作接触剂来校正。

④ 试样测定，校准完毕后，拭净镜身各机件、棱镜表面并用乙醚或无水乙醇清洗，将透明试样在抛光面涂一点儿 α-溴萘使之贴在上棱镜表面，旋转棱镜，锁紧手柄。使试样恒温 15min。如果是液体试样，直接滴一滴在棱镜表面，恒温 15min。分别调节补偿旋钮和棱镜旋钮使目镜视野内明暗分界线在十字交叉点上。在读数镜刻度尺上读数，数值即为试样的折射率值。

⑤ 清除试样，用脱脂棉蘸乙醚或无水乙醇清洗棱镜表面，整理仪器结束试验。

3. 折射率测试的主要影响因素

① 随温度升高，物质的折射率下降。因此在测量中，一定要恒温。并且一定要在报告中标识测量的温度条件。

② 由于固体与棱镜表面接触不好，需要加接触液，要求接触液对试样和棱镜无腐蚀和影响，通常接触液的折射率大小介于试样与棱镜的折射率之间。

③ 光源对折射率有影响，所以测定折射率都是用单色光。国标中使用钠光源 D 线。

二、透光性能及其测试方法

材料的透光性能主要是以透光率和雾度来表示的。透光率和雾度是透明材料两项十分重要的光学性能指标。一般来说，透光率高的材料，雾度值低，反之亦然，但不完全如此。有些材料透光率高，雾度值却很大，如毛玻璃。所以透光率与雾度值是两个独立的指标。

1. 定义

(1) 透光率　以透过材料的光通量与入射的光通量之比的百分数表示，通常是指标准"C"光源的一束平行光垂直照射薄膜、片状、板状透明或半透明材料，透过材料的光通量 T_2 与照射到透明材料入射光通量 T_1 之比的百分率，即：

$$T_t = \frac{T_2}{T_1} \times 100\%$$
(9-4)

(2) 雾度　又称浊度，透明或半透明材料不清晰的程度，是材料内部或表面由于光散射造成的云雾状或浑浊的外观，以散射光通量与透过材料的光通量之比的百分率表示。用标准"C"光源的一束平行光垂直照射到透明或半透明薄膜、片材、板材上，由于材料内部和表面造成散射，使部分平行光偏离入射方向大于 $2.5°$ 的散射光通量 T_d 与透过材料的光通量 T_2 之比的百分率，即：

$$H = \frac{T_d}{T_2} \times 100\%$$
(9-5)

2. 透光率和雾度测试方法

高分子材料透光率和雾度是利用雾度计或分光光度计来测定。下面介绍常用的积分球式雾度计。

(1) 测试原理　积分球式雾度计的测试光路示意图见图 9-2；开启仪器，测试入射光量、通过试样的总透光量、仪器引起的光散射量以及仪器和试样共同引起的光散射量，计算出通过试样的总的透光率 T_t、漫散透射率 T_d 和雾度（T_d/T_2）。

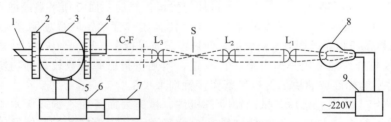

图 9-2　积分球式雾度计原理示意图

1—陷阱；2—标准板；3—积分球；4—试样架；5—光电池；6—控制线路；7—检流计；
8—光源；9—稳压器；L_1、L_2、L_3—透镜；S—光孔；C-F—滤光器

当无入射光时，接受光通量为 0，当无试样时，入射光全部透过，接受的光通量为 100，

即为 T_1；此时用平行光吸收掉，接收到的光通量为仪器的散射光通量 T_3；然后除去光陷阱，放置试样，仪器接受透过的光通量为 T_2；此时若再将平行光用光陷阱吸收掉，则仪器接收到的光通量为试样与仪器的散射光通量之和 T_4。根据测得的 T_1、T_2、T_3、T_4 的值可计算透光率和雾度值。雾度的计算公式为：

$$H(\%)=(T_4/T_2-T_3/T_1)\times100\% \tag{9-6}$$

（2）测试试样　高分子材料如聚苯乙烯、聚碳酸酯、聚甲基丙烯酸酯等的薄膜、片材和板材。试样表面状态（如光滑平整度、缺陷、划痕、污染）影响测试结果；厚度尺寸不同的试样之间的测定结果不能相互比较。

（3）测试方法要点

① 开启仪器，预热至少 20min。

② 校准仪器，放置标准板（或不放置任何遮挡物），光路畅通，调检流计为 100 刻度；放置遮挡板完全挡住入射光，调检流计为 0。反复调 100 和 0 直至稳定，即 T_1 为 100。

③ 放置试样，此时透过的光通量在检流计上的刻度为 T_2。

④ 去掉标准板，置上陷阱，在检流计上所测出的光通量为试样与仪器的散射光通量 T_4。再去掉试样，此时检流计所测出的光通量为仪器的散射光通量 T_3。重复测定 5 片试样。

⑤ 结果计算　按照式(9-5)、式(9-6)计算试样的透光率及雾度；取 5 片试样的算术平均值作为结果，取到小数点后一位。

3. 主要影响因素

（1）光源的影响　光源不同，它的相对光谱能量分布就不同，由于各种透明塑料有它自己的光谱选择性，对不同波长的光，透光率是不相同的。因此同一透明材料用不同的光源测量，所得到的透光率与雾度值是不同的。为了消除光源的影响，国际照明学会规定了三种标准光源 A、B、C，本方法采用了"C"光源。

（2）表面状态的影响　表面状态对透光率和雾度均有影响，尤其对雾度影响较大。表面擦伤和污染均使雾度值增加，对透光率来说，通常使之下降，但有些塑料如 PC、PS，轻微擦伤和污染表面反使之略有增加。这是因为入射光照射到试样上有一部分被反射，轻度擦伤和污染，使反射减少，透过增加之故，如进一步加重，则透光率下降。

（3）试样厚度的影响　试样随厚度增加，透光率下降，雾度增加，这是因为厚度增加，对光吸收增多，因此透光率下降，同时引起光散射就增加，所以雾度增加。

（4）仪器的影响　不同实验室同类仪器，测试结果稍有差别。这主要由仪器误差和操作误差引起。从仪器方面，光源的变化、积分球内表面、标准板及光电池的变化都可能引起误差；从操作方面，主要是读数误差。所以要求严格操作和定期校正仪器。

第二节　塑料燃烧性能

聚合物在一定温度下被加热分解，产生可燃气体，并在着火温度和存在氧气的条件下开始燃烧，然后在能充分供给可燃气体、氧气和热能的情况下，保持继续燃烧。物质燃烧的过程大致可分为 5 个阶段，即加热阶段、热分解阶段、着火阶段、燃烧阶段和传播阶段。显然着火的难易程度和燃烧传播的速度是评价材料燃烧性能的两个重要参数，此外，作为间接的影响，还要考虑燃烧时的发烟、发热及毒性和腐蚀性的影响。

测试材料燃烧性能的方法很多，各试验方法总是以燃烧进行的其中某一因素为主进行测定。由于现有方法大多是为塑料建立的，因而本节主要介绍塑料的燃烧性能测定，橡胶的燃烧性能评价可以此作参考。

评估塑料的燃烧性能最广泛采用的测试方法有闪点测试、燃点测试、水平-垂直燃烧测试、氧指数测试、烟密度测试等。

一、塑料的闪点和自燃点的测定

塑料材料的着火，既是燃烧过程中的一个重要阶段，又是反映材料火灾危险性的一个重要因素。着火受材料的以下性质决定：闪燃温度（简称闪点）、自燃温度（简称自燃点）、极限氧浓度。

1. 定义

（1）闪燃温度（闪点）　塑料材料受热分解放出的可燃气体，刚刚能被外界小的火焰点着，这时试样周围空气的最低温度叫做该材料的闪燃温度，简称闪点。

（2）自燃温度（自燃点）　塑料材料受热达到一定温度后，不用外界点火源点燃，自行发生的爆炸、有焰燃烧或无焰燃烧，此时试样周围空气的最低初始温度叫做自燃温度，简称自燃点。

2. 实验步骤

试验装置为图 9-3 所示的热空气试验炉。热塑性塑料以通常供模塑的块状、粒状和粉状态进行试验，热固性材料用 20mm×20mm 的片状或膜状试样进行试验。试样质量为（3±0.5）g，可将若干片或薄膜用金属丝扎在一起进行试验。

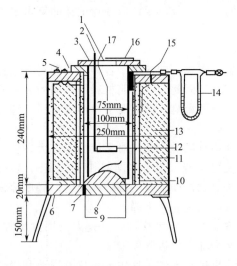

图 9-3　热空气试验炉

1—开口直径 25mm；2—支架；3—附热盖；4—石棉垫；5—接线柱；6—固定圈；7—热电偶；8—塞头；9—固定螺丝；10—三板挡板；11—电热丝；12—实验盘；13—石棉毛；14—空气流量计；15—热电偶 T_2；16—引发烟；17—热电偶 T_1

试验前，试样按国标的规定，在温度（23±2）℃、相对湿度（50±5）%的条件下，状态调节 40h，或按供需双方商定的条件进行。

（1）闪点的测定步骤　把试样盘提到炉膛外，装入试样，将热电偶 T_1 安放在试样中心，然后放入炉膛内。打开空气进气阀，将流速调节到 25mm/s。接通加热电源，开动温度控制仪，将炉管温度 T_2 的升温速率控制在 600℃/h(±10%) 的范围内。打开燃气阀，点燃点火器。将火焰置于炉盖试样分解气出口上方，距出口端面约 6.5mm。观察试样分解放出的气体被点火源点着时 T_2 指示的空气温度及 T_1 指示的试样温度，若试样温度迅速升高，此时 T_2 指示的就是闪点的第一近似值。改变空气流速为 50mm/s 和 100mm/s 重复上述操作，分别测出另外两个闪点近似值。

选用上述三个测定的闪点近似值中得到最低值时所采用的空气流速，控制空气温度的升温速率为 300℃/h(±10%)，重复上述测定操作，测出的 T_2 指示值就是闪点的第二近似值。以此温度值作为温度控制仪 T_2 的设定值，恒定 15min。把试样放入试验炉，点燃点火器，观察试样释放出的可燃气是否着火。如果着火，把 T_2 指示值调低 10℃重复测定，直至 30min 内不着火。当在 T_2 指示的温度下不发生着火时，在此温度下重复一次试验。重复试验时若着火，则把 T_2 指示值再调低 10℃重复测定。把 T_2 指示的发生着火的最低空气温度作为闪点。

（2）自燃点的测定步骤　按照测定闪点所规定的试验步骤操作，但不使用点火器点燃。

把观察到的试样放出的分解气体着火时 T_2 指示的最低温度作为该材料的自燃点。

3. 影响因素

（1）空气流速　固定升温速度为 14.5℃/min，改变通入炉内的空气流速，测定聚丙烯的闪点和自燃点，结果见表9-1。

表9-1　空气流速对聚丙烯闪点和自燃点的影响

空气流速/(mm/s)	闪点/℃	自燃点/℃	空气流速/(mm/s)	闪点/℃	自燃点/℃
60	405	—	17	387	—
50	402	409	8	—	425(闪燃几次)
25	355	401	5	—	425(闪燃一次)

（2）升温速率　升温速率对闪点和自燃点的影响表现为随升温速率的增大，闪点和自燃点均升高。

（3）试样质量　固定空气流速为 25mm/s，在恒温条件下改变试样质量，测定聚氯乙烯的闪点和自燃点，结果见表9-2。可以看出，当聚氯乙烯的试样质量小于2.0g时，闪点和自燃点测试值升高。

表9-2　升温速率对聚氯乙烯闪点和自燃点的影响

试样质量/g	闪点/℃	自燃点/℃	试样质量/g	闪点/℃	自燃点/℃
2.0	>425	>450	3.5	425	450
2.5	425	450	4.0	425	450
3.0	425	450			

（4）状态调节　在（23±2）℃、（50±5）%相对湿度下，对聚丙烯、聚氯乙烯和玻璃纤维增强不饱和聚酯进行状态调节40h，与未进行状态调节处理的试样进行对比试验，测定结果列于表9-3。

表9-3　试样状态调节与否对闪点和自燃点的影响

试样名称	状态调节		未进行状态调节	
	闪点/℃	自燃点/℃	闪点/℃	自燃点/℃
聚丙烯	330	370	330	370
聚氯乙烯	425	450	420	450
玻璃纤维增强不饱和树脂	370	470	360	470

二、塑料水平、垂直燃料性的测定

在众多的塑料燃烧性能试验方法中，最具代表性、历史最悠久、应用最广泛的方法为水平、垂直燃烧法。不同国家和组织有关塑料水平、垂直燃烧试验的方法标准很多，按热源不同，可分为炽热棒法和本生灯法两类。在本生灯法中，又有小能量（火焰高度20～25mm）和中能量（火焰高度约125mm）两种。这里只介绍用本生灯小火焰进行的塑料水平、垂直试验方法，即 ISO 1210：1992《塑料水平和垂直试样与小火焰点火源接触时燃烧性能的测定》。该方法我国已等效采用制定了国家标准：GB 2408—2008《塑料　燃烧性能的测定　水平法和垂直法》，其他相关的重要标准还有美国阻燃材料标准及测试方法 UL94-5V 等。

1. 定义

（1）有焰燃烧　在规定的试验条件下，移开点火源后，材料火焰（即发光的气相燃烧）持续地燃烧。

（2）有焰燃烧时间　在规定的试验条件下，移开点火源后，材料持续有焰燃烧的时间。

（3）无焰燃烧　在规定的试验条件下，移开点火源后，当有焰燃烧终止或无火焰产生时，材料保持辉光的燃烧。

（4）无焰燃烧时间　在规定的试验条件下，当有焰燃烧终止或移开点火源后，材料持续无焰燃烧的时间。

（5）线性燃烧速度　在规定的试验条件下，单位时间内，燃烧前沿在试样表面长度方向上传播（蔓延）的距离。

（6）自撑材料　在规定的试验条件下，具有一定刚性、当水平地夹持住试样一端时，其自由端基本不下垂的材料。

（7）非自撑材料　即柔软性材料，在规定的试验条件下，水平地夹持住试样一端时，其自由端下垂，甚至碰到试样下方 10mm 处水平放置的金属网的材料。

2. 方法原理

水平或垂直地夹住试样一端，对试样自由端施加规定的气体火焰，通过测量线性燃烧速度（水平法）或有焰燃烧及无焰燃烧时间（垂直法）等来评价试样的燃烧性能。

3. 方法要点

（1）试样　试样尺寸为：长（125±5）mm、宽（13.0±0.3）mm、厚（3.0±0.2）mm。在特殊情况下，经有关各方协商同意，也可使用其他厚度，但最大厚度不应超过 13mm。

不同厚度的试样，以及密度、各向异性材料的方向、颜料、填料及阻燃剂的种类和含量不同的试样，其试验结果不能相互比较。

试样数量：水平法每组三根试样，垂直法每组五根试样。如有特殊要求时，应按需要增加试样数量。

试样可由板材或最终产品切割而成，也可经压制、模塑、注塑等方法制成。试样表面应清洁、平整、光滑，并应没有影响其燃烧行为的缺陷，如气泡、裂纹、飞边和毛刺等。试样还应根据标准要求进行状态调节或老化处理。

（2）设备和材料　为了安全和方便，试验应在密闭且装有排风系统的通风橱或通风柜中进行，以排除燃烧时产生的有毒烟气。但在试验过程中应把排风系统关闭，试验完毕再立即启动排烟。

试验热源所用的燃料气体为工业级甲烷气，也可采用天然气、液化石油气等可燃气体；所用的本生灯、计时装置、测量尺、测厚仪及状态调节设备等，也都应符合标准规定。水平、垂直燃烧试验仪见图 9-4。

图 9-4　水平、垂直燃烧试验仪

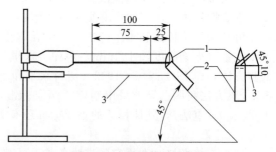

图 9-5　水平燃烧试验装置
1—试样；2—本生灯；3—金属网

（3）水平法试验步骤

① 试样安装　在距试样点燃端 25mm 和 100mm 处，与试样长轴垂直，各划一条标线（分别称为第一标线、第二标线）。

用夹具夹紧试样远离第一标线的一端，使试样长轴呈水平方向，其横截面轴线与水平方向成 45°角。将金属网水平地固定在试样下面，与试样最低的棱边相距 10mm，金属网前缘与试样自由端对齐（见图 9-5）。

安装试样时，如发现试样自由端下垂，则将金属支承架支撑在试样下面，并使试样自由端长出支承架 20mm。支承架能沿试样长轴方向朝两边自由移动，随着火焰沿试样向夹持端方向蔓延，支承架应以同样速度后撤。

② 点燃本生灯　将燃料气体的气源与本生灯接通，在离试样约 150mm 的地方点燃本生灯，通过调节燃气流量和空气进口阀，使本生灯在灯管为竖直位置时产生（20±2）mm 高的蓝色火焰。

③ 点燃试样并进行测定　将本生灯移到试样自由端较低的边上，并按图 9-5 所示，向试样端部倾斜，与水平方向约成 45°角。调整本生灯位置，使试样自由端的（6±1）mm 长度承受火焰，共施焰 30s，撤去本生灯。若施焰时间不足 30s，火焰前沿已达到第一标线，则应立即移开本生灯，停止施焰。停止施焰后，若试样继续燃烧（包括有焰燃烧和无焰燃烧），则记录燃烧前沿从第一标线到燃烧终止时的燃烧时间 t 和从第一标线到燃烧终止端的烧损长度 L。若燃烧前沿越过第二标线，则记录从第一标线至第二标线间的燃烧所需时间 t，此时烧损长度 L 记为 75mm。

重复上述操作，共试验三根试样。

④ 结果计算及分级规定　每根试样的线性燃烧速度 v（mm/min）由下式计算：

$$v = \frac{60L}{t} \tag{9-7}$$

式中，L 为由前一段着重号部分确定的烧损长度，mm；t 为由前一段着重号部分确定的燃烧时间，s。

材料的燃烧性能，按点燃后的燃烧行为，可分为下列四级（符号中的 FH 表示水平燃烧）。

FH-1：移开点火源后，火焰即灭或燃烧前沿未达到 25mm 标线。

FH-2：移开点火源后，燃烧前沿越过 25mm 标线，但未达到 100mm 标线。在此级中，应把烧损长度写进分级标志中。如当 $L=70$mm 时，记为 FH-2-70mm。

FH-3：移开点火源后，燃烧前沿越过 100mm 标线，对于厚度在 3～13mm 的试样，$v \leqslant 40$mm/min；对于厚度小于 3mm 的试样，$v \leqslant 75$mm/min。在此级中，应把燃烧速度写进分级标志中。例如 FH-2-30mm/min。

FH-4：除了线性燃烧速度 v 大于上述规定值以外，其余部分都与 FH-3 级相同。在此级中，也应把燃烧速度写进分级标志中。例如 FH-2-60mm/min。

如果被试材料三根试样的分级级数不完全一致，则应报告其中数字最高的等级，作为该材料的分级标志。例如，对某材料进行水平燃烧试验，三根试样测试结果分别为 FH-3-35mm/min、FH-3-38mm/min 及 FH-4-43mm/min，则报告该材料的等级为 FH-4-43mm/min。

（4）垂直法试验步骤

① 试样安装　用支架上的夹具夹住试样上端 6mm，使试样长轴保持垂直，并使试样下端距水平铺置的干燥医用脱脂棉层距离约为 300mm。撕薄的脱脂棉层尺寸为 50mm×50mm，其最大未压缩厚度为 6mm。见图 9-6。

② 点燃本生灯　与水平法相同。

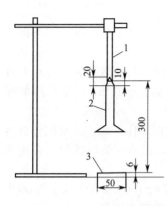

图 9-6　垂直燃烧试验装置
1—试样；2—本生灯；3—脱脂棉

③ 点燃试样并进行测定　将本生灯火焰对准试样下端面中心，并使本生灯管顶面中心与试样下端面距离保持为 10mm，点燃试样 10s。如果在点燃过程中试样长度或位置发生变化，应随之移动本生灯，使上述距离仍保持为 10mm。

如果在施加火焰过程中，试样有熔融物或燃烧物滴落，则应将本生灯在试样宽度方向一侧倾斜 45°角，并从试样下方后退足够距离，以防止滴落物落入灯管中，同时保持试样剩余部分与本生灯管顶面中心距离仍为 10mm。但对呈线状的熔丝可以忽略不计。

对试样施加火焰 10s 后，应立即把本生灯撤到离试样至少 150mm 处，同时用秒表或其他计时装置测定试样的有焰燃烧时间 t_1。

当试样的有焰燃烧停止后，立即按上述方法再次对试样施焰 10s，并需保持试样余下部分与本生灯口相距 10mm。施焰完毕，立即撤离本生灯，同时测定试样的有焰燃烧时间 t_2 和无焰燃烧时间 t_3。此外，还要记录是否有滴落物、是否引燃了脱脂棉，以及有无燃烧蔓延到夹具现象。

重复上述步骤，共测试五根试样。

④ 结果计算及分级规定　每组五根试样，有焰燃烧时间总和 t_f 按下式计算：

$$t_f = \sum_{i=1}^{5} t_{1i} + t_{2i} \tag{9-8}$$

式中，t_{1i} 为第 i 根试样第一次施焰后的有焰燃烧时间，s；t_{2i} 为第 i 根试样第二次施焰后的有焰燃烧时间，s；i 为试样编号。

按试样点燃后的燃烧行为，把材料的燃烧性能，分成 FV-0、FV-1、FV-2 三级（FV 表示垂直燃烧）。具体规定见表 9-4 所示。

表 9-4　FV 分级表

序号	判　据	级　别			
		FV-0	FV-1	FV-2	*
1	每根试样的有焰燃烧时间(t_1+t_2)	≤10	≤30	≤30	>30
2	对于任何状态调节条件,每组五根试样有焰燃烧时间总和 t_f	≤50	≤250	≤250	>250
3	每根试样第二次施焰后有焰加上无焰燃烧时间(t_2+t_3)	≤30	≤60	≤60	>60
4	每根试样有焰或无焰燃烧蔓延到夹具现象	无	无	无	有
5	滴落物引燃脱脂棉现象	无	无	有	有或无

注：1. 一组试样的级号是根据表 9-4 中规定的五个判据得出的 5 个独立要素中选择数字最高的级号作为该材料的级号。例如，某组试样，按 1～4 判据都符合 FV-1 级，只有按判据 5 判为 FV-2 级，则该材料的级号为 FV-2 级。

2. 如果一组五根试样中，只有一根不符合某级的要求，则可采用另外一组经过同样预处理的试样进行试验。第二组所有五根试样，都应满足该级的要求。

3. 如果材料达到 FV-0、FV-1、FV-2 中的任何一级，则应在分级标志中写进试样的最小厚度，精确到 0.1mm。例如，PV-1-3.02mm。

4. 如果出现 * 号一栏情况，则说明该材料不能用垂直法进行分级，而应采取水平燃烧法进行分级。

4. 主要影响因素

（1）试样厚度的影响 试样厚度对其燃烧速度有明显影响。当试样厚度小于 3mm 时，其燃烧速度随厚度的增加而急剧减小；当试样厚度达到 3mm 以后，燃烧速度随厚度的变化就比较小了。这一方面是由于在加热阶段，把试样加热至分解温度所需的时间与其质量（或厚度）基本成正比。另一方面，试样的着火、燃烧和传播主要发生在表面上，厚度越小的试样，单位质量具有的表面积就越大的缘故。

同样的厚度变化，对不同材料燃烧速度的影响程度也有很大差别。对于比热容和热导率较小、又没有熔滴行为的材料，如 PMMA，影响较小；反之，对比热容和热导率较大又有熔滴的材料，如 PE，影响就较大。

试样厚度对垂直燃烧试验结果也有很大影响。在同样条件下，试样越薄，其总的有焰燃烧时间越长；反之，试样越厚，其总的有焰燃烧时间越短。当试样厚度相差较大时，其试验结果甚至相差一两个级别。厚度小于 3mm 的试样，燃烧时易出现卷曲和崩断现象，从而影响了试验的稳定性与重复性。

由于上述原因，标准中对试样厚度做了严格规定，并且明确指出，厚度不同的试样，其试验结果不能相互比较。

（2）试样密度的影响 从前述的材料燃烧过程分析可知，在相同的试验条件下，水平燃烧试验试样的燃烧速度随其密度的增大而减小；对垂直燃烧试验来说，试样的燃烧时间也受到其密度的很大影响。因此，标准规定，密度不同的试样，其试验结果不能相互比较。

（3）各向异性材料不同方向的影响 由于材料在成型过程中受力及取向不同而产生各向异性。各向异性材料的不同方向对试样的水平、垂直燃烧性能有着一定的影响。因此标准规定，方向不同的试样，其试验结果不可相互比较，并要求在试验报告中对与试样尺寸有关的各向异性的方向加以说明。

（4）试样放置形式的影响 在水平法中，试样的长轴是呈水平方向放置的。而其横截面轴线与水平方向夹角不同时也会影响同样尺寸试样的试验结果。

为了避免放置形式不同对试验结果的影响，在标准中规定采用横截面轴线与水平成 45° 的放置形式。除了由于这种形式的受热条件最佳、燃烧速度最快外，还由于这种形式测量燃烧长度和时间较为准确和方便。

（5）试样状态调节条件的影响 试样的状态调节条件对材料的水平和垂直燃烧性能有着不同程度的影响。一般说来，温度高些、湿度小些，其平均燃烧速度（水平法）或总的有焰燃烧时间（垂直法）相对要大一些。这与前面提到的高聚物燃烧过程分析是一致的。对于不同类型的材料，状态调节条件对"纯"塑料试样影响较小；而对层压材料和泡沫材料影响程度则相对大些。

在标准中还规定了另外一种状态调节条件，即把试样在 (70 ± 1)℃ 温度下老化处理 (168 ± 2)h，然后放在干燥器中，在室温下至少冷却 4h。这是由于有些材料，如泡沫塑料、层压材料等，其燃烧性能会随存放时间而变化的缘故。

我国幅员辽阔，同一时间，各地温度、湿度差别很大。为了避免气候条件对试验结果带来的影响，我国标准对试样进行状态调节和试验环境都做了有关规定。

（6）燃料气体种类的影响 燃料气体种类不同，其所含热值也不相同。在 ISO 1210—1992 中除规定使用工业级甲烷气作为燃料气体外，还指出其他含热值约 37MJ/m³ 的混合气，也可提供相似的结果。从文献查出只有天然气符合此要求。

试验数据表明，无论使用天然气、液化石油气、煤气或其他燃料气体，只要本生灯的规格、火焰高度与颜色以及点火时间都符合标准规定，试验结果都基本相同。这是因为燃气火焰只作为加热的热源，只要能将试样点燃部分加热到其分解温度以上，就能使材料着火燃烧。由于绝大多数高聚物的分解温度都在 200～450℃，上述燃料气体火焰施焰 30s 提供的热量已经足够。材料被点燃后，因为绝大多数高聚物燃烧时火焰温度都高达 2000℃ 左右，所以之后的行为主要取决于材料的燃烧净热是否为正值。因此，我国标准规定也可采用天然气、液化石油气、煤气等可燃气体，但仲裁试验必须采用工业级甲烷气。

（7）火焰高度和火焰颜色的影响　火焰高度不同对材料的水平和垂直燃烧试验结果有较大影响。对于不同的材料，其影响程度也有一定差别。

从理论上讲，火焰颜色不同，其温度有一定差别：蓝色火焰时燃烧完全，温度较高；反之，带有黄色顶部的火焰，温度要相对低些。但从试验结果来看，火焰颜色不同对水平和垂直燃烧试验结果的影响并不明显。为避免不必要的争议并与国际标准统一，国家标准中也同样规定火焰颜色应调成蓝色。

（8）点火时间长短的影响　水平法中多数试样的着火时间为 3～5s，最多的为 10s 左右，施焰时间为 30s 和 60s 的试验结果基本一致。对垂直法，点火时间太短，试样不易点燃；而点火时间长了，对多数材料的测试结果有很大影响。因此标准对两次施焰时间都严格地规定为 10s。

（9）熔融或燃烧着的滴落物的影响　实践证明，材料燃烧时熔融滴落物与燃烧着的碎块常常是火灾蔓延和扩大的重要原因。为了试验结果更加符合材料的燃烧性能，修订后的国家标准在水平法的试验装置中，在试样最低边下面 10mm 处，水平地放置了规定尺寸和网孔的金属网。试样如有带火的滴落物落下，就会在金属网上继续燃烧，使试样再次受到加热和点燃。对于垂直燃烧法，则在试样下方约 300mm 处铺放了干燥的医用脱脂棉薄层，只要试样有滴落物引燃脱脂棉，尽管其有焰或无焰燃烧时间只达到 FV-1 级甚至 FV-0 级，也要被判定为 FV-2 级。

（10）设备、仪器的影响　进行燃烧试验，维持燃烧的氧气充足与否十分重要。为避免氧不足或通风不当对试验结果的影响，标准对通风柜或通风橱的尺寸、结构及排风装置的使用方法都做了细致的规定。另外，本生灯的结构和灯管口径、各种量具特别是计时装置的精度对试验结果必然有很大影响，标准对此也做了严格规定。

（11）操作人员主观因素的影响　水平和垂直燃烧试验被认为是主观性很强的试验。只要稍不留意，那么，用同样设备，对相同试样相同操作，也会产生一定偏差，甚至会得到不同的可燃性级别。因此，试验时严格按操作规定操作，观察要特别认真仔细是十分必要的。

三、塑料氧指数的测定

1970 年，美国材料与试验协会以美国通用电气公司的氧指数测试方法为基础，制定了第一个有关氧指数测定方法的标准，即 ASTM D2863—1970（现已修订为 ASTM D2863—2006）。由于该方法判断材料在空气中与火焰接触时燃烧的难易程度非常有效，且具有很好的重现性，并可用来给材料的燃烧性进行分级，因此得到了世界各国的重视。许多国家都制定了相关的标准，我国的塑料氧指数测定方法参照 GB/T 2406.2—2009《塑料　用氧指数法测定燃烧行为》规定。标准适用于评定均质固体材料、层压材料、泡沫材料、软片和薄膜材料等在规定试验条件下的燃烧性能。

氧指数测定结果不能用于评定材料在实际使用条件下着火的危险性，也不适用于评定受热后呈高收缩率的材料。

1. 定义

氧指数：在规定的试验条件下，刚好能维持材料燃烧时通入的 (23±2)℃ 氧氮混合气中以体积分数表示的最低氧浓度。

2. 方法原理

将试样直接固定在燃烧筒中，使氧氮混合气流由下向上流过，点燃试样顶端，同时计时和观察试样燃烧长度，与所规定的依据相比较。在不同的氧浓度中试验一级试样，测定塑料刚维持平稳燃烧时的最低氧浓度，用混合气中氧的体积分数表示。

3. 试验设备

试验设备为氧指数测定仪，如图 9-7 所示。

（1）燃烧筒 最小内径 75mm、高 450mm、顶部内径为 40mm 的耐热玻璃管，直接固定在可通过氧氮混合气流的基座上。底部用直径为 3～5mm 的玻璃珠充填，充填高度为 80～100mm。在玻璃珠上方装有金属网，防止燃烧杂物堵住气体入口和配气通路。

（2）试样夹 试样夹有自撑材料的试样夹和非自撑材料的试样夹。

（3）流量测量和控制系统 能测量进入燃烧筒的气体流量，控制精度在 ±5% （体积分数）之内流量测量和控制系统，至少 2 年校准一次。

（4）气源 用 GB 3863 中所规定的氧和 GB 3864 中所规定的氮及所需的氧氮气钢瓶和调节装置。气体使用的压力不低于 1MPa。

（5）点火器 由一根金属管制成，尾端有内径为（2±1）mm 的喷嘴，能插入燃烧筒内点燃试样。通以混有空气的丙烷或丁烷、石油液化气、煤气、天然气等可燃气体。点燃后，当喷嘴向下时，火焰的长度为（16±4）mm（注：仲裁试验时，须以混有空气的丙烷作为点燃气体）。

（6）排烟系统 能排除燃烧产生的烟尘和灰粒，但不应影响燃烧筒中温度和气体流速。

（7）计时装置 具有 ±0.25s 精度的计时器。

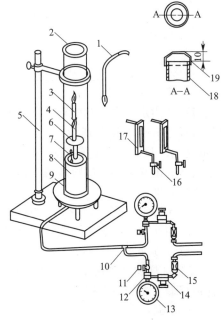

图 9-7 氧指数测定仪
1—点火器；2—玻璃燃烧筒；3—燃烧着的试样；
4—试样夹；5—燃烧筒支架；6—金属网；
7—测温装置；8—装有玻璃珠的支座；9—基座架；
10—气体预混合结点；11—截止阀；12—接头；
13—压力表；14—精密压力控制器；15—过滤器；
16—针阀；17—气体流量计；
18—玻璃燃烧筒；19—限流盖

4. 试样

按产品标准的有关规定或按 GB 5491、GB 9352、GB 11997 等有关标准，模塑或切割尺寸规定要求的试样（注：不同形式不同厚度的试样，测试结果不可比）。每组试样至少 15 条。试样表面清洁，无影响燃烧行为的缺陷，如气泡裂纹、飞边毛刺等。状态调节按 GB 2918 所规定的常温、常湿下进行，即环境温度为 10～35℃，相对湿度为 45%～75%。如有特殊要求，按产品标准中的规定。氧指数测试试样尺寸见表 9-5。

表 9-5 氧指数测试试样尺寸

类型	型式	长		宽		厚		用途
		基本尺寸	极限偏差	基本尺寸	极限偏差	基本尺寸	极限偏差	
自撑材料	I	80～150	—	10	±0.5	4	±0.25	用于模塑材料
	II					10	±0.5	用于泡沫材料
	III					<10.5	—	用于原厚的片材
	IV	70～150	—	6.5	±0.5	3	±0.25	用于电器用模塑料或片材

类型	型式	长		宽		厚		用途
		基本尺寸	极限偏差	基本尺寸	极限偏差	基本尺寸	极限偏差	
非自撑材料	V	140	-5	52	±0.5	≤10.5	—	用于软片或薄膜等

5. 试验程序

氧指数的测定程序相对繁复。可以分为三个步骤进行试验，最后再根据试验记录数据计算出氧指数。三个步骤分别为：初始氧浓度的确定、窄范围氧浓度确定（NL 系列数据获取）、重复性试验（N_T 系列数据获取）。在此之前需要做调节仪器，选择开始试验的氧浓度、学会判断试验结果等试验准备工作。

(1) 试验准备

① 开始试验时氧浓度的确定　根据经验或试样在空气中点燃的情况，估计开始试验时的氧浓度。如在空气中迅速燃烧，则开始试验时的氧浓度为 18% 左右；在空气中缓慢燃烧或时断时续，则为 21% 左右；在空气中离开点火源即灭，则至少为 25%。

② 安装试样和调整仪器　将试样夹在夹具上，直接地安装在燃烧筒的中心位置上，保证试样顶端低于燃烧筒顶端至少 100mm，其暴露部分最低处应高于燃烧筒底部配气装置顶端至少 100mm。

调节气体控制装置，使混合气中的氧浓度为上述开始试验时的氧浓度，并以（40±10）mm/s 的速度洗涤燃烧筒，洗涤燃烧筒至少 30s。

③ 点燃试样　点燃试样是指引起试样有焰燃烧，不同点燃方法的试验结果不可比；燃烧部分包括在任何沿试样表面淌下的燃烧滴落物。

方法 A（顶端点燃法）　使火焰的最低可见部分接触试样顶端并覆盖整个表面，勿使火焰碰到试样的棱边和侧表面。在确认试样顶端全部着火后，立即移开点火器，开始计时或观察试样烧掉的长度。点燃试样时，火焰作用时间最长为 30s，若在 30s 内不能点燃，则应增大氧浓度，继续点燃，直至 30s 内点燃为止。

方法 B（扩散点燃法）　充分降低和移动点火器，使火焰可见部分施加于试样顶表面，同时施加于直侧表面约 6mm 长。点燃试样时，火焰作用时间最长为 30s，每隔 5s 左右稍移开点火器观察试样，直至直侧表面稳定燃烧或可见燃烧部分的前锋到达上标线处，立即移开点火器，开始计时或观察试样燃烧长度。若 30s 内不能点燃试样，则增加氧浓度，再次点燃，直至 30s 内点燃为止。

方法 B 适用于 V 型试样，也适用于 Ⅰ、Ⅱ、Ⅲ、Ⅳ 型试样，但标线应划在距点燃端 10mm 和 60mm 处。

④ 燃烧行为的评价（见表 9-6）　点燃试样后，立即开始计时，观察试样燃烧长度及燃烧行为。若燃烧中止，但在 1s 内可以自发再燃，则继续观察和计时。如果试样的燃烧时间或燃烧长度均不超过表 9-6 的规定，则这次试验记录为 "○" 反应，并记下燃烧长度或时间。如果二者之一超过表 9-6 的规定，扑灭火焰，记录这次试验为 "×" 反应。还要记下材料燃烧特性，例如，熔滴、烟灰、结炭、漂游性燃烧、灼烧、余辉或其他需要记录的特性。如果有无焰燃烧，应根据需要，报告无焰燃烧情况或包括无焰燃烧时的氧指数。

取出试样，擦净燃烧筒和点火器表面的污物，使燃烧筒的温度恢复至常温或另换一个为常温的燃烧筒，进行下一个试验。如果试样足够长，可以将试样倒过来或剪掉燃烧过的部分再用，但不能用于计算氧浓度。

表 9-6 燃烧行为的评价准则

试 样 类 型	点 燃 方 式	评价准则(两者取一)	
		燃烧时间/s	燃 烧 长 度
Ⅰ、Ⅱ、Ⅲ、Ⅳ	A 法	180	燃烧前锋超过上标线
	B 法		燃烧前锋超过下标线
V	C 法		燃烧前锋超过下标线

(2) 第一阶段——初始氧浓度范围的确定 采用任意浓度改变量(即步长,下同),选取不同氧浓度,重复燃烧实验,若前一实验的结果为不燃-○,则需升高氧浓度;若前一实验的结果为燃烧-×,则需降低氧浓度;(下列所有实验与此同)直到得到两个实验结果分别为○和×,且氧浓度相差≤1.0%。将这结果为○反应的氧浓度值记作初始氧浓度值 C_0。应注意,这两个相差≤1.0%且得到相反的反应的氧浓度不一定要得自相继试验的两个试样。另外,○反应的氧浓度不一定要小于×反应的氧浓度。

(3) 第二阶段——窄范围氧浓度确定 即 N_L 系列数据获取,用初始氧浓度 C_0 重复试验操作一次,记录此次 C_0 值及所对应的反应。此值即为 N_L 和 N_T 系列的第一个值。根据此次结果,用 0.2% 为浓度改变量(步长)d,改变氧浓度(○反应的增加,×反应的降低),重复试验操作,直至得到不同于 C_0 所得的燃烧反应为止。测得一组氧浓度值及所对应的反应,记下这些氧浓度值及其对应的反应,即为 N_L 系列数据。

(4) 第三阶段——重复性试验 即 N_T 系列数据获取,根据上次测试结果,以步长 $d=0.2\%$ 改变氧浓度(○反应的增加,×反应的降低),再测四根试样,记下各次的氧浓度及对应的反应,最后一根试样所用的氧浓度,用 C_f 表示。这 4 个结果加上第二阶段反应不同于 C_0 结果的那个一起,构成 N_T 系列的数据。

6. 结果的计算

(1) 氧指数的计算 以体积分数表示的氧指数,按下式计算:

$$OI = C_f + Kd \tag{9-9}$$

式中,OI 为氧指数,%;C_f 为 N_T 系列最后一个氧浓度,取一位小数,%;d 为使用和控制的两个氧浓度之差,即步长,取一位小数;K 为系数。

报告 OI 时,取一位小数,注意应按 5 舍 6 入的方法圆整结果,将 OI 准确至 0.1。为了计算标准偏差 σ,OI 应计算到两位小数。

(2) K 值的确定 K 的数值和符号取决于 N_T 系列的反应形式,可按表 9-7 确定。

① 如果初始氧浓度 C_0 再次试验的结果为"○"反应,则第一个相反的反应便是"×"反应。从表中第一栏中找出与 N_T 系列最后 5 次试验结果相一致的那一行,再按 N_T 系列的前几个反应即得到"○"反应的数目,查出所对应的栏,即可得到所需的 K 值,其正负号与表中符号相同。

② 与上述相反,如果初始氧浓度 C_0 再次试验的结果为"×"反应,则第一个相反的反应便是"○"反应。从表中第六栏中找出与 N_T 系列最后 5 次试验结果相一致的那一行,再按照 N_T 系列的前几个反应即得到"×"反应的数目,查出所对应的栏,即可得到所需的 K 值,但此时的正负号与表中符号相反。

(3) 步长 d 值的校验

表 9-7 计算氧指数时所需 *K* 值的确定

1	2	3	4	5	6
最后 5 次试验的反应	a. N_L 前几次测试反应如下时的 *K* 值				
	0	00	000	0000	
×○○○○	−0.55	−0.55	−0.55	−0.55	○××××
×○○○×	−1.25	−1.25	−1.25	−1.25	○×××○
×○○×○	0.37	0.38	0.38	0.38	○××○×
×○○××	−0.17	−0.14	−0.14	−0.14	○××○○
×○×○○	0.02	0.04	0.04	0.04	○×○××
×○×○×	−0.50	−0.46	−0.45	−0.45	○×○×○
×○××○	1.17	1.24	1.25	1.25	○×○○×
×○×××	0.61	0.73	0.76	0.76	○×○○○
××○○○	−0..30	−0.27	−0.26	−0.26	○○×××
××○○×	−0.83	−0.76	−0.75	−0.75	○○××○
××○×○	0.83	0.94	0.95	0.95	○○×○×
××○××	0.30	0.46	0.50	0.50	○○×○○
×××○○	0.50	0.65	0.68	0.68	○○○××
×××○×	−0.04	0.19	0.24	0.25	○○○×○
××××○	1.60	1.92	2.00	2.01	○○○○×
×××××	0.89	1.33	1.47	1.50	○○○○○
—	b. N_L 前几次测试反应如下时的 *K* 值				最后 5 次试验的反应
	×	××	×××	××××	

① 氧浓度测量的标准偏差 $\hat{\sigma}$ 按下式计算：

$$\hat{\sigma} = \left[\frac{\sum (C_i - \mathrm{OI})^2}{n-1}\right]^{1/2} \tag{9-10}$$

式中，C_i 为 N_T 系列中最后 6 个试样所对应的氧浓度值，%；OI 为按式（9-9）计算的氧指数值，%，计算到两位小数；n 为计入 $\sum (C_i - \mathrm{OI})^2$ 的氧浓度测定次数。

应注意的是，对于本标准，$n=6$。若 $n>6$，则方法失去精确性；若 $n>6$，则需另选统计方法。

② 按下式校验步长 d：

$$\frac{2}{3}\hat{\sigma} < d < \frac{3}{2}\hat{\sigma} \tag{9-11}$$

若满足式（9-10）的条件或者 $d=0.2$ 时，$d > \frac{2}{3}\hat{\sigma}$ 则 OI 有效；

若 $d < \frac{2}{3}\hat{\sigma}$，则增大 d 值，重做试验，直至满足式（9-11）为止；

若 $d > \frac{3}{2}\hat{\sigma}$，则减少 d 值，重做试验，直至满足上述条件为止。但一般不应将 d 值减少到小于 0.2，除非相应的产品标准有规定。

7. 影响因素

影响氧指数试验结果的因素很多，除了材料自身的组成、结构及各种添加剂如填料、增塑剂、阻燃剂等的种类和含量对其氧指数有极大影响外，还受到试样尺寸、气流速度、气体纯度、环境温度、燃烧筒筒体温度、燃气种类、点火方式等测试条件的很大影响。现就试验条件的影响分述如下。

（1）燃烧筒中混合气流的流速的影响 燃烧筒中混合气流的流速在一定范围改变时对试验结果没有明显的影响，但当混合气体中的氧浓度低于空气中的氧浓度时，混合气流速大小对氧指数测试结果还是有一些影响的。为了防止上述影响，有些标准规定，应在燃烧筒出口处加一个限流盖以防止外界空气导入。因此，我国标准规定燃烧筒内混合气体流速为（40±10)mm/s，并且应加限流盖。

（2）氧气、氮气纯度的影响 由于混合气流中的氧浓度是通过测量氧、氮两种气体的流量并将其纯度当作 100%，而实际实验时用的气体都是工业用气体，实验有一定的误差。纯度越低，误差越大，另外钢瓶内压力下降对氧浓度也有影响。因此测试时最好使用高纯度的氧气和氮气作为气源，并且使用压力不低于 1MPa。

若需准确计算混合气体中的氧浓度，则用下式计算：

$$C_0=\frac{x_1V_0+x_2V_N}{V_0+V_N} \tag{9-12}$$

式中，C_0 为混合气体中的氧浓度，%；x_1 为氧气纯度，%（体积分数）；V_0 为单位混合气体中氧的体积；x_2 为氮气的不纯度，%（体积分数）；V_N 为单位混合气体中氮气的体积。

（3）点燃气体种类的影响 不同点燃气体测得的氧指数基本相同，我国标准规定，除了可用丙烷外，也可使用丁烷、石油液化气、煤气、天然气等可燃气体，但仲裁试验时，点燃气体必须使用未混有空气的丙烷。

（4）点火器火焰方向和高度的影响

① 火焰方向的影响 不同方向时的火焰高度是不同的，尤其是丁烷打火机气罐，差别极大。考虑到实际应用中是在火焰向下情况下对试样点火的，因此规定在火焰垂直向下时测量其高度。

② 火焰高度的影响 当火焰高度在一定正常范围内时，其对氧指数值没有影响，但当火焰高度太低时，不易点燃试样，尤其是在氧浓度较低时更为显著；当火焰高度较高时，对薄膜材料、壁纸及泡沫材料的点燃不易控制。因此国标中规定火焰高度为（16±4)mm。

（5）不同点燃方式对测试结果的影响 对不同试样，国标中规定了两种点燃方法。顶端法适用于Ⅰ、Ⅱ、Ⅲ、Ⅳ型试样，而扩散法适合于任何类型的试样。因此报告中应注明何种点燃方式，而对比试验时则应在同一点燃方式下进行。

（6）无焰燃烧对测试结果的影响 试样的燃烧包括有焰燃烧和无焰燃烧。有些材料，尤其是填充材料、层压材料，在有焰燃烧过后，在相当一段时间内维持无焰燃烧。在判断试样的燃烧时间或燃烧长度时，包不包括无焰燃烧对测试结果影响很大。国标中对氧指数的测试应当为有焰燃烧。但由于无焰燃烧在引起火灾方面有很大影响，因而应根据需要报告无焰燃烧情况或报告无焰燃烧时的氧指数。

（7）环境温度对测试结果的影响 温度对测试结果有相当大的影响。随着周围环境温度的增加，大多数材料的氧指数值都会下降。但在室温条件下，环境温度不同对测定值没有明显影响。因此，国标中规定了要在室温条件下进行，但对环境比较敏感的材料，则应在产品标准中规定其状态调节条件和试验环境要求。

（8）燃烧筒温度对试验结果的影响 燃烧筒温度直接影响试样周围的温度，对于维持燃烧，保持热量平衡影响较大，因而会影响实验结果。当燃烧筒温度升到 75℃时，可引起测定值明显降低。因此标准中规定燃烧筒应在常温下使用，并在实验时最好用两个燃烧筒交换着使用。

（9）试样的尺寸、外观和制备方法对结果的影响

① 试样厚度的影响　与水平、垂直法相似，试样越薄，就越容易燃烧，测得的氧指数越低；反之，试样越厚，测得的氧指数越高。因此标准中规定，不同厚度的试样，其所测得的结果没有可比性。

② 试样长度的影响　试样太长时，其顶端离燃烧筒顶部太近，容易受外界大气成分的影响，产生测量误差；试样太短时，又不便于划标线和观察。标准中规定试样长度在 70～150mm（Ⅳ型），并规定安装试样时，应保证试样顶端低于燃烧筒顶端至少 100mm。一般来说，试样长度在允许范围，即 70～150mm 之间变化，不会影响试验结果。

③ 试样外观缺陷的影响　试样如带有影响其燃烧性能的缺陷，如气泡、裂纹、溶胀、飞边、毛刺等，对试样的点燃及燃烧行为均有影响，因此加工时应引起注意。

④ 试样制备方法的影响　不同的制备方法，条件各不相同，对材料的结晶度、固化程度等有一定的影响，以致影响材料的热分解条件和燃烧试验结果。因此在进行结果比较时试样应采用相同的制备方法。

第三节　电　性　能

聚合物材料具有优良的电性能，可作为理想的电传输、电器、电子材料。大多数聚合物材料具有以下几方面特点：具有优良的绝缘性能；具有足够的介电强度，能经受住导体之间的电场作用；具有良好的耐电弧性；在恶劣的工作环境中，如湿气、温度和辐射条件下能保持良好的使用性能；具有一定的强度和韧性，能够耐振动冲击和其他机械力作用。

聚合物材料在电子电器领域应用广泛，除了可以作为绝缘材料使用外，还可在基体材料中添加适当的添加剂使其成为半导体（例如抗静电包装材料）、导电体（例如导电胶黏剂）等。

评价高聚物的电性能指标主要有：体积电阻率、表面电阻率（代表导电性）；介电强度（代表击穿现象）；介电常数（代表极性）；损耗因子（代表松弛现象）、耐电弧性（代表导电性）等。

一、电阻率的测定

一切材料没有绝对不导电的。材料的导电性用电导率来表征；而为了表征材料的非导电能力，引用了电阻率这个概念；某一材料的电阻率是其电导率的倒数。

电阻率（未特别注明时指体积电阻率）是材料最重要的电学性质之一。导体的电阻率低于 $10^6\,\Omega\cdot cm$，半导体在 $10^6\sim10^9\,\Omega\cdot cm$ 之间，电阻率高于 $10^9\,\Omega\cdot cm$ 的称为绝缘体。

聚合物的体积电阻率一般在 $10^8\sim10^{18}\,\Omega\cdot cm$，属于绝缘体，其测试方法与导体及半导体有很大不同。

1. 定义

（1）体积电阻　在试样的相对两表面上放置的两电极间所加直流电压与流过两电极之间的稳态电流之比。该电流不包括沿材料表面的电流。在两电极间可能形成的极化忽略不计。

（2）体积电阻率　在材料试样的相对两表面上放置正负两电极，在电流方向上的电位梯度与电流密度之比定义为体积电阻率，以 ρ_V 表示，单位是 $\Omega\cdot cm$。体积电阻率的物理意义是单位长度（1cm），单位横截面积（$1cm^2$）的某种导体材料的体积电阻值。

（3）表面电阻　在试样的某一表面上两电极间所加电压与经过一定时间后流过两电极间

的电流之比。该电流主要为流过试样表层的电流，也包括一部分流过试样体积的电流成分。在两电极间可能形成的极化忽略不计。

（4）表面电阻率　平行于材料表面上电流方向的电位梯度与表面单位宽度上的电流之比（如果电流是稳定的，表面电阻率在数值上即等于正方形材料两边的两个电极间的表面电阻，且与该正方形大小无关），即单位面积内的表面电阻。以 ρ_S 表示，单位是 Ω。

2. 电阻率的测试方法

（1）测试原理　绝缘体的电阻测量基本上与导体的电阻测量相同，其电阻一般都用电压与电流之比得到。现有的方法可分为三大类：直接法，比较法，时间常数法。

本节介绍直接法中的直流放大法，也称高阻计法。该方法采用直流放大器，对通过试样的微弱电流经过放大后，推动指示仪表，测量出绝缘电阻，再根据试样尺寸计算出材料的电阻率。不同仪器有不同的测试电极连接方式，对应的测试结果计算公式有所不同，见图 9-8 和图 9-9。

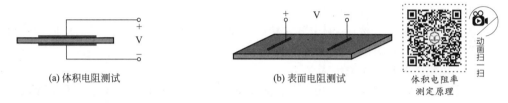

(a) 体积电阻测试　　　(b) 表面电阻测试　　　体积电阻率测定原理　动画扫一扫

图 9-8　片状电极测定方式

测得结果的计算公式为：

$$\rho_V = R_V \frac{S}{d} \tag{9-13}$$

$$\rho_S = R_S \frac{l}{d} \tag{9-14}$$

式中，ρ_V 为体积电阻率，$\Omega \cdot cm$；S 为电极面积，cm^2；d 为试样厚度，cm；l 为电极长度，cm；R_V 为体积电阻，Ω；R_S 为表面电阻，Ω；ρ_S 为表面电阻率，Ω。

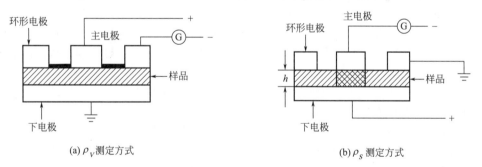

(a) ρ_V 测定方式　　　　　　(b) ρ_S 测定方式

图 9-9　电阻测量的环状电极连接方式

对于板状试样，环状电极连接方式的测试结果计算公式为：

$$\rho_V = R_V \frac{S}{d} \tag{9-15}$$

$$\rho_S = R_S \frac{2\pi}{\ln \dfrac{D_2}{D_1}} \tag{9-16}$$

式中，ρ_V 为体积电阻率，$\Omega \cdot cm$；R_V 为体积电阻，Ω；ρ_S 为表面电阻率，Ω；R_S 为表面电阻，Ω；S 为试样测量电极有效面积，cm^2；d 为试样厚度，cm；D_2 为环形电极直径，cm；D_1 为测量主电极直径，cm。

（2）电阻率测试方法要点

① 试样准备　试样的外观、尺寸及状态调节，电极的尺寸与材料参照国家标准 GB/T 1410—2006《固体绝缘材料体积电阻率和表面电阻率试验方法》及 GB/T 10064—2006《测定固体绝缘材料绝缘电阻的试验方法》。

试样应平整、均匀。无裂纹和机械杂质等缺陷。用蘸有溶剂（此溶剂应不腐蚀试样）的绸布擦拭；把干净的试样放在温度 23℃和相对湿度 65%的条件处理 24h，测量表面电阻时，一般不清洗及处理表面。也不要用手或其他任何东西触及。

② 测试仪器　测量绝缘材料电阻的仪器又常被称为高阻仪。一般地，应配有电极箱，试样在电极箱内电极上进行测试。测体积电阻和表面电阻的电极线路连接方式不同。

③ 测试过程　将测量好尺寸的样品，与电极连接安好，开启高阻仪，进行仪器的校准。再将仪器调整到测量挡。一般地，需对试样进行静电荷释放处理（放电过程）。然后选择合适的测试电压挡位，对样品进行测试。记录读数，并按照仪器上的测试信号放大倍率进行计算，测得的电阻值为读数乘以倍率。

表面电阻测量时，按 ρ_S 测定方式接好线路，测试方法同上。测得的电阻值，再按照相应的公式计算出体积电阻率和表面电阻率。

（3）电阻率测量的影响因素

① 测定时间　流经试样的电流，随时间的增加而迅速衰减。这是由于流经试样的电流不像导体那样仅是传导电流，而是由瞬时充电电流、吸收电流和漏导电流三种电流组成。很显然，各种材料的电流随时间的变化情况不一样，因而在比较时要选取相同的读取电流时间。

② 温度　温度升高会使得测试时得到的电流值增大，即体积电阻率和表面电阻率随温度升高而减小。因此必须记录测试温度。常规下都采用在标准温度下进行测量。

③ 湿度　对于极性材料及强极性材料，因吸水性强而降低其体积电阻。又因水气附着于试样表面，在空气中二氧化碳作用下，使表面形成一层导电物，造成表面电阻降低。对于非极性和弱极性材料影响就很小，聚乙烯、聚苯乙烯和聚四氟乙烯等甚至在水中浸泡 24h 其体积电阻率都没有明显的变化。要对试样进行状态调节，通常是在标准湿度下不少于 16h。

④ 电极材料　电极材料的要求是：与试样接触良好；材料本身电导率大，耐腐蚀，不污染试样；使用方便，造价低廉。目前适宜测量电阻率的接触电极材料有：水银，铝铂，铝箔垫片，导电橡皮，石墨涂料电极，黄铜。对于管状试样，它的接触电极常用铝箔油粘电极，对较细的管可以用石墨粉或银粉，软管可用直径相当的铜棒；对于板状试样，除在试样上贴附相应的接触电极材料外，还应加辅助电极。

⑤ 测试电压　在所施加的电压远低于试样的击穿电压时，测试电压对电阻率完全无影响。对板状试样一般选 100~1000V 的直流电压。薄膜试样的体积电阻率一般随测试场强的增加而略有减小，一般测试电压低于 500V。

⑥ 间隙宽度　间隙宽度 g 是指测量电极和环电极之间的间隙。在测试表面电阻时，由环电极流向测量电极的电流，并非仅仅是沿试样表面理想层流动的电流，试样本身的厚度造成有一部分体积电流流向测量电极。

⑦ 测试回路中标准电阻的选择　加入回路中的标准电阻 R_0 会对测试结果产生影响，R_0 选得越小则在短时间内测量误差也越小，但 R_0 过小使仪器偏转过小，很难测准相应电流值。

⑧ 其他因素　由于成型、摩擦及其他各种原因都导致材料带有强烈的静电，造成很大测量误差。ρ_V 低于 $10^{13}\Omega\cdot cm$ 时，通常放电 1min 便可进行满意的重复测量。但对于 ρ_V 高于 $10^{16}\Omega\cdot cm$ 的材料，放电 30min 甚至更长都难以做到重复测量，对这些材料应进行静电

荷的测量；对于铝箔油粘电极进行清洁处理时，多数使用无水乙醇。近来研究表明，无水乙醇难以将凡士林完全溶解，反而形成很强吸水性的乳胶膜，使间隙间电导增大造成误差，因此要用四氯化碳进行间隙的清洁处理。

⑨ 薄膜试样　薄膜试样使用的接触电极材料与板状试样有所不同，不能用铝箔油粘电极，因为用它测出的 ρ_V 偏低一个多数量级。薄膜很薄通常存有疵点，厚度不均极易使膜测量误差变大，采用多层试样可以减小这种误差，当总厚度大于 $30\mu m$ 后，其变化就缓慢了。因此，在薄膜测量中都规定了不同厚度下层数的要求。

二、介电常数和介质损耗的测定

在电场作用下，能产生极化的一切物质又被称为电介质。如果将一块电介质放入一平行电场中，则可发现在介质表面感应出了电荷，即正极板附近的电介质感应出了负电荷，负极板附近的介质表面感应出正电荷。这种电介质在电场作用下产生感生电荷的现象，称为电介质的极化，电介质的极化积蓄了静电能，产生感生电荷的量常用电容表征。如图 9-10 所示。

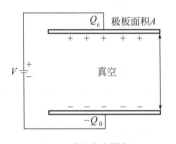
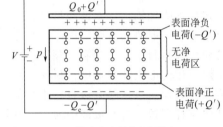

(a) 真空电容器中　　　　　　　　　(b) 有电介质的电容器中

图 9-10　材料在电场中的极化

在电场中介质的极化使得物质发生一定程度的电运动。在交变电场中，介质内极化电荷不断追随电场运动，需要消耗能量，常以介质损耗来表征介质在变化的电场中的行为。

1. 定义

（1）介电常数　以绝缘材料为介质与以真空为介质制成同尺寸电容器的电容量之比值，称为该材料的介电常数，用 ε 表示。介电常数表示在单位电场中，单位体积内积蓄的静电能量的大小，是表征电介质极化及储存电荷能力的宏观物理量。

$$\varepsilon = C/C_0 \tag{9-17}$$

式中，ε 为介电系数；C 为充满绝缘材料的电容器的电容量；C_0 为以真空为电介质的同样尺寸的电容器的电容量。

（2）介质损耗　置于交流电场中的介质，以内部发热形式表现出来的能量损耗。

（3）介质损耗角　对电介质施加交流电压，介质内部流过的电流相量与电压相量之间的夹角的余角。

（4）介质损耗角正切　对电介质施以正弦波电压，外施电压与相同频率的电流之间相角的余角 δ 的正切值称为介质损耗角正切，表示为 $\tan\delta$。介质损耗角正切 $\tan\delta$ 是表征绝缘材料在交流电场下能量损耗的一个参数。

$$\tan\delta = 每个周期内介质损耗的能量/每个周期内介质储存的能量 \tag{9-18}$$

高分子材料的 ε 和 $\tan\delta$ 由主链结构中的键的性能和排列所决定。分子结构极性越强，ε 和 $\tan\delta$ 越大；非极性材料的极化程度小，ε 和 $\tan\delta$ 都较小。极性取代基团影响更大，其数目越多，ε 和 $\tan\delta$ 越大，$\tan\delta$ 大，损耗大，材料在交流电场中易发热。所以高频电缆用 PE（非极性）而不用 PVC（极性），而需要通过高频加热进行干燥，模塑或对塑料进行高频焊接时，要求高聚物的介电损耗越大越好。

2. 测试方法

可以测试聚合物的 ε 和 tanδ 方法有：工频高压电桥法、变电纳法、谐振升高法、变压器电桥法。可以参照 GB/T 1409—2006《测量电气绝缘材料在工频、音频、高频（包括米波波长在内）下电容率和介质损耗因数的推荐方法》。

3. 测试影响因素

（1）湿度的影响　材料的极性越强受湿度的影响越明显，主要是水分子使材料的极性增加，同时潮湿的空气作用于材料的表面增加了表面电导，由此使材料的 ε 与 tanδ 都会增加。因此，必须对试样进行状态调节，并在标准湿度环境下测试。

（2）温度的影响　在同一频率下，其介电性能随温度变化很大，特别是在松弛区变化剧烈。因此必须标注测量时的温度。一般应在标准试验条件 23℃。

（3）杂散电容　许多高频下的测试，杂散电容都会影响整个系统的电容，为消除杂散电容，对板状试样通常采用测微电极系统并从测量值中减去边缘电容，若不用测微电极还需减去对地电容。

（4）测试电压　对板状试样，电压高至 2kV 对结果影响不大，但电压过大，会使周围空气电离，而增加附加损耗。对薄膜材料，当测试的平均强度超过 10～20kV/mm 时，tanδ 值都有明显增大，一般测试薄膜，电压要低于 500V 为宜。

（5）接触电极材料　在工频和音频下，无论是板状试样、管状试样还是薄膜，凡是体积电阻率测量时所用的电极系统及电极材料皆可使用。在高频下，由于频率的提高，使电极的附加损耗变大。因而要求接触电极材料本身的电阻一定要小。

（6）薄膜试样层数　对于极薄的薄膜，在测试时不能像板状试样那样采用单片，而往往采用多层。随着层数增加，介电常数略有上升趋势，介质损耗角正切值略有下降，且分散性变小。因此，一般的 5～10μm 的膜选 4 层，10～15μm 的膜选 3 层，15～30μm 的膜选 1 层，大于 30μm 的膜选单层。

三、介电强度、耐电弧试验

1. 介电强度的测定

高分子材料在一定电压范围内是绝缘体，但是随着施加电压的升高性能会逐渐下降。电压升到一定值变成局部导电，此时称为材料的击穿。介电强度就是表征材料耐受电击穿的物理量。高分子材料发生电气击穿机理是个复杂问题，试验表明这种击穿与温度有关。在低于某一温度时，其介电强度与温度无关，但当高于这一温度时，随温度增加而介电强度迅速降低。

（1）定义

① 介电强度　聚合物材料的介电强度亦称击穿强度，是指造成聚合物材料介电破坏时所需的最大电压，一般以单位厚度的试样被击穿时的电压数表示。通常介电强度越高，材料的绝缘质量越好。击穿强度按下式计算：

介电强度
测试原理

$$E_d = U_b / d \tag{9-19}$$

式中，E_d 为击穿强度，kV/mm；U_b 为击穿电压，kV；d 为试样厚度，mm。

E_d 表征了材料所能承受的最大电场强度，是高聚物绝缘材料的一项重要指标。聚合物绝缘材料的 E_d 一般为 10^7 V/cm 左右。

② 耐电压　在规定试验条件下，对试验施加规定的电压及时间，试样不被击穿所能承受的最高电压。在实际生产中，广泛应用"耐电压"指标来表征材料的耐高压性能。

（2）测试方法　介电强度试验采用的基本装置是一个可调变压器和一对电极。试验方法有两种：①短时法，是将电压以均匀速率逐渐增加到材料发生介电破坏；②低速升压法，是将预测击穿电压值的一半作为起始电压，然后以均匀速率增加电压直到发生击穿。试验中使用的试样厚度一般为 1.59mm。

具体的参照标准有：ASTM D3755《在直流电压作用下固体电绝缘材料介电击穿电压及介电强度标准试验方法》、GB/T 1408—2016《绝缘材料 电气强度试验方法》。

（3）影响因素

① 电压波形 当波形失真大时，一般会有高次谐波出现，这样会使电压频率增加，U_b下降，因此必须限制这个量。

② 电压作用时间的影响 随电压作用时间增加，热量积累越多，从而使击穿电压值下降。因此，一般规定试样击穿电压低于 20kV 时升压速度为 1.0kV/s，大于或等于 20kV 时升压速度为 2.0kV/s。

③ 温度的影响 测试温度越高，击穿电压越低，其降低的程度与材料的性质有关。

④ 试样厚度的影响 介电强度 E_d 与试样厚度 d 间的关系符合以下经验关系式：

$$E_d = Ad^{-(1-n)} \tag{9-20}$$

式中，A，n 是与材料、电极和升压方式有关的常数，一般 n 在 0.3～1.0 之间。

⑤ 湿度 因为水分浸入材料而导致其电阻降低，必然降低击穿电压值。

⑥ 电极倒角 r 的影响 电极边缘处的电场强度远高于其内部，要消除这种边缘效应很困难。为避免电极边缘处成一直角，需要采用一定倒角，国标中规定了电极倒角 $r=2.50$mm。

⑦ 媒质电性能影响 高压击穿试验往往把样品放在一定媒质（如变压器油）中，缩小试样尺寸防止飞弧，但媒质本身的电性对结果有影响。一般说来，媒质的电性能对属于电击穿为主的材料有明显影响，而以热击穿为主的材料影响极小。造成这种结果的原因是在电场作用下，油中杂质会集聚电极边缘，击穿点在电极边缘易先出现，净油无此作用。故标准中对油的击穿电压有一定要求，即油的 $U_d \geqslant 25$kV/2.5mm。

2. 耐电弧试验

（1）定义 耐电弧性能是指聚合物材料抵抗由高压电弧作用引起变质的能力，通常用电弧焰在材料表面引起炭化至表面导电所需的时间来表示。

（2）测试方法原理 借助高压小电流或低压大电流在两电极间产生的电弧，作用于材料表面使其产生导电层。其测试时样品与电极安装的方式如图 9-11 所示。线路最大可产生40mA 的连续电流。塑料等高分子材料用得较多的是高压小电流。

（3）测试要点

① 试样 板状试样厚度 2～4mm，长宽皆为100mm；测涂膜时，应将涂膜涂在 3240 环氧酚醛玻璃布板上，漆涂厚 0.10～0.12mm。

② 操作要点 将试样与电极接于线路，将工频高压小电流接于两电极间产生电弧，起初间歇作用于材料表面。通过电弧间歇时间逐步缩短电流逐渐加大的方式，使材料经受逐渐严酷的燃烧条件，直至试样破坏，从而分辨出材料的耐电弧性能。记录自电弧产生直至材料破坏所经过的时间。

③ 破坏的判定原则 高分子材料被高压电弧破坏的特征是产生表面电弧径迹、局部灼热、炭化或燃烧。

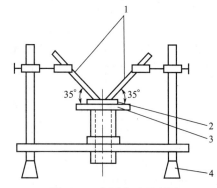

图 9-11 电弧实验示意图
1—电极；2—试样；3—支架托盘；4—绝缘支柱

第四节　耐介质性能

一、塑料的耐化学药品性

由于塑料有各种不同的应用，常常要与化学产品、发动机燃油、润滑油等液体接触，并可能与它们的蒸气接触。塑料材料在这些化学品作用下很可能同时发生几种变化，一方面可能吸收这些化学品的溶液或可溶物被提取，另一方面还可能发生物理及化学变化。因而有必要在规定条件下对塑料材料进行耐化学药品性试验，以便对其与某种物质相互作用行为做出初步评价。

1. 定义与原理

（1）耐化学药品性　塑料耐酸、耐碱、耐溶剂和其他化学品的能力。

（2）方法原理　在规定温度下，将试样完全浸泡在试液中，经过规定的时间测定它们浸泡前后（或浸泡后经干燥）的性能。通过性能变化，判定被试塑料材料的耐化学药品性。

2. 方法要点

（1）试验液体的选择　若已明确指定需要某塑料材料与一特定液体作用后的行为，通常应该使用指定的液体。若没有明确要求，应选择对有关塑料性能能产生影响的具有代表性的化工产品或其混合液。

（2）试验温度　推荐优选温度为 (23±2)℃或 (70±2)℃，也可根据需要在下列系列温度中选取，即：0℃、20℃、27℃、40℃、55℃、85℃、100℃、125℃、150℃。其温度波动分别为：低于105℃时为±2℃，105～200℃为±3℃。若有特殊要求，也可根据要求选定温度。

（3）试验周期　优先选用的试验时间分别为：短期试验为 24h，标准试验时间为 1 周（特别是在 23℃下），长期试验为 16 周。如若要求了解材料某种性能随时间的变化直至达到平衡，则相应不同等级需做更长时间的试验，一般选用下列各等级的时间间隔进行性能测定。

对短期试验为 1h、2h、4h、8h、16h、24h、48h、96h、168h。

对标准试验为 2 周、4 周、8 周、16 周、26 周、52 周、78 周。

对长期试验为 1.5 年、2 年、3 年、4 年、5 年。根据试验结果做出某种性能随时间变化曲线，从而了解该性能的变化规律。

（4）试样　标准试样的形状与尺寸，主要取决于材料原有的形状及欲测的性能。而其制备方法根据材料的不同性质及形状而定，粉料及粒状一般使用模塑、注塑或模压成型，而型材、片材、薄膜、棒材及管材等使用机加工方法。但加工后的试样应保证其加工面的光洁，特别是机械加工的面不能有因加工而造成的碳化痕迹。

对于力学性能、电性能、热性能或光学性能等试样的尺寸应依据具体方法要求确定试样尺寸。对于质量、尺寸和外观的变化进行测量时，一般使用相同的尺寸，详述如下。

对于模塑料和挤出料使用直径为 (50±1)mm，厚度为 (3±0.2)mm；对于片材和板材，为 (50±1)mm 的正方形，其厚度不应大于 25mm，厚度超过 25mm 时应单面加工成25mm；管材和棒材切出长度为 (50±1)mm 一段。当管径大于 50mm 时，沿轴向切出一段，其展开弧长宽度为 (50±1)mm，当棒直径大于 50mm 时，同心加工成 (50±1)mm。

（5）操作要点　试验时试剂用量一般相对于试样总面积每平方厘米为 8mL，试液应完全覆盖试样。试样放入试验容器时，相互表面不应接触，并每天至少搅动一次。浸泡期结束，有时需要将试样转入室温下新鲜的试液中，浸泡 15～30min，使其恢复至室温。试样取出后，使用对试样无影响并能冲掉原试液的试剂冲洗，而后用滤纸或无绒毛布擦干试样。

（6）结果的表示

① 一般性能变化表示　用数字表示时，除了表示浸泡前后的有关性能测定结果外，还可以用浸泡后性能值（V_2）与浸泡前性能值（V_1）之比的百分率 P 表示，即：

$$P = \frac{V_2}{V_1} \times 100\%　\qquad (9\text{-}21)$$

用图表示时，应以所得值（包括起始值）或差值为纵坐标，以时间（t）为横坐标作图。有时为缩短时间标尺，可以采用 $\sqrt{t}$ 或 $\lg t$ 标尺。

② 质量、尺寸和外观变化的表示

a. 质量　一般使用每单位面积质量变化 Δm_s 表示，单位为 mg/cm²；或以质量变化率 Δm 表示，即：

$$\Delta m_s = \frac{m_2 - m_1}{A} \qquad (9\text{-}22)$$

$$\Delta m_s = \frac{m_3 - m_1}{A} \qquad (9\text{-}23)$$

$$\Delta m_s = \frac{m_2 - m_1}{m_1} \times 100\% \qquad (9\text{-}24)$$

$$\Delta m_s = \frac{m_3 - m_1}{m_1} \times 100\% \qquad (9\text{-}25)$$

式中，m_1 为浸泡前试样质量，mg；m_2 为浸泡后试样质量，mg；m_3 为浸泡后试样经干燥并重新经状态调节后试样质量，mg；A 为试样原始总面积，cm²。

b. 尺寸　除报告原始尺寸和最后尺寸外，应将最后尺寸表示为原始尺寸的百分率。如有需要，应做出所得结果的时间函数关系图。

c. 外观　若仅要求对某种外观（如颜色）进行记录，那只记要求的项目即可。否则可记录下列外观变化：颜色、雾度、光泽或表面糙度变化，若出现这些变化还需注意记录银纹和开裂的出现；起泡、麻点或其他类似结果的出现；易擦掉物质的出现；未干油漆状的外表面；分层、翘曲或其他变形；部分溶解等。一般划分为四个综合判断等级，O 为表示无变化，F 为轻微变化，M 为中等变化，L 为大的变化。

3. 测试注意事项

① 对于室温下容易挥发的液体，应采用浸泡干燥后立即测定的方法以确定材料在试液挥发后的性能。也可采用浸泡后立即测定并规定完成时间的方法。

对于室温下不易挥发的试液，应采用浸泡后立即测试的方法，以确定材料内部仍受到试液作用的性能情况。如果有要求，可将试样干燥后再进行测定，以确定浸泡后材料内不含试液情况下其性能的变化。

② 试样的形状及尺寸对结果都有明显影响，因此只有所用试样的形状及尺寸相同（特别是厚度）以及状态（内应力、表面糙度等）极为相似时，比较不同塑料时才有意义。

③ 若试验不是在标准室温下进行，最好在标准温度状态下调节另一组试样，使其检验周期等于耐化学药品的试验时间，并在此状态调节后测定其性能，以便把温度影响和液体影响区别开来。

④ 若试液是不稳定的（如次氯酸钠），则要频繁地更换试液；若光线对试液会有影响，则建议在暗室或规定照度条件下操作；在有些情况下（如有氧化危险时），还需保证试样上方液体的高度。

⑤ 有些试液在操作时具有相当的危险性，例如，不能将其随意以水稀释，因此应采取一定的预防措施。其中以 A、B 和 C 表示相应措施，并分别定义如下。

A 表示该类药品有腐蚀性，绝不能与衣服或皮肤接触，只能用移液管移液。

B 表示为易燃品，不得靠近火源。

C 表示能产生刺激性或毒性烟雾，必须在良好的通风橱中操作。

4. 试液种类

具体试验时，不同产品所采用的试液、试样、试验周期及结果的说明与计算等将由其专门标准予以规定。如我国现有标准 GB/T 3857—2017《玻璃纤维增强加固型塑料耐化学介质性能试验方法》，GB/T 11547—2008《塑料耐液体化学试剂性能的测定》。

二、橡胶耐介质性能试验

橡胶制品是现代工业和现代国防工业不可缺少的配件，其中不少配件往往在与各种介质相接触的情况下使用。如高压软管、棉线管、油箱、油罐、敏感元件及各种密封胶件等。由于科学技术的发展对橡胶配件的要求越来越高，不但要耐高温、低温，而且需要耐各种各样的强腐蚀性介质以及酯类合成油等。

为了了解橡胶制品在某一条件下耐介质性能的优劣，就需要做耐介质试验，该试验是将试样浸入介质中，在规定的温度下经过一定时间测量试样体积、质量及各种性能的变化。

1. 耐液体试验

在耐介质试验方法中耐液体试验较为普遍。大体包括石油基的各种烃类油品、有机溶剂等，还有酯类合成油品以及无机酸、碱、盐等化学药品。而耐蒸汽、气体、黏性介质等则数量较少，而且在国内外这种较成熟的标准试验方法也不多，它们还常要借鉴耐液体介质试验方法。

（1）体积、质量变化试验　本试验是将试样浸入规定的液体介质中，在规定的温度下经过一定时间，测量试样体积和质量的变化。

① 试样　试样的长、宽各为（25.0±0.1）mm，厚度为（2.0±0.1）mm，成品试样的体积为 1～3cm³。

② 试验步骤　试验步骤请参阅 GB/T 1690—2010《硫化橡胶或热塑性橡胶耐液体试验方法》。

③ 试验结果

a. 体积变化率 ΔV 按下式计算：

$$\Delta V = \frac{(W_3 - W_4) - (W_1 - W_2)}{(W_1 - W_2)} \times 100\% \tag{9-26}$$

式中，W_1 为浸泡前试样在空气中的质量，g；W_2 为浸泡前试样在蒸馏水中的质量，g；W_3 为浸泡后试样在空气中的质量，g；W_4 为浸泡后试样在蒸馏水中的质量，g。

b. 质量变化率 ΔW 按下式计算：

$$\Delta W = \frac{W_3 - W_1}{W_1} \times 100\% \tag{9-27}$$

式中，符号同前。

代表每种试验品性能的试样为 3 个，取其算术平均值。

（2）浸泡后的拉伸性能试验　本试验是将试样浸入规定的液体介质中，在规定的温度下，经过一定的时间测量试样的拉伸性能的变化。

① 试样　试样形状和尺寸应符合 GB/T 528—1998。

② 试验步骤　每次试验应准备至少 6 个试样，其他步骤请参阅 GB/T 1690—2010。

③ 试验结果

a. 拉伸强度变化率 $\Delta\sigma_1$ 按下式计算：

$$\Delta\sigma_1 = \frac{\sigma_1 - \sigma_0}{\sigma_0} \times 100\% \qquad (9\text{-}28)$$

式中，σ_0 为浸泡前试样的拉伸强度，MPa；σ_1 为浸泡后试样的拉伸强度，MPa。

b. 扯断伸长率变化率 $\Delta\Sigma$ 按下式计算：

$$\Delta\Sigma = \frac{\Sigma_1 - \Sigma_0}{\Sigma_0} \times 100\% \qquad (9\text{-}29)$$

式中，Σ_0 为浸泡前试样的扯断伸长率，MPa；Σ_1 为浸泡后试样的扯断伸长率，MPa。

c. 用拉伸强度表示的耐油系数 K_1，按下式计算：

$$K_1 = \frac{\sigma_1}{\sigma_0} \qquad (9\text{-}30)$$

d. 用扯断伸长率表示的耐油系数 K_2，按下式计算：

$$K_2 = \frac{\sum_1}{\sum_0} \qquad (9\text{-}31)$$

e. 用抗张积表示的耐油系数，按下式计算：

$$K_3 = \frac{Z_1}{Z_0} \qquad (9\text{-}32)$$

$$Z_0 = \frac{\sigma_0 \sum_0}{100} \qquad Z_1 = \frac{\sigma_1 \sum_1}{100} \qquad (9\text{-}33)$$

式中，Z_0 为浸泡前试样的抗张积，％；Z_1 为浸泡后试样的抗张积，％。

代表每种样品性能的试样至少是 6 个（浸泡前后各至少 3 个），分别取其浸泡前后的 3 个试验数据的中值计算。

（3）浸泡后的硬度试验　本试验是测定浸泡后，硬度（邵氏 A）在 20～90 范围内的硫化橡胶及类似物。

① 试样　试样的厚度应不小于 6mm，宽度不小于 15mm，长度不小于 35mm。试样达不到要求时，可用同样胶片重叠起来测量，但不准超过四层，并要求上下平行。成品试样按产品标准规定制备。

② 试验步骤　请参阅 GB 531—83。

③ 试验结果　以硬度计指针的相对刻度值为测定值，每个试样的测量点不小于三点，取其中值为试验结果。

（4）硫化胶溶胀指数测定　本试验适用于分析天然橡胶及通用合成橡胶的硫化胶在各硫化阶段的硫化程度。

① 试样　从待测硫化胶样品上剪取宽度不限、厚度为 1mm 任意形状的胶条或胶片，称取 40～50mg。

② 试验步骤　请参阅 GB 7763—87。

③ 试验结果　溶胀指数 SI 按下式计算：

$$\text{SI} = \frac{W_b}{W_a} \qquad (9\text{-}34)$$

式中，W_b 为溶胀以后试样质量，g；W_a 为溶胀以前试样质量，g。

对溶胀指数在 3 以内的，其相对误差允许范围在 ±1.0％；当溶胀指数大于 3 时，其相对误差规定在 1.5％以内。试验结果取两个试样的平均值。

2. 影响因素

(1) 温度的影响 耐液体试验也和大多数物理试验项目一样，温度的影响是比较大的。在试验温度升高的情况下，介质分子与橡胶分子运动加快，无论是配合剂的抽出还是橡胶的溶胀都随温度的升高而变大。

(2) 时间的影响 硫化胶的溶胀程度与时间长短有直接关系。一般情况下，时间长溶胀大，在试验过程中当介质的渗透压力等于橡胶的交联网应力时溶胀即停止进行，从而达到溶胀平衡状态。不同的胶由于分子量、极性、链的柔性、对称性、结晶度、支链及交联结构等的不同，其平衡时间也不同。

(3) 矿物油中芳香烃含量的影响 橡胶耐液体试验中，大部分试验液体都是矿物油（石油产品）。由于不同产地的原油所炼制出的同类型油品的化学组成有较大差异。矿物油中芳香烃含量不同对硫化胶的溶胀性能影响较大，国标中规定芳香烃含量在 20％以下的为合格品，但即使在这样的范围内，仍然会影响试验的可比性。因而各国都对橡胶标准油规格进行了规定。

石油产品中芳香烃含量的测定由于方法较为复杂，往往用测试苯胺点的方法来表征芳香烃的含量。一般情况下苯胺点低，芳香烃含量高，溶胀值大；苯胺点高芳香烃含量低，溶胀值也小。

3. 耐其他介质试验

(1) 耐黏性介质试验 耐介质试验中以流体介质居大多数，但在日常检验工作中也有些黏性介质试验。黏性介质主要是指工业用凡士林及采用不同化学成分合成和精制的润滑油脂等。

工业凡士林滴点（在规定的加热条件下，由脂杯中试样滴出第一滴或流出油柱 25mm 时的温度）较低，大约 55℃，当试验温度高于滴点时，介质即变成流体，而其他合成脂类的滴点大约都在 150℃以上。在试验中试样接触黏性介质的面积大小将对试验结果有很大影响。试验时最好将黏性介质均匀地涂在试样表面上，使其均匀接触黏性介质。其试验方法可参照 GB/T 1690—2010 进行。

(2) 耐蒸汽介质试验 本试验是将试样置入水、油及其他化学药品的蒸汽中，以一定时间，测量其质量、体积和其他物理性能的变化。其试验方法也可参照 GB/T 1690—2010 进行。

(3) 耐特种介质及化学药品试验 所谓特种介质是指腐蚀性极强的介质，在试验时达到浸渍规定时间后，用不锈钢或铝制的镊子取出试样，然后用水清洗，再试验方法也可参照 GB/T 1690—2010 进行。

橡胶的耐油性能可由浸油溶胀前后质量增加或减小进行定量测定，而橡胶的耐化学药品性能难以定量测定。因为橡胶接触化学药品时虽也溶胀，但在大多数情况下要产生龟裂等变化。

 阅读材料

著名高分子化学家、生物材料科学家——卓仁禧院士

卓仁禧先生（1931.2.12—2019.8.6），福建厦门人，著名高分子化学家、生物材料科学家、中国科学院化学部院士。曾任中国化学会理事、教育部科学技术委员会委员、国务院学位委员会评审组成员、国家自然科学基金委员会化学学科评审组成员、中国生物材料委员会副主席、湖北省高级专家协会副主席、武汉市科技专家委员会主任、武汉大学化学系主任，Polymer International、Chinese Journal of Polymer Science 副主编，《高分子学报》编委，

《高等学校化学学报》和 Chemical Research in Chinese Universities 顾问编委。

卓先生于 1953 年复旦大学毕业后到武汉大学化学系任助教，1957～1959 年在天津南开大学进修，进行有机硅化学研究，1983～1984 年在美国耶鲁大学从事生物活性化合物研究，1997 年当选为中国科学院院士，1999 年当选为国际生物材料科学与工程学会会员。

卓先生早期主要从事有机硅化学的研究，20 世纪 70 年代，他研制成功多种有机硅"光学玻璃防雾剂"，用作多种光学器件保护涂层，应用于各种炮镜、海上潜望远镜以及指战员的望远镜，他研制出"彩色录像磁带黏合剂"，成功应用于我国首颗卫星上。20 世纪 80 年代以来，他开始系统研究生物可降解高分子的合成、表征及其在生物医学领域的应用。在聚磷酯合成方法的研究中，发现新的溶液缩聚催化反应和脂肪酶催化含磷环状单体的开环聚合反应。在生物材料领域，取得了能识别癌细胞与正常细胞的高分子抗癌药物等一系列成果，并获得多项国家级奖励。

由于卓先生在有机硅化学领域和生物材料领域取得的突出成绩，他的"有机硅光学玻璃防雾剂的研制"和"彩色录像磁带粘合剂和助剂的研制"两个项目获得了 1978 年国家科学大会奖，"长链烷基三甲氧基硅烷的合成方法和用途"项目获得了 1983 年国家科技发明奖三等奖。1991 年，"生物活性聚合物研究"获得国家教育部科技进步奖（一等奖），"以 5-氟尿嘧啶为中心链节的生物活性高分子"获得国家自然科学奖（三等奖），"生物医学高分子"获得国家教育部科技进步奖（一等奖）。1986 年获得"国家级有突出贡献的中青年专家"称号；1995 年被国务院授予全国先进工作者称号；还先后于 1960 年和 1987 年当选湖北省劳动模范。2000 年获得"国际生物材料科学与工程学会会士（Fellow）"称号。

卓仁禧院士的主攻科研方向为生物医用高分子材料，包括生物可降解高分子、基因转染高分子载体、生物活性高分子、靶向性磁共振造影剂、固定化酶及其应用等。他带领年轻教授的团队，在生物医用高分子材料等学科领域，正以相当快的速度发展，并在可生物降解药物控制释放高分子、基因转染高分子载体、怀芳烃-聚硅氧烷分离材料和天然高分子 IPN 改性及多糖二级结构等方面的研究成果处国际领先水平。

卓院士在武汉大学从事教学和科研工作 60 多年，在教学、科研和人才培养方面做出了杰出的贡献，培养出 50 多名硕士生、30 余名博士生。他严谨治学、循循善诱、勤恳工作、博学多思、勇于创新，优良的学风和平易近人的风度深受广大师生的爱戴。

资料引自：杨柏 等．庆祝沈家骢、沈之荃和卓仁禧院士 80 华诞专刊［J］．中国科学：化学，2011，41（2）：179～181.

赵安中．著名高分子化学家、生物材料科学家、中国科学院院士卓仁禧［J］．功能材料信息，2009，6（5-6）：91-93.

复 习 题

1. 简述用阿贝折射仪测定高分子材料的折射率的步骤。
2. 高聚物的透光性能用哪些指标来表征？各指标又是如何定义的？
3. 简述塑料的垂直和水平燃烧试验的步骤、结果表示和各种因素对实验结果的影响。
4. 什么叫氧指数（OI）？用氧指数测定仪测定氧指数的试验程序如何？结果如何确定？
5. 哪些指标可表征高分子材料的绝缘性能？
6. 何为介电常数、介电损耗、击穿强度？影响它们的主要因素有哪些？
7. 塑料和橡胶的耐介质性能试验可用哪些性能的变化来表示？

附　录

附录一　红外光谱中一些基团的吸收频率

区　域		基　团	波数/cm⁻¹	振动形式	吸收强度	说　明
基频吸收区	XH伸缩振动区	—OH(游离)	3650～3580	伸缩	m,sh	醇类、酚类和有机酸的重要依据
		—OH(缔合)	3400～3200	伸缩	s,b	
		—NH₂,—NH(游离)	3500～3300	伸缩	m	
		—NH₂,—NH(缔合)	3400～3100	伸缩	s,b	
		—SH	2600～2500	伸缩		
		C—H(不饱和)	3000 以上	伸缩		
		≡C—H	3300附近	伸缩	s	末端—C—H 在 3085cm⁻¹
		=C—H	3010～3040	伸缩	s	比饱和 C—H 稍弱,峰形较尖锐
		C—H(苯环中)	3030附近	伸缩	s	
		C—H(饱和)	3000～2800	伸缩		
		—CH₃	2960±5	不对称伸缩	s	
		—CH₃	2870±10	对称伸缩	s	
		—CH₂	2930±5	不对称伸缩	s	三元环上的 CH₂ 出现在 3050cm⁻¹
		—CH₂	2850±10	对称伸缩	s	叔碳原子 C—H 在 2890cm⁻¹,很弱
	三键区	—C≡N	2260～2220	伸缩	s	针状,干扰小
		—C≡N	2310～2135	伸缩	m	R—C≡C—H 在 2100～2140cm⁻¹
		—C≡C	2600～2100	伸缩	v	R—C≡C—R 在 2190～2260cm⁻¹
		=C=C—	1950附近	伸缩	v	若为 R=R,属对称分子,无红外吸收
	弯曲振动	—CH₃	1460±10	不对称弯曲	m	大部分有机化合物常出此峰
		—CH₂	1460±10	剪式弯曲	m	
		—CH₃	1380～1370	对称弯曲	s	烷烃中 CH₃ 的特征吸收
		—NH₂	1650～1560	弯曲	m,s	
	双键伸缩振动区	C=C	1680～1620	伸缩	m,w	
		C=C(芳环中)	1600,1580	伸缩	v	苯环的骨架振动
			1500,1450			
		—C=O	1850～1600	伸缩	s	干扰少,位置变化大,是判断各种不同羰基的特征频率
		—NO₂	1600～1500	不对称伸缩	s	
		—NO₂	1300～1250	不对称伸缩	s	
		S=O	1220～1040	伸缩	s	

续表

区　域	基　团	波数/cm^{-1}	振动形式	吸收强度	说　　明
指 纹 区	C—O	1300～1000	伸缩	s	C—O 键的极性很强,故强度大,常成为谱图中最强的吸收
	C—O—C	1150～900	伸缩	s	醚类中不对称伸缩振动(1100±10) cm^{-1},是最强的吸收;对称伸缩振动在 1000～900cm^{-1},较弱
	C—F	1400～1000	伸缩	s	
	C—Cl	800～600	伸缩	s	
	C—Br	800～600	伸缩	s	
	C—I	500～200	伸缩	s	
	=CH$_2$	910～890	面外摇摆	s	
	—(CH$_2$)$_n$—	720	面内摇摆	v	$n>4$

注:s—强吸收,b—宽吸收带,m—中等强度吸收带,w—弱吸收,sh—尖锐吸收峰,v—吸收强度可变。

附录二　常用高分子材料的密度

材　料	密度/(g/cm³)	材　料	密度/(g/cm³)
硅橡胶(可用二氧化硅填充到 1.25)	0.80	增塑聚氯乙烯(大约含 40%增塑剂)	1.19～1.35
聚甲基戊烯	0.83	聚碳酸酯(双酚 A 型)	1.20～1.22
聚丙烯	0.85～0.91	交联聚氨酯	1.20～1.26
高压(低密度)聚乙烯	0.89～0.93	苯酚甲醛树脂(未填充)	1.26～1.28
聚 1-丁烯	0.91～0.92	聚乙烯醇	1.21～1.31
聚异丁烯	0.91～0.93	乙酸纤维素	1.25～1.35
聚氟乙烯	1.30～1.40	苯酚甲醛树脂(填充有机材料:纸、织物)	1.30～1.41
低压(高密度)聚乙烯	0.92～0.98	天然橡胶	0.92～1.00
尼龙 12	1.01～1.04	赛璐珞	1.34～1.40
尼龙 11	1.03～1.05	聚对苯二甲酸乙二醇酯	1.38～1.41
丙烯腈-丁二烯-苯乙烯共聚物(ABS)	1.04～1.06	脲-三聚氰胺树脂(加有机填料)	1.47～1.52
聚苯乙烯	1.04～1.08	聚甲醛	1.41～1.43
聚苯醚	1.05～1.07	硬质 PVC	1.38～1.50
苯乙烯-丙烯腈共聚物	1.06～1.10	氯化聚氯乙烯	1.47～1.55
尼龙 610	1.07～1.09	酚醛塑料和氨基塑料(加无机填料)	1.50～2.00
尼龙 6	1.12～1.15	聚偏二氟乙烯	1.70～1.80
尼龙 66	1.13～1.16	聚偏二氯乙烯	1.86～1.88
环氧树脂、不饱和聚酯树脂	1.10～1.40	聚酯和环氧树脂(加有机玻璃纤维)	1.80～2.30
聚丙烯腈	1.14～1.17	氯丁橡胶	1.2～1.24
乙酰丁酸纤维素	1.15～1.25	乙丙橡胶	0.85～0.87
聚甲基丙烯酸甲酯	1.16～1.20	异戊橡胶	0.91
聚乙酸乙烯酯	1.17～1.20	顺丁橡胶	0.9～0.92
丙酸纤维素	1.18～1.24	丁苯橡胶	0.9～0.99
聚四氟乙烯	2.10～2.30	丁腈橡胶	0.94～0.98
聚三氟氯乙烯	2.10～2.20		

附录三　高分子材料的溶解性

溶　剂	高分子材料
1.醚类	
乙醚	香豆酮-茚树脂
二氧杂环己烷	未交联聚酯、聚偏二氯乙烯
四氢呋喃	主要有氯化橡胶、聚丙烯酸酯、聚乙烯醇缩醛、聚乙烯基咔唑、聚氯乙烯、氯化聚氯乙烯、氯醋树脂等
2.醇类	
一般醇	醇酸树脂、乙基纤维素、未交联环氧树脂、天然树脂、酚醛树脂、邻苯二甲酸树脂、聚乙二醇、聚醋酸乙烯、聚乙烯醇缩丁醛、聚乙烯基甲醚
甲醇	乙基纤维素、聚乙烯醇乙醛
丁醇	苄基纤维素
苄醇	聚酯
2-氯乙醇	甲基纤维素
3.酮类	
一般酮	醇酸树脂、苄基纤维素、纤维素脂、氯化橡胶、氢氯化橡胶未交联环氧树脂、聚丙烯酸酯、聚甲基丙烯酸酯、聚醛或聚酮、聚乙烯醇缩醛、聚醋酸乙烯、聚乙烯基醚、聚乙烯基丁醚、氯化聚氯乙烯、聚偏二氯乙烯
环己酮	聚氯乙烯、聚碳酸酯、氯化聚酯
4.羧酸及衍生物、胺和砜	
甲酸	尼龙、聚乙烯醇缩醛、醋酸纤维素、氨基树脂(未交联)
酯类	苯乙烯类聚合物、醇酸树脂、纤维素酯、香豆酮-茚树脂、环氧树脂(未交联)、聚丙烯酸酯、聚甲基丙烯酸酯、聚醛或聚酮、聚乙烯醇缩醛、聚乙烯基醚
二甲基甲酰胺	聚丙烯腈、聚碳酸酯、聚苯乙烯、聚氯乙烯、聚偏二氯乙烯、聚氟乙烯、聚甲醛(沸腾时)
六甲基磷酸三酰胺	硝酸纤维素、聚氯乙烯、聚偏二氯乙烯、聚丙烯腈、聚乙烯基醚、尼龙、聚酯、聚氨酯、聚乙烯醇、聚甲醛、聚乙二醇
苄胺	酚醛模塑料(200℃时)
二甲基亚砜	乙酸丙酸纤维素、乙酸丁酸纤维素、聚偏二氟乙烯、聚甲醛、聚氟乙烯
5.脂肪烃和脂环烃	
十氢萘	聚乙烯、聚丙烯
汽油	聚异丁烯、香豆酮-茚树脂、聚乙烯基醚
6.卤代烃	
一般卤代烃	苯乙烯类高分子、醇酸树脂、纤维素醚、天然树脂、聚丙烯酸酯、聚甲基丙烯酸酯、聚碳酸酯、聚氯丁二烯、聚甲醛、聚醋酸乙烯、聚乙烯基醚、聚乙烯基咔唑、聚偏二氯乙烯
四氯化碳	氯化橡胶
三氯乙烯	聚丙烯
7.芳烃及其衍生物	
一般芳烃	天然橡胶、聚丙烯酸酯、聚甲基丙烯酸酯、苯乙烯类高分子、聚醋酸乙烯酯、聚乙烯基醚类、聚乙烯基咔唑

溶　剂	高分子材料
苯	香豆酮-茚树脂、苄基纤维素、天然树脂、聚丙烯酸酯、聚丁二烯、聚异戊二烯、苯乙烯类高分子、聚乙烯基咔唑
甲苯	乙基纤维素、聚丙烯酸酯、聚甲基丙烯酸酯、聚乙烯和聚丙烯(沸腾时)、聚氯丁二烯、苯乙烯类聚合物、聚乙烯醇缩丁醛、聚乙烯基咔唑
二甲苯	聚乙烯和聚丙烯(在沸点)、聚乙烯基咔唑
四氢萘	聚乙烯和聚丙烯(在沸点)
一般酚类(苯酚、间甲酚等)	尼龙、聚酯、聚碳酸酯
硝基酚	聚丙烯腈
8.水	
水	甲基纤维素、聚丙烯酰胺、羧甲基纤维素钠、聚乙二醇、聚乙烯醇、聚丙烯酸、聚乙烯甲醚、聚乙烯基吡咯烷酮、聚马来酸酐、未交联的氨基树脂

附录四　不同气体对各种膜的透过率

材　料	透过率/[mL/(m² · 10⁵MPa · 24h)]			
	N_2	O_2	CO_2	H_2O
	30℃	30℃	30℃	25℃、90%RH
聚偏二氯乙烯	0.07	0.35	1.9	94
聚酯(Mylar A)	0.33	1.47	10	9700
尼龙6	0.67	2.5	10	47000
聚氯乙烯	2.70	8.0	6.7	10000
聚醋酸纤维	19	52	450	500000
聚乙烯($d=0.922$)	18	71	230	860
聚乙烯($d=0.95\sim0.96$)	120	360	2300	5300
聚丙烯($d=0.91$)		150	610	4500

附录五　几种橡胶的空气渗透系数

胶　种	渗透系数/[m⁴/(s · N)]			
	23.9℃	79.4℃	121.1℃	176.7℃
丁基橡胶	0.2×10^{-17}	3.2×10^{-17}	13×10^{-17}	—
低腈含量丁腈橡胶	1.3×10^{-7}	8.0×10^{-17}	22×10^{-17}	—
高腈含量丁腈橡胶	可忽略不计	4.1×10^{-17}	15×10^{-17}	—
丁苯橡胶	2.5×10^{-17}	2.9×10^{-17}	47×10^{-17}	—
天然橡胶	4.9×10^{-17}	44×10^{-17}	71×10^{-17}	—
氯丁橡胶	1.0×10^{-17}	9.8×10^{-17}	26×10^{-17}	—
聚丙烯酸酯橡胶	1.9×10^{-17}	18×10^{-17}	48×10^{-17}	94×10^{-17}
聚氨酯橡胶	0.5×10^{-17}	9.7×10^{-17}	31×10^{-17}	—
氟硅橡胶	—	128×10^{-17}	—	—
硅橡胶	0.115×10^{-17}	350×10^{-17}	—	690×10^{-17}
氟橡胶(维通A)	—	8.8×10^{-17}	36×10^{-17}	146×10^{-17}

附录六 部分分析测试方法的英文缩写

缩写	英文	中文
AES	Auger electron spectroscopy	俄歇电子能谱
ATR	attenuated total refraction	衰减全反射
DMA	dynamic thermomechanical analysis	动态热-力分析
DSC	differential scanning calorimetry	示差扫描量热分析
DTA	differential thermal analysis	差热分析
EPR	electron paramagnetic resonance	电子顺磁共振
ESCA	electron spectroscopy for chemical analysis	化学分析电子能谱
ESR	electron-spin resonance	电子自旋共振
FS	fluorescence spectroscopy	荧光光谱
GC	gas chromatography	气相色谱
GC-IR	gas chromatography-infrared spectroscopy	气相色谱-红外光谱联用
GC-MS	gas chromatography-mass spectroscopy	气相色谱-质谱联用
GPC	gel permeatipn chromatography	凝胶色谱
HPLC	high performance liquid chromatography	高效液相色谱
IGC	inverse gas chromatography	反相气相色谱
IR	infrared spectroscopy	红外光谱
LALLS	low angle laser light scattering	小角激光光散射
MS	mass spectroscopy	质谱
NMR	nuclear magnetic resonance	核磁共振
PGC	pyrolysis gas chromatography	裂解气相色谱
PGC-MS	pyrolysis gas chromatography-mass spectroscopy	裂解色谱-质谱联用
SEM	scanning electron microscopy	扫描电子显微术
TG	thermogravimetric analysis	热重分析
TMA	thermomechanical analysis	静态热-力分析
UV	ultraviolet spectroscopy	紫外光谱
XPS	X-ray photoelectron spectroscopy	X射线光电子能谱

附录七 部分仪器分析原理及谱图的表示方法

缩写	分析方法	分析原理	谱图的表示方法	提供的信息
UV	紫外吸收光谱	吸收紫外光能量,引起分子中电子能级的跃迁	相对吸收光能量随吸收光波长的变化	吸收峰的位置、强度和形状,提供分子中不同电子结构的信息
IR	红外吸收光谱法	吸收红外光能量,引起具有偶极矩变化的分子振动、转动能级跃迁	相对透射光能量随透射光频率变化	峰的位置、强度和形状,提供功能团或化学键的特征振动频率

缩写	分析方法	分析原理	谱图的表示方法	提供的信息
FS	荧光光谱法	电磁辐射激发后,从最低单线激发态回到单线基态,发射荧光	发射的荧光能量随光波长的变化	荧光效率和寿命。提供分子中不同电子结构的信息
Ram	拉曼光谱法	吸收光能后,引起具有极化率变化的分子振动,产生拉曼散射	散射光能量随拉曼位移的变化	峰位置、强度和形状,提供功能团或化学键的特征振动频率
NMR	核磁共振波谱法	在外磁场中,具有核磁矩的原子核,吸收射频能量,产生核自旋能级的跃迁	吸收光能量随化学位移的变化	峰的化学位移、强度、裂分数和耦合常数,提供核的数目、所处化学环境和几何构型的信息
MS	质谱分析法	分子在真空中被电子轰击,形成离子,通过电磁场按不同 m/e 分离	以棒图形式表示离子的相对丰度随 m/e 的变化	分子离子及碎片离子的质量数及其相对丰度,提供分子量,元素组成及结构的信息
GC	气相色谱法	样品中各组分在流动相和固定相之间,由于分配系数不同而分离	柱后流出物浓度随保留值的变化	峰保留值与组分热力学参数有关;峰面积与组分含量有关
GPC	凝胶色谱法	样品通过凝胶柱时,按分子的流体力学体积不同进行分离,大分子先流出	柱后流出物浓度随保留值的变化	高聚物的平均分子量及其分布
TG	热重法	在控温环境中,样品质量随温度或时间变化	样品的质量分数随温度或时间的变化曲线	曲线陡降处为样品失重区,平台区为样品的热稳定区
DTA	差热分析	样品与参比物处于同一控温环境中,由于二者热导率不同产生温差,记录温差随环境温度或时间的变化	温差随环境温度或时间的变化曲线	提供聚合物热转变温度及各种热效应的信息
DSC	示差扫描量热分析	样品与参比物处于同一控温环境中,记录维持温差为零时,所需能量随环境温度或时间的变化	热量或其变化率随环境温度或时间的变化曲线	提供聚合物热转变温度及各种热效应的信息
TMA	静态热-力分析	样品在恒力作用下产生的形变随温度或时间变化	样品形变值随温度或时间变化曲线	热转变温度和力学状态
DMA	动态热-力分析	样品在周期性变化的外力作用下产生的形变随温度的变化	模量或 $\tan\delta$ 随温度变化曲线	热转变温度模量和 $\tan\delta$
TEM	透射电子显微术	高能电子束穿透试样时发生散射、吸收、干涉和衍射,使得在像平面形成衬度,显示出图像	质厚衬度像、明场衍衬像、暗场衍衬像、晶格条纹像和分子像	晶体形貌、分子量分布、微孔尺寸分布、多相结构和晶格与缺陷等
SEM	扫描电子显微术	用电子技术检测高能电子束与样品作用时产生二次电子、背散射电子、吸收电子、X 射线等并放大成像	背散射像、二次电子像、吸收电流像、元素的线分布和面分布等	断口形貌、表面显微结构、薄膜内部的显微结构、微区元素分析与定量元素分析等

参　考　文　献

[1] 周维祥主编. 塑料测试技术. 北京：化学工业出版社，1997.

[2] 欧国荣，张德震主编. 高分子科学与工程实验. 上海：华东理工大学出版社，1997.

[3] 焦剑，雷渭媛主编. 高聚物结构、性能与测试. 北京：化学工业出版社，2003.

[4] 董炎明主编. 高分子材料实用剖析技术. 北京：中国石化出版社，1997.

[5] 朱诚身. 聚合物结构分析. 北京：科学出版社，2004.

[6] 何曼君，陈维孝，董西侠主编. 高分子物理. 上海：复旦大学出版社，1983.

[7] 张俐娜，莫志深，薛奇等. 高分子物理近代研究方法. 武汉：武汉大学出版社，2003.

[8] 刘植榕等主编. 橡胶工业手册. 第八分册. 北京：化学工业出版社，1992.

[9] 高俊刚，李源勋主编. 高分子材料. 北京：化学工业出版社，2002.

[10] 张克惠主编. 塑料材料学. 西安：西北工业大学出版社，2002.

[11] 高家武. 高分子材料近代测试技术. 北京：北京航空航天大学出版社，1994.

[12] 曾幸荣. 高分子近代测试分析技术. 广州：华南理工大学出版社，2007.

[13] 汪昆华，罗传秋，周啸. 聚合物近代仪器分析. 第2版. 北京：清华大学出版社，2000.

[14] 印度橡胶学会编. 橡胶工程手册. 刘大华等译. 北京：中国石化出版社，2002.

[15] 张殿荣，辛振祥主编. 现代橡胶配方设计. 第2版. 北京：化学工业出版社，2001.

[16] E. Alfredo Campo. Selection of polymeric materials：how to select design properties from different standards. USA：Williani Andrew Inc，2008.

[17] I L. H. Sperling. Introduction to physical polymer science. New Jersey：John Wiley & Sons，Inc. Hoboken，Fourth Edition，2006.

[18] Nicholas P. Cheremisinoff. Polymer characterization：laboratory techniques and analysis，New Jersey：Noyes Publications，1996.

[19] James E. Mark. Polymer data handbook . UK：Oxford University Press，Inc. 1999.

[20] George Odian. Principles of Polymerization. New Jersey：John Wiley & Sons，Inc. ，2004.

[21] 冯新德. 高分子辞典. 北京：中国石化出版社，1998.

[22] 夏笃伟，张肇熙. 高聚物结构分析. 北京：化学工业出版社，1990.